AF591578

A TRAVERS L'ESPAGNE

OUVRAGES DU MÊME AUTEUR

	VOLS.
Causeries du dimanche—in-12	1
A Travers l'Europe—in-8	2
En Canot—in 16	1
Les Echos (Poésies) —in-12	1
A Travers l'Espagne—in-8	1
Conférences et Discours—in-8	1
Les grands Drames—in-12	1

EN PRÉPARATION

En Cariole (poésie et prose)—in-12	
Introduction à l'étude du droit international public—in-12	1

A
TRAVERS L'ESPAGNE

LETTRES DE VOYAGE

PAR

A. B. ROUTHIER

QUÉBEC
IMPRIMERIE GÉNÉRALE A. COTÉ ET Cie
1889

DÉDICACE

A MONSIEUR ARTURO BALDASANO Y TOPETE

COMMANDEUR DES ORDRES D'ISABELLE LA CATHOLIQUE ET DU MÉRITE NAVAL, CHEF D'ADMINISTRATION, CONSUL GÉNÉRAL D'ESPAGNE A QUÉBEC, etc., etc.

Je dédie ce livre, qui n'est qu'une faible expression de l'admiration que j'ai conçue pour son beau pays.

En comparant l'Espagnol aux autres peuples de l'Europe, je reconnais qu'il a su conserver mieux que les autres ses croyances, ses traditions, son vieil honneur.

Il est resté noble ; il n'a pas été atteint par la fièvre de l'agiotage ; il n'a pas appris à faire fortune, sans travailler, dans des coups de bourse qui ruinent des milliers de malheureux et qui font saigner les consciences.

A vous qui représentez dignement cette noble race au Canada, je présente ces pages modestes, espérant que vous pardonnerez à leur auteur les critiques sans amertume qu'il s'est permises, et les erreurs qu'un voyage trop rapide a dû lui faire commettre.

Québec, juin, 1889.

A. B. ROUTHIER.

AU LECTEUR

Une partie de cet ouvrage se compose de lettres publiées dans la *Minerve* pendant l'hiver de 1884. Avant de les mettre en volume, je les ai revues, corrigées et considérablemet augmentées.

En outre, j'ai cru devoir y joindre des études faites depuis sur l'histoire, la littérature et le théâtre de l'Espagne.

Sans doute ce travail est encore bien incomplet ; mais j'ose espérer qu'on ne le trouvera pas sans intérêt, et qu'il contribuera à faire mieux connaître et apprécier par mes compatriotes un pays qui mérite de l'être, et avec lequel nous devrions entretenir des relations plus étroites et plus suivies.

A TRAVERS L'ESPAGNE

I

EN MER

Départ de Québec—Les côtes de Gaspé—La télégraphie des pavillons—Comment on gouverne les navires et les peuples—Chant des matelots—Les îles Miquelon et Terreneuve—Les mouvements de la mer et le navire—Croquis féminins.

18 Novembre, 1883.

La neige tombait par flocons quand nous avons quitté Québec, hier, et je disais à mes amis : Dieu soit béni ! je tourne le dos à la neige et je cours vers le soleil. Mais le soleil était loin, et nous avons eu quelque peine à l'atteindre. Après nous avoir boudés toute la journée d'hier, il nous a enfin montré ce matin sa face souriante, et il a mis en fuite toute une légion de petits nuages qui se sont réfugiés au couchant. En retraitant vers le bas de l'horizon, ils se sont rangés en bon ordre comme des soldats bien disciplinés, et ils ont formé une phalange serrée que l'astre n'a pu percer.

Le navire longe les côtes de Gaspé, que la neige n'a pas encore entièrement blanchies, mais qui grisonnent légèrement comme les vieux garçons qui manquent de teinture. Au pied des montagnes, sur les grèves solitaires, se détachent çà et là, comme des bas-reliefs ciselés, quelques pauvres villages de pêcheurs. On les voit groupés comme des bandes de goélands, tantôt au fond d'une petite baie, tantôt à l'embouchure d'une petite rivière, dont le cours dessine une profonde déchirure dans la montagne.

Un vaisseau à voiles passe à l'horizon, et nous télégraphie son nom, sa destination, presque tout un récit de voyage.

Quelle jolie invention que cette télégraphie au moyen de pavillons! N'est-ce pas imité de la politique, où l'on parle si bien le langage des couleurs et des drapeaux? Aussi ai-je observé à bord une pratique que les politiciens connaissent mieux encore peut-être que les matelots: c'est de ne déployer le pavillon que lorsqu'il est en haut. Pour le hisser, ils le roulent soigneusement de manière à ce qu'il puisse monter à travers les cordages et les vergues sans s'accrocher nulle part, et de telle sorte qu'on en soupçonne à peine les couleurs. Mais une fois au bout du mât le pavillon se déroule, il exhibe librement toutes ses nuances, et il flotte triomphalement.

Ne font-ils pas ainsi, les partis et les chefs politiques qui cachent leurs principes pour gravir sans obstacles les hauteurs du pouvoir, et qui ne déploient franchement leur drapeau que lorsqu'ils sont vainqueurs?

Le couchant a changé d'aspect. Les petits nuages se sont allongés, étirés comme des écheveaux de laine de couleurs différentes, et je ne sais quelle navette mystérieuse les tisse et les drape comme une belle étoffe à rideaux. Ils forment des zônes de largeurs diverses, mais toutes horizontales, et tour à tour bleues, rosées et grises. C'est une riche tenture ; mais à cette saison de l'année où le soleil ne saurait griller le teint le plus délicat, j'aimerais mieux le ciel tout bleu.

19 Novembre.

Une autre chose digne de remarque à bord, c'est que ceux qui dirigent sont à l'avant. La passerelle où se tiennent sans cesse le capitaine et ses officiers, la cabine ronde qui abrite la roue et ceux qui la tiennent occupent des postes non seulement élevés mais avancés, bien que le gouvernail qui imprime la direction, et l'hélice qui est le grand moteur, soient à l'arrière.

Le même ordre doit être observé pour bien conduire les individus et les peuples. Les vrais chefs doivent marcher en tête. C'est d'eux que l'opinion publique, qui est le gouvernail, et le peuple qui est la force motrice, doivent recevoir la direction. S'ils laissaient le peuple faire tout ce qu'il veut, et courir où il lui plaît, sans lui indiquer la route à suivre, nous aurions le spectacle d'un navire sans pilote, obéissant à la fois à l'hélice et aux caprices de la mer et du vent.

Les matelots hissent les voiles et chantent un air mélancolique que je trouve délicieux. Que de charmes dans la vie du marin, mais aussi que de tristesses ! Les chants de la terre sont plus généralement gais ; ceux de la mer semblent imprégnés d'une espèce de nostalgie. Les marins ont beau aimer la mer ; ils sentent que ce n'est pas la patrie, et quand leurs yeux sont perdus sur l'immensité, c'est au-delà des mers qu'ils regardent. Mais quand la tempête vient les assaillir ils oublient la terre et la mer, et c'est vers le ciel qu'ils élèvent leurs regards.

C'est pourquoi le rhythme mineur domine dans toutes leurs chansons. Atômes perdus entre deux abîmes, ils sont envahis par une vague mélancolie dont ils n'ont pas conscience, mais qui n'en est pas moins invincible et perpétuelle.

Nous avions perdu de vue la terre et nous la regrettions déjà, lorsqu'elle nous est apparue de nouveau sur notre gauche. Ce sont la grande Miquelon, la petite Miquelon et Saint-Pierre, rangés sur une même ligne. On les prendrait de loin pour des baleines énormes nageant à la surface de la mer, et se dirigeant à la file vers les rives canadiennes. De près, ce sont plutôt des navires, chargés de Français, qui venaient nous rejoindre, et qui se sont échoués à l'entrée de notre golfe. En souvenir de Jacques Cartier, on devrait les appeler la grande Hermine, la petite Hermine et l'Emérillon.

Plus loin, Terreneuve se cache dans les brumes éternelles. Que ce pays semble désolé ! Je m'étonne que tant de brouillards et de tempêtes n'aient pas encore submergé cette île mystérieuse ; mais je ne m'étonne pas que l'on vante tant ses chiens, car si j'en juge par les apparences, c'est un pays de chiens et un " chien de pays."

Cela me rappelle qu'un jour j'ai rencontré à bord d'un *steamer* un jeune Canadien revenant des Etats-Unis, tout-à-fait *yankéfié*, et accompagné d'un joli chien de Terreneuve.

—Quel beau *terreneuve* vous avez-là, lui dis-je.

—Ce n'est pas un *terreneuve*, répondit-il, c'est un *newfoundland.*

—Ah ! j'avais cru......

—Non, monsieur.

Je racontai la chose à plusieurs passagers, et ils s'amusèrent à le féliciter tour-à-tour sur son *terreneuve.* Mais le jeune homme leur répondait impertubablement : " Pardon, monsieur, c'est un *newfoundland.* "

En nous éloignant des côtes, sur les bancs toujours brumeux nous rencontrons quelques goëlettes de pêcheurs, et des troupes de goélands. Cela me remet en mémoire une chanson que Turquety met dans la bouche des jeunes filles bretonnes vivant au bord de la mer :

Goélands, goélands !
Ramenez-nous nos amants.

Il y a de ces oiseaux de mer qui nous suivent toute la traversée, planant au-dessus de la vague, le col tendu, et attendant leur nourriture. Aussitôt que les cuisiniers du vaisseau leur ont jeté la manne qu'ils guettent, ils s'abattent d'un coup d'aile et sauvent leur diner du naufrage. Leur voracité a de quoi se satisfaire, et ils font la noce, sans craindre le mal de mer.

20 Novembre.

Il n'y a pas un fil de vent, et le brouillard nous enveloppe. Le roulis se fait sentir et les victimes du mal de mer qui gémissent dans leurs cabines s'imaginent qu'il fait un grand vent. Est-ce une tempête ? demandent-elles avec anxiété.

Eh ! bien non ; mais la mer est perpétuellement en mouvement, sans cause apparente. Elle soupire comme un cœur qui souffre, et son sein se soulève en exhalant une plainte.

O mer ! pourquoi souffres-tu ? Dis-moi le secret de ta douleur. Est-ce le regret d'avoir englouti des milliers de mes semblables ? Est-ce une expiation de tes nombreux homicides ? Est-ce la peine du talion que tu subis pour les cœurs que tu as brisés, et pour les larmes que tu as fait répandre ? Alors, souffre, misérable, car tu l'as bien mérité.

Mais non, ce n'est pas cela. La mer souffre, avec toute la nature, parce que l'homme souffre. La douleur est le lien commun qui unit tous les êtres, et l'on dirait qu'une mutuelle sympathie rapproche l'homme et la mer. C'est en vain qu'il résiste à cette sensation mystérieuse la première fois qu'il se livre à ses mouvements. Quand elle s'agite il ne peut rester calme, et quand elle se soulève il se sent le cœur gonflé.

Si les femmes sont plus sensibles que les hommes à cette mobilité malsaine de la mer, c'est qu'elles sont naturellement plus sympathiques. Est-ce parce qu'elles ont plus de cœur que nous, ou parce que leurs cœurs sont plus faibles ? Voilà un problème que je ne veux pas résoudre.

22 Novembre.

Le vent s'est élevé, et la mer moutonne. J'aime cette expression qui me représente la mer comme des pâturages sans limites, couverts d'innombrables troupeaux de brebis blanches. Ce matin, c'était de charmants agneaux sautillant légèrement dans la verdure ; mais à présent ce sont des béliers qui bondissent, et leurs mugissements les feraient prendre pour des buffles.

C'est à eux, sans doute, que pensait le psalmiste quand il demandait aux montagnes pourquoi elles bondissaient comme des béliers ; car en mer les deux se ressemblent, et les spécimens de l'espèce ovine qui gambadent en ce moment autour du navire ont presque la taille des montagnes.

Je comprends pourquoi les flots courroucés du lac de Tibériade obéissaient si bien à la voix du Christ ; c'est qu'ils reconnaissaient en lui le Pasteur universel. O divin berger ! il faudrait bien votre houlette pour rassembler aujourd'hui l'immense troupeau échappé de la bergerie.

23 Novembre.

La nuit vient déjà, et le ciel est sombre. Une grande brise de l'Ouest nous poursuit ; mais le *Parisian* se sauve si bien qu'elle a quelque peine à le suivre. Dans la nuit, le steamer ressemble à un monstre de fer gigantesque, qu'un esprit mystérieux anime, et qui fait une course fantastique au-dessus de l'abîme. Les vagues se dressent en vain devant lui ; il les brise avec fracas, il les réduit en écume, il les lance au loin, il creuse au milieu d'elles son sillon profond, et court toujours sans écouter leurs plaintes.

Quelle puissance dans cet organisme de fer ! Quelle grandeur dans l'âme qui l'habite, et qui n'est autre que le génie de l'homme ! Mais en même temps comme on sent bien, en mer, que l'assistance divine lui est toujours nécessaire !

Que faut-il en effet pour que ce mécanisme si savant et si fort fasse soudainement défaut ! Que faut-il pour que ce titan devienne une épave ?— Un rien, une cheville qui se brise, un écrou qui se déplace, un jet de vapeur qui s'échappe.

Une étincelle dans les flots d'huile qui coulent partout suffirait aussi pour allumer un incendie ; et que deviendrions-nous entre le feu et l'eau, à douze cents milles des côtes ?

Mais, dans la nuit sombre, audessus des vagues amoncelées, plus haut que les nuages ténébreux qui nous cachent les célestes flambeaux, nous savons que l'œil de Dieu flamboie, qu'il nous regarde et qu'il nous protège.

25 Novembre.

Les côtes d'Irlande se dessinent à l'horizon, et dans quelques heures nous serons à Movile.

J'ai traversé la mer en avril, en juin, en août et en septembre, et je n'hésite pas à dire que la traversée que je viens de faire est la plus belle de toutes, au point de vue de la température, du vent et de la rapidité.

Le ciel est presque pur et nous promet une belle nuit. Nous serons à Liverpool demain matin, lundi, avant le jour.

Je m'amuse à croquer quelques spécimens du beau sexe qui sont à bord, pour répondre à une dame qui a fait quelques silhouettes assez piquantes du sexe fort.

Mademoiselle A.—Anglaise de naissance, Française de caractère. Feu-follet capable d'égarer les voyageurs imprudents. Oiseau-mouche qui voltige et bourdonne sans cesse, et qui après avoir vainement cherché des fleurs, se métamorphose en guêpe et pique délicatement tout le monde.

Madame B.—Belle au bois dormant, gardée par un minotaure. Enigmatique comme le sphynx, froide et muette comme une statue. Sourire ressemblant à une grimace.

Mademoiselle C.—Toute petite, mais convaincue qu'elle est grande, et regardant les autres du haut de sa grandeur. Comptant ses pas, faisant économie de sourires, et fort heureuse de penser (si elle pense) que le silence est d'or.

Madame D.—Circassienne rêveuse, coiffée d'un turban rouge. Toujours étendue sur un divan, avec une nonchalance orientale. Je parie qu'elle s'endort le soir en répétant : Allah ! Allah ! Dieu seul est grand !

Madame E.—Femme charmante, sachant se taire et parler, riant de bon cœur et à propos. Esprit actif et cœur calme, préférant un bon repas aux rêveries sentimentales. Assez dévouée à son mari pour faire le désespoir de son voisin.

II

DE LONDRES A PAU

Visite au marquis de Lorne.—L'ambassade d'Angleterre à Paris.—Marseille.—Entrée imaginaire en Espagne.—Barcelone, Tarragone, Montserrat, Saragosse, Lourdes.—Pau.

Pau, 10 Décembre 1883.

Depuis ma dernière lettre qui était ma première, j'ai voyagé à grandes journées ; et ma course a été aussi irrégulière que celle des comètes.

Je n'ai pas voulu quitter Londres sans aller voir le marquis de Lorne qui m'a reçu avec une amabilité parfaite. Il est très bien installé au palais de Kensington, et dans le long corridor qui conduit du vestibule à ses appartements, j'ai pu saluer, comme des compatriotes, les grands caribous empaillés qu'il a rapportés du Canada.

Le noble lord m'a dit qu'il donnerait, dans le cours de l'hiver, une série de conférences sur notre pays, et qu'il allait commencer dès le surlendemain à Birmingham. Il se propose en outre de publier, au printemps, un ouvrage qui sera probablement intitulé : *Canada Illustrated*, et qui contiendra, outre les informations les plus importantes, de nombreuses gravures destinées à faire mieux connaître notre pays.

Il espère pouvoir, dès le mois de mai, diriger vers le Nord-Ouest plusieurs milliers d'émigrants, grâce à son initiative personnelle.

Il garde le meilleur souvenir des Canadiens, et rêve pour nous un brillant avenir.

Grâce à sa recommandation, j'ai reçu à l'ambassade d'Angleterre, à Paris, l'accueil le plus bienveillant, et lord Lyons m'a remis une lettre pour le ministre plénipotentiaire anglais au Caire, dans la prévision que je me rendrais en Egypte. L'ambassade anglaise est princièrement installée tout près de l'Élysée, et l'on n'arrive jusqu'à Son Excellence qu'en traversant une suite de salons somptueusement meublés.

Lord Lyons m'a paru fort alarmé des nouvelles récemment arrivées d'Egypte ; mais les Français ne croient guère à la sincérité de ses alarmes. Ils soupçonnent que notre mère-patrie exagère le danger pour se justifier de maintenir ses troupes nombreuses en Egypte, et pour conquérir finalement ce pays.

Le froid, le vent et la pluie m'ont bien vite chassé de Paris, et je n'ai retrouvé qu'en Provence le beau ciel bleu et le soleil. C'est avec un vrai plaisir que j'ai revu Marseille, et même les Marseillais.

Il y faisait un peu froid, et le mistral soufflait avec violence, mais le ciel était pur, et les chauds rayons du soleil riaient dans l'éternelle verdure des gazons et des charmilles, sur le Prado et dans le jardin de Longchamp.

Je me proposais de me rendre par mer de Marseille à Barcelone ; mais j'ignorais jusqu'à quel point l'Espagne est séparée du reste de l'Europe. Une zône mystérieuse l'enveloppe, et la traverser semble une entreprise pleine de hasards.

Lors donc que j'ai voulu m'embarquer à Marseille pour Barcelone, je me suis heurté à mille obstacles. Telle compagnie avait de mauvais paquebots auxquels on me conseillait de ne pas risquer ma précieuse existence.

Telle autre n'avait aucun départ avant le dimanche suivant, et nous étions au lundi. Enfin, les steamers de la troisième ne partaient que tous les quinze jours, et arrivaient Dieu sait quand.

Il me restait la voie de terre ; mais c'était plus long, plus dispendieux et plus fatiguant. Comme compensation, cette voie me rapprochait de Lourdes, et la grande fête de l'Immaculée Conception était prochaine.

Ces raisons me décidèrent à changer mon itinéraire, et à rentrer en Espagne par le Nord. C'était prendre le taureau par les cornes, et je savais à quelles injures de la température je m'exposais. Mais les éléments et les hommes semblaient conjurés pour me fermer la voie la plus courte, et je dus prendre la plus longue.

C'est ainsi que j'ai fait deux entrées en Espagne, l'une imaginaire et l'autre réelle ; et, comme on s'en doute bien, l'imaginaire a été la plus belle.

Les belles vagues libres de la Méditerranée avaient à peine un frisson, et le mistral mourait dans le port même de Marseille. Après douze ou quinze heures d'une navigation charmante, nous entrions dans les eaux calmes qui baignent les pieds de Barcelone.

Ville maritime fort animée, trop moderne, Barcelone nous paraissait un peu cosmopolite ; mais déjà ce n'était plus la France. C'était l'Espagne, avec ses vieilles cathédrales, ses vieux châteaux, ses cloîtres, ses femmes voilées et en mantilles.

Puis, nous courrions à Tarragone, admirablement située au bord de la mer, qu'elle contemple du haut de ses bastions crénelés. Nous y retrouvions des ruines et de vieux souvenirs de l'époque romaine et de la période mauresque. Nous visitions l'antique cathédrale, le vieux cloître avec ses longs promenoirs circulant autour d'un parterre embaumé, sous une série d'arceaux appuyés sur la plus élégante colonnade. Végétation luxuriante, air doux, ciel ensoleillé, guitares et castagnettes, voilà ce que mon imagination me montrait partout.

Avant de partir pour Tarragone, nous allions visiter Mont-Serrat.

Quelle apparition fantastique ! Un groupe de rochers échelonnés en pyramide, dressant vers le ciel des milliers de clochetons, d'arêtes, de tours et de pinacles ! Était-ce une forteresse, une cathédrale, un château ou un cloître ? C'était tout cela à la fois dans des proportions merveilleuses ; et de ces hauteurs où nous éprouvions la sensation du voisinage du ciel, nous contemplions à nos pieds la mer immense, miroir de l'infini.

Un jour, c'était vers l'an 1526, l'on vit arriver au monastère de Montserrat, un jeune officier blessé. Il avait longtemps combattu pour son roi, Ferdinand le Catholique, et il venait de défendre vaillamment Pampelune, assiégée par Jean d'Albret. Très gravement blessé à la jambe, et devenu incapable de poursuivre sa carrière de soldat, il avait conçu le projet d'établir une autre milice qui combattrait les ennemis de l'Église par la parole, et qui répandrait au loin la vérité. L'ancienne chevalerie avait fait son temps. L'heure était venue d'armer des chevaliers spirituels pour lutter contre les nouvelles doctrines que la réforme propagerait dans le monde.

C'est dans l'Église de Mont-Serrat que le nouveau chevalier vint faire sa veillée des armes. Il se nommait Inigo de Loyola, et, quelques années après, il jetait à Paris les bases de cette puissante association qui s'est appelée la Société de Jésus.

Enfin nous arrivons à Saragosse, paresseusement couchée aux bords de l'Ebre, qui murmure bruyamment sans pouvoir la réveiller.

C'est là que se révélait à nos yeux le cachet national de la vieille Espagne. C'est là que nous retrouvions, écrits dans la pierre, les souvenirs culminants de son passé, le Moyen-Age et ses légendes, la domination arabe et son architecture étrange et gracieuse.

Nous visitions Notre-Dame-del-Pilar, basilique immense sans grande beauté, mais célèbre par la tradition qui lui a donné ce nom ; la Séo, cathédrale remarquable par la grandeur et l'élégance de ses nefs ; l'Aljaféria, ancien palais des rois d'Aragon, et tribunal de l'Inquisition.

Mais pourquoi m'attarder à vous décrire ce rêve qui ne s'est pas réalisé ? En sacrifiant les jouissances que je comptais y trouver, j'ai rencontré des compensations dans mon voyage réel.

Je n'ai pu tourner le dos à la Méditerranée sans regret ; mais j'ai revu avec bien du bonheur les villes que j'avais traversées en 1875 : Arles et Nîmes avec leurs superbes ruines ; Carcassonne avec ses merveilleuses murailles et ses tours féodales ; Toulouse, et surtout Lourdes, la ville aimée de la Vierge Immaculée.

Les pèlerins accourent toujours par milliers à la grotte miraculeuse, et le 8 décembre, une foule immense, venue de Tarbes, de Lûchon, de Pau et des environs encombrait la ville. C'est avec une peine infinie que nous avons pu pénétrer dans l'église, bâtie sur les roches Massabielle. Trois messes solennelles y furent célébrées, à la suite l'une de l'autre, pour satisfaire la piété des fidèles, mais à chaque fois l'église s'est trouvée trop étroite.

J'y ai entendu un sermon magnifique de l'archevêque de Tarbes. A un moment donné, l'orateur sacré, répondant aux incrédules, s'est écrié : " On a osé dire que l'apparition de la sainte Vierge à la grotte de Massabielle est un rêve ! Un rêve, qui fait jaillir du rocher des fontaines inépuisables, qui élève jusque dans les nues d'admirables basiliques, et qui attire des extrémités du monde des millions de croyants. Un rêve, soit ; mais c'est un rêve de Dieu poursuivant l'accomplissement de ses desseins sur le monde, et l'effusion de ses miséricordes sur la France ! "

Les processions des pèlerins allant de la ville à l'église et de l'église à la grotte, bannières déployées, et chantant des hymnes et des cantiques, ont présenté le spectacle le plus grandiose et le plus émouvant.

Vers le soir, nous nous sommes rendus à Pau, où nous avons passé une journée trés intéressante.

La capitale du département des Basses-Pyrénées est délicieusement située au bord du Gave. Toujours ensoleillée sur sa colline pittoresque, elle contemple les grandes ombres et les neiges des Pyrénées.

Elle est fière d'avoir vu naître Henri IV qui l'affectionnait beaucoup et qui y vécut longtemps. Son Château est très curieux et plein de souvenirs. Son parc est charmant et forme la plus agréable promenade. Ses hôtels sont très fréquentés par les phtysiques et les sportmen ; et l'on y entend tellement parler l'anglais qu'on se croirait dans une ville des Iles Britanniques.

III

LE NORD DE L'ESPAGNE ET BURGOS

Irun.—Les douaniers espagnols.—Fontarabie.—Saint-Sébastien.—Dans les montagnes.—Burgos.—*Les Serenos.*—La *Fonda del Norte* et les servantes castillanes.—La cathédrale.

Après vous avoir raconté dans ma dernière lettre mon entrée imaginaire en Espagne, il me semble convenable, dans un journal sérieux comme la *Minerve*, de vous faire maintenant un récit vrai, plus vrai qu'une réclame, ou un programme politique.

Je ne vous décrirai pas Biaritz, qui, à cette saison de l'année, (décembre) grelotte au bord de la mer, aussi glacée par l'isolement que par les souffles du Nord qui troublent si profondément la baie de Biscaye.

Je passe également sous silence Saint-Jean-de-Luz, et les paysages pittoresques qui s'étendent sous nos yeux depuis cette petite ville jusqu'à Irun.

Irun est la première station espagnole, et nous avons franchi la frontière sans tambour ni trompette, sans brûler une cartouche, sans montrer nos passeports, sans la moindre émotion. O pays du Cid ! ce n'est pas ainsi qu'on entrait jadis dans tes redoutables Pyrénées.

Les anciens chevaliers de Don Rodrigo del Vivar sont aujourd'hui remplacés par des officiers de douane, et je proclame qu'ils font leur devoir avec toute la rigueur de sentinelles vigilantes. Ils y mettent même une solennité et une lenteur fort ennuyeuses pour les voyageurs. C'est avec des poses pleines de dignité consciencieuse, qu'ils plongent les mains dans tous les coins de toutes les malles.

Un voyageur, qui avait une boîte à chapeau d'une profondeur insondable, et remplie de mille choses qui ne servent pas à couvrir la tête, dût la vider entièrement ; et le douanier fouilla dans le chapeau jusqu'au fond sans pouvoir rien trouver... pas même le fond.

Il y a une chanson basque qui fait une jolie critique des douaniers espagnols :

" Le gouvernement possède,
Oui, des serviteurs fidèles,
Et il les paie
Sans parcimonie,
S'il savait cependant comment eux-mêmes
Se servent les premiers,
De tels hommes
Ils feraient regorger les prisons.
....
Gourmands comme des poëtes,
Ils sont pour dire le vrai
Prêts à se plier à tout
Pour un diner."

Irun est pittoresquement situé aux bords de la Bidassoa, rivière très petite mais bruyante qui ouvre ses deux bras pour embrasser l'Ile des Faisans. C'est dans cette ile que le grand peintre espagnol, Vélasquez, éleva, en 1660, un pavillon où Louis XIV vint recevoir des mains de Philippe IV sa royale fiancée, Marie Thérèse.

Nous passons Fontarabie, bâtie sur une colline et qui a tout-à-fait l'aspect d'une ville espagnole : des rues étroites, des maisons jaunies, des toits en tuiles brunes, des fenêtres grillées et des balcons en fer. Ruine imposante, son vieux château est perché sur une montagne escarpée, et semble pleurer dans la solitude et la désolation les souvenirs de François I, de Jeanne la Folle, et de Charles-Quint. Les bastions écroulés servent aujourd'hui de refuge à quelques familles de Gitanos.

Sans égard pour la mémoire de Gambetta, dont le séjour a augmenté la célébrité de Saint-Sébastien, nous traversons cette ville sans nous y arrêter. Elle occupe une position des plus agréables, entourée d'un amphithéâtre de montagnes, avec une échappée de vue sur la mer.

Nous faisons nos adieux à l'Océan, car nous ne le verrons plus qu'à Cadiz, et nous entrons dans les Pyrénées dont les cimes neigeuses découpent l'horizon.

Le chemin de fer suit les sinuosités de la rivière Urumea, profondément encaissée dans les montagnes, et de distance en distance il s'engage résolûment dans d'immenses tunnels. La nuit vient, et la couche de neige qui recouvre le sol s'épaissit. Le train se ralentit, et je commence à craindre qu'il ne s'arrête tout-à-fait au milieu de ces gorges profondes et inhabitées. Le froid augmente, et nous grelottons sous nos fourrures.

Heureusement les tunnels se multiplient et s'allongent ; et la marche du train s'y accélère, tandis qu'au dehors les roues de la locomotive glissent sur la neige.

A une petite gare, dont les pâles réverbères tremblottent au vent, la porte de notre compartiment s'ouvre, et un *caballero* gigantesque, drapé dans une large *cappa* doublée de rouge, s'installe à côté de nous après nous avoir dit en soulevant son *sombrero* : *buenas noches* (bonsoir.) Nous le saluons à peine pour lui témoigner qu'il n'est pas le bienvenu ; et tout tranquillement il allume un cigare. C'était le moment pour moi de sortir mon espagnol, que j'étudiais depuis le matin.

—" *No se fuma, senor*, lui dis-je, avec un embarras parfaitement caché.

—*Si, si*, répondit-il en me montrant la porte de la voiture, et il se pencha en dehors pour me montrer la pancarte qui devait lui donner raison. Mais la pancarte lui donnait tort, et il éteignit immédiatement son cigare en nous faisant très poliment ses excuses.

Ce premier succès en espagnol me mit de bonne humeur, et j'essayai de causer avec le nouveau venu, qui se montra charmant et qui m'apprit plus d'espagnol en deux heures que je n'en ai appris depuis en huit jours.

Je lui exprimai mes craintes au sujet de la neige, et il m'apprit qu'elle avait en effet arrêté un train deux jours auparavant, mais que la voie n'était plus embarrassée, et que nous serions seulement retardés de quelques heures. Quand nous nous séparâmes à Burgos, nous étions devenus des amis.

La nuit était avancée. Il faisait un froid sec, comme nous en avons en décembre en Canada, et dans le ciel devenu serein la lune escaladait les plus hautes cimes de la Sierra Demanda. Un omnibus traîné par deux mulets, et dont les ais mal joints craquaient affreusement, nous conduisit à la *Fonda del Norte*, où nous trouvâmes d'excellents lits dans des chambres glacées.

Quelle bonne nuit j'y aurais passée sans les cris des *Serenos!* Mais qu'est-ce que les *Serenos*, me direz-vous ? — Ce sont des gardes nocturnes qui, à chaque heure de la nuit, passent à notre porte en chantant sur un ton bizarre et avec des voix qui percent les murs : " Dieu soit loué ! Deux heures de la nuit sont sonnées. Le ciel est pur, et les étoiles scintillent ! " Je vous épargne les variantes obligées d'heures et de température, ainsi que la traduction en Espagnol. Ce chant peu agréable quand on s'endort, a cependant du caractère et m'a plu.

Au saut de mon lit, je courus à la fenêtre, et j'eus sous les yeux le vrai type de la ville castillane.

Au milieu d'une place étroite et sans décors jaillissait une fontaine, où des femmes puisaient de l'eau avec de grandes cruches de grès qu'elles portaient sur leurs têtes. Des mulets attelés en *tandem*, parfois au nombre de six et même de neuf, circulaient dans des rues tortueuses, traînant des charrettes étranges encombrées d'objets de toutes sortes. Sous leurs toits en tuiles de brique rouge s'alignaient de vieilles maisons uniformes, bâties en pierres rondes noyées dans un crépit jaunâtre.

Comme décor sur ce fond un peu monotone, des boutiques basses, peintes en couleurs vives, avec des vitrines mal installées, des saillies, des corniches, des balcons, des grilles, des portes enfoncées où de petits ânes, flanqués d'énormes paniers, vous regardent avec curiosité.

Tout cela pique l'intérêt, mais n'exciterait pas d'enthousiasme si l'on n'apercevait au-dessus de cette mer de tuiles rouges qui recouvre Burgos, le dôme et les clochers de la catédrale, pareils à d'innombrables mâts de navires,

Je me hâte de faire ma toilette pour aller contempler de près cette merveille, et je descends à la salle à manger.

On serait tenté de croire qu'il n'y a pas d'homme dans cet hôtel, car on n'y voit que des femmes ; mais si, il y a un propriétaire, gros, trapu, vulgaire, avec une barbe négligée qui grisonne. Il doit mal parler l'espagnol puisque......je ne le comprends pas. Heureusement qu'on ne le voit jamais, et qu'après s'ètre montré un instant comme une réalité peu attrayante il a disparu comme un fantôme.

Ce sont des jeunes filles qui nous servent ; pas jolies, mais souriantes, égayées, et avec les yeux flamboyants des Castillanes. Mon langage les amuse, mais je réussis à me faire comprendre et je jouis de leur bonne humeur.

Elles sont pour nous pleines d'égards, de prévenance et d'intelligence. Quand on ne trouve pas le mot espagnol, il n'y a qu'à faire un signe, et elles comprennent. Elles ont même poussé la complaisance jusqu'à trouver avec nous que la note était trop élevée, et que leur maître nous écorchait. N'est-ce pas charmant et...... habile ?

Après déjeuner, nous courons à la Cathédrale. Hélas ! elle est entourée de laides constructions qui rendent toute vue d'ensemble impossible, et sous prétexte de restaurer la façade on l'a gâtée jusqu'au-dessus des portes. Mais, plus haut, subsiste le vieux portail d'où s'élancent les deux clochers ; et l'art gothique y a déployé ses ogives, creusé ses niches, dentelé ses flèches, sculpté ses statues, brodé ses décors, multiplié ses ornements.

C'est un poème dont le premier chant est en prose, le second en vers, et dont les derniers chants atteignent à la poésie la plus sublime.

Les portails latéraux sont moins restaurés, et ont conservé le style fleuri des artistes du XIIIème siècle. Mais ce qui est plus admirable encore, c'est la tour octogone du dôme, lançant dans le ciel une gerbe de pyramides et de flèches, au milieu desquelles semble vivre et se mouvoir tout un peuple de statues.

Je le répète, ce temple merveilleux ne déploie à l'œil ravi du visiteur que son couronnement ; mais ce couronnement est un prodige de grandeur et de beauté.

Imaginez une colline, ayant trois sommets en forme de cônes et hérissés de sapins verts ; supposez que ces cônes et leur végétation soient de pierre sculptée, ouvragée, ciselée, et que tous les vides de ce feuillage étrange soient remplis de statues d'anges, de saints, de martyrs, de chevaliers, de guerriers, de moines, de figures mythologiques, de monstres, d'animaux, et vous aurez peut-être une idée imparfaite de l'aspect extérieur de cette cathédrale.

Cependant, il nous semble que l'intérieur est encore plus beau.

Longtemps, nous nous sommes arrêtés sous la coupole, et nos regards éblouis ne voulaient plus s'abaisser.

On vante les grottes, aux voûtes desquelles la nature a sculpté des milliers de stalactites ; mais ici l'art a fait mieux que la nature, et jamais il ne s'est montré plus prodigue d'ornements.

Que vous dirais-je maintenant des chapelles particulières ? Comment vous décrire celle du duc d'Abrantès, qui est une broderie de marbre et d'or dans un fouillis de dentelles de pierre ? Quels coups de pinceau pourraient vous représenter le chœur avec ses stalles étonnantes, et la capricieuse variété de leurs sculptures ? Quel volume suffirait à vous énumérer les chefs-d'œuvre de peinture, de sculpture, d'architecture, que l'on trouve entassés dans les chapelles, dans les sacristies, dans les nefs, dans les boiseries, dans les colonnes, dans les autels, dans les tombeaux, dans les portes, dans les grilles, dans les arceaux, dans les fenêtres, et jusque dans les moindres détails de cette immense et splendide cathédrale ?

Non, je renonce à ce travail impossible. C'est quand on a vu ces merveilles que l'on sent combien les hommes d'aujourd'hui sont petits. La foi et le génie qui élevaient ces monuments ne sont plus, et ne feront jamais ces merveilles que les XIIIe, XIVe et XVe siècles nous ont léguées.

Quand je sortis de la cathédrale de Burgos, il me semblait que j'avais traversé tout un monde évanoui. Une mélancolie profonde m'oppressait, et, comme Théophile Gautier lui-même l'éprouva, tout viveur qu'il fût, je n'aspirais plus qu'à me retirer dans un coin, à me mettre une pierre sous la tête, pour attendre dans l'immobilité de la contemplation, la mort, cette immobilité absolue.

Pour secouer cette impression de tristesse, je fis une course à travers la campagne jusqu'à la chartreuse de Miraflores, pleine de souvenirs historiques et de monuments. J'admirai sa chapelle, enrichie de l'or que les premiers découvreurs espagnols apportèrent d'Amérique, je m'extasiai devant les admirables tombeaux de Juan II et de sa femme Isabelle; mais je ne me sentis pas consolé.

Le sentiment de ma petitesse et de mon impuissance en face de toutes ces grandes choses m'écrasait.

Je revins à la ville. J'allai voir l'endroit où naquit le Cid, et les os que l'on montre à l'Hôtel-de-ville, et que l'on affirme être ceux du fameux chevalier et de Dona Chimène, sa femme. Je fis de mon mieux pour croire à l'authenticité de ces restes; et, pour chasser les doutes qui m'assaillaient, je courus au bord de l'Arlanzon où s'étend la promenade de Burgos, dans l'espoir d'y rencontrer beaucoup de Castillans et de Castillanes.

Mais les promeneurs étaient rares, et l'Arlanzon qui *baigne* Burgos, disent les géographes, était à sec.

Je revins à mon hôtel sans avoir recouvré ma gaieté, et le soir même je partais pour Madrid.

IV

L'ESCURIAL

Une nuit en chemin de fer.—L'Escurial.—L'église.—Le *Campo Santo* des rois d'Espagne.—Le cloître.—Le palais.—Une course dans la montagne.

Le meilleur moyen de voir lever l'aurore et le soleil, c'est de passer la nuit debout. Je vous donne gratis cette recette dont je viens de faire usage. Mais je vous préviens qu'une nuit dans un train espagnol n'est pas gaie—sauf l'heure du réveillon. Car il va sans dire qu'on ne passe pas une nuit sans dormir ni manger. Qui dort dîne.... en songe ; mais qui ne dort pas doit dîner en réalité.

C'est une heure charmante que celle où l'on tire de son panier du pain, du beurre, du jambon, du poulet, et une bouteille de Valdepenas ou de Malaga. Le prix exorbitant qu'on nous les fait payer gâte un peu toutes ces bonnes choses ; mais quand on a faim et soif.... n'est-ce pas ? Ah ! je comprends pourquoi il n'y a plus de brigands en Espagne : c'est qu'ils se sont faits hôteliers, cochers, portefaix, gardiens de musées, ou qu'ils exercent d'autres industries également lucratives.

Enfin nous avons *réveillonné* de bon appétit et de bonne humeur. Cela réchauffe, ragaillardit, et fait prendre patience. Or, je ne vous dirai jamais assez quelle patience il faut pour voyager en Espagne, la nuit, dans un train omnibus. Certes, j'aime un ciel clair, tout scintillant d'étoiles, avec la lune toute grande qui poursuit sa course en attachant sur vous son regard serein ; mais tout lasse en ce monde, et je fus heureux de voir enfin l'orient changer sa couleur terne, et passer du gris sombre au rouge, du rouge au rose, et du rose à l'opale.

Le soleil ne paraissait pas encore, quand nous aperçûmes sur notre gauche, suspendu aux rochers d'une montagne désolée, le palais colossal des rois d'Espagne.

Les proportions de l'Escurial sont étonnantes, même vues de loin ; mais quand vous en approchez, vous avez peine à retenir un cri de surprise, je n'ose pas dire d'admiration. C'est un géant qui vous écrase, mais qui ne vous plaît pas, et que vous êtes tenté de trouver monstrueux. L'architecte a réussi à faire grand, mais non à faire beau.

Cet immense édifice est dû à Philippe II, qui le fit construire en accomplissement d'un vœu fait à saint Laurent, et l'architecte lui a donné la forme d'un gril pour rappeler le martyre du saint. Il contient un couvent, un palais, une église, des cours, des jardins, des galeries, des portiques, et l'on pourrait construire une ville avec le granit qu'on y a amoncelé.

Vous savez quand vous y entrez, mais non quand vous en sortirez. A peine le seuil franchi, vous avez la frayeur de n'en jamais sortir. C'est un labyrinthe de cours, de passages, de vestibules, de portiques, d'escaliers, de promenoirs, dont les murs sont nus, massifs, sombres, et si hauts qu'ils vous cachent le ciel. Vous voulez retourner sur vos pas, mais vous ne savez déjà plus par où vous êtes entré.

Enfin, vous levez une portière, vous entendez un chant lugubre et lointain, vous avancez : des piliers énormes comme des tours se dessinent dans l'ombre ; vous marchez toujours, guidé par les voix et l'orgue, dont l'harmonie devient plus distincte ; vous levez les yeux, et vous poussez un soupir de soulagement ; car devant vous se dresse l'autel illuminé, et sur votre tête s'arrondit, à une hauteur immense, une coupole décorée de fresques magnifiques.

Nous sommes dans l'église, et, comme c'est l'anniversaire de la mort de la reine Marie Christine, on y célèbre un service solennel pour le repos de son âme. Cinq ou six femmes, agenouillées dans la chapelle qui porte le nom de la défunte, composent toute l'assistance, et les prêtres qui officient sont perdus dans l'immensité et la solitude du sanctuaire. Un chœur assez nombreux, dont l'écho multiplie les voix dans une proportion formidable, est logé quelque part dans le jubé de l'orgue, mais il reste invisible.

En arrière d'un pilier de colonnes fuselées, capable de porter un monde, s'ouvre un grand escalier de marbre noir, veiné de blanc, conduisant au *campo santo* des rois. Nous y descendons jusqu'à une profondeur immense, sous les assises du sanctuaire, précédés d'un sacristain qui porte une mèche allumée, et nous arrivons à une rotonde funèbre, autour de laquelle sont étagés les tombeaux, comme les rayons d'une bibliothèque. D'un côté sont les rois, et les reines qui ont régné seules, et de l'autre les princes et les reines qui n'ont pas régné. C'est riche, mais simple et lugubre ; tous les cercueils sont en bronze, et parfaitement uniformes.

Cette uniformité de sépulture a sans doute pour objet de rappeler l'égalité dans la mort ; mais la doctrine de l'égalité, prise dans un sens absolu, est fausse, même au-delà du tombeau. Les bons rois ne sauraient occuper dans l'autre vie la même place que les mauvais ; et, qui osera soutenir que Charles-Quint n'est pas plus vivant, dans la mémoire des hommes, que ses successeurs qui dorment à ses côtés ?

Car c'est là qu'il repose, le souverain illustre qui a exercé sur les destinées du monde une si puissante influence, et il faudrait être bien insensible pour contempler sans émotion le cercueil qui renferme ses restes glorieux. Le sacristain nous affirme que son corps est parfaitement conservé, que ses ongles et ses cheveux ont continué de croître, pendant quelque temps, dans la tombe.

Là dorment aussi de leur dernier sommeil l'impératrice Isabelle, épouse de Charles-Quint, Philippe II leur fils, et Anne sa femme, Philippe III et Marguerite, Philippe IV et Elizabeth de Bourbon, Charles II, Charles III, Charles IV et Ferdinand VII.

En sortant du Panthéon, nous entrons dans la sacristie, qui est très belle, bien éclairée, ornée de tableaux et de bas-reliefs, et qui contient les plus précieux reliquaires. Nous retraversons l'église, autour de laquelle nous comptons quarante-huit autels, tous plus ou moins riches en tableaux, marbres et reliques, et nous visitons le cloître.

Je ne vous décrirai pas ses immenses galeries voûtées, à deux étages reliés entre eux par un escalier monumental. Je ne vous conduirai, ni dans le chœur, dont les stalles nombreuses sont maintenant abandonnées, ni dans les bibliothèques pleines de manuscrits des plus curieux, ni dans le collège et le séminaire maintenant vides, ni dans les innombrables salles du palais qui contiennent pourtant de fort belles tapisseries, un riche mobilier, et des chefs-d'œuvre d'ébénisterie et d'incrustation.

Non, toutes ces visites m'entraîneraient trop loin, et j'ai hâte d'en finir avec l'Escurial. Veuillez pourtant descendre avec moi de la salle des batailles, dans cette chambre oblongue, aux murs nus et blanchis à la chaux, éclairée par une seule fenêtre, et aux extrémités de laquelle s'ouvrent deux alcôves sombres. C'est ici que le roi Philippe II vint passer les dernières années de sa vie, et mourir. C'est d'ici que, sombre, soucieux, il prévoyait les éclipses de la gloire espagnole, et qu'il commandait encore à l'Europe. De ce palais immense, il ne s'était réservé que ce coin sépulcral, pour s'habituer au repos de la tombe, et, du fond de cette alcôve, une baie pratiquée dans le mur lui permettait d'entendre le chant des moines, et de voir le prêtre officiant.

Allons, ne nous attardons pas dans ce tombeau ; car nous pourrions y mourir. Je suis las, je suis triste ; il me semble que dans ces sombres corridors j'entends marcher des spectres. Verrai-je encore le soleil ? Respirerai-je encore le grand air ? Courons de ce côté, et franchissons ce portique ; enfilons ce corridor, et traversons cette cour. Que de portes, grand Dieu ! que d'appartements ! que de galeries ! que de murailles ! que d'escaliers ! N'arriverons-nous jamais ?

Tiens, voici des arcades et des murs peints à fresques ; c'est donc encore le cloître ? Où va nous conduire ce couloir ? Ah ! voilà de longs vestibules et des meubles dorés ; serait-ce encore le palais ?

Là-bas brille une lumière ; plus loin verdissent des myrtes entourant une fontaine. Réjouissons-nous, nous sommes sortis !

Nous revenons à notre hôtel avec une faim inexprimable, et l'hôtelier nous improvise un déjeuner indescriptible, qui nous transforme en tambours de basque. Nous avons trois heures devant nous, avant celle du départ ; que pourrions-nous faire de mieux qu'une course à pied dans la montagne ? L'ascension est un peu pénible, mais fatiguer le corps reposera l'esprit.

Il fait un temps ravissant, et les rayons du soleil baignent les flancs de ces rochers cyclopéens.

Nous gravissons un premier sommet, d'où la vue s'étend bien loin, sur un pays accidenté mais désert. Ce matin, les vallons étaient noyés dans la brume, et ressemblaient à autant de lacs ; mais maintenant les croupes sombres des rochers, se succèdant à perte de vue, nous offrent l'image des convulsions de la mer.

Un torrent dégringole de la montagne, et sur ses bords sont échelonnées des blanchisseuses, étrangement vêtues, et nous regardant avec curiosité, des chuchotements et des rires.

Nous franchissons un second sommet, et nous rencontrons un second torrent, avec une seconde échelle de blanchisseuses. C'était le tableau le plus animé et le plus pittoresque que l'on puisse voir. Les unes chantaient des romances bizarres, que les autres semblaient accompagner avec leurs battoirs. Toutes semblaient gaies, riantes, et l'eau glacée colorait leur teint brun, et rougissait leurs bras nus.

Sous nos pieds s'étendaient le parc royal, les jardins, et les toits réguliers et spacieux de l'Escurial. Au loin se succèdaient les pics, les ravins, les rochers, et de grandes routes blanches serpentant au milieu de ce désert.

Derrière nous se dressaient des escarpements et des cimes, dont les têtes allaient se perdre dans les nuages, ou se fondre dans le ciel. Nous redescendîmes charmés, en écoutant les chants des laveuses et les mugissements des torrents.

Le soir, nous étions à Madrid.

V

A MADRID

La capitale de l'Espagne.—La *Puerta del Sol* et ses flâneurs.—Les fumeurs en Espagne.—Le Musée du Roi.—Le *Buen Retiro.*—*L'Armeria.*—Le réveil de l'Espagne.

La capitale de l'Espagne est la moins espagnole de toutes ses villes, et ce qu'on appelle le progrès moderne l'assimile de plus en plus aux autres villes européennes.

Sa population dépasse 600,000 habitants, ses rues s'élargissent pour y installer des tramways, ses maisons se multiplient, sa cuisine se perfectionne ; elle a son *Hôtel de Paris* et son *Grand Café de Paris.* Mais on chercherait en vain dans toute son étendue un seul édifice vraiment monumental.

Je ne vous décrirai donc pas ses églises : aucune n'est remarquable. Je ne puis pas vanter son palais : il n'est qu'un vaste bloc carré sans style.

Ses boutiques sont assez pauvres, ses hôtels ne sont guère bons, son climat est détestable, en décembre.

La *Puerta del Sol*, où se trouve mon hôtel, et qui est le vrai centre de Madrid, est une place irrégulière, entourée d'édifices sans architecture, de cafés sans luxe, et de vitrines de province. Elle mérite cependant son nom, parcequ'elle est bien la porte par laquelle le soleil entre dans Madrid.

Ce qui est vraiment étonnant sur cette place, et dans la rue d'Alcala qui l'unit au Prado, c'est le mouvement. Un pareil rassemblement défie toute description. Ni *Broadway*, de New-York, ni *Cheapside*, de Londres, ni les boulevards de Paris ne présentent ce spectacle ; et cela dure tout le jour, et presque toute la nuit.

Ce qui distingue tout particulièrement cette *multitude* de la *foule* américaine, c'est qu'elle n'est jamais pressée. Tout le monde paraît flâner, et se chauffer au soleil. Le millionnaire et le mendiant, le politicien et l'artiste, l'homme d'affaires et le rentier, semblent n'avoir d'autre occupation que le *far niente*. Tous marchent à pas lents, majestueusement drapés dans leurs manteaux ; et le pauvre n'y met pas moins de forme et d'élégance que le riche. C'est ici que Victor Hugo pourrrait parler de *torchons radieux* : il y en a.

Après cela, vous ne serez pas surpris d'apprendre que l'Espagnol est un fumeur infatigable. Il fume toujours, et partout. A l'opéra, et dans les hôtels, il n'y a pas de salon pour les dames, mais il y a un fumoir. Le soleil d'Espagne, si radieux, ne perce pas sans peine les nuages de fumée de tabac qui s'élèvent de Madrid. J'attribue au besoin de fumer des conducteurs la lenteur des chemins de fer espagnols. Il faut bien que le chef du train et le chef de gare allument de temps en temps la pipe, ou fument leurs cigares.

J'ai passé huit jours à Madrid, dont quatre au *Musée du roi*. C'est qu'en réalité Madrid ne possède guère autre chose que son admirable galerie de peinture, la plus belle du monde peut-être. Comment vous exprimer dans une simple lettre écrite à la hâte, sur un coin de table d'une chambre d'hôtel, toute mon admiration pour les nombreux chefs d'œuvre entassés dans cet immense musée ? Comment vous dire ce que l'on éprouve, quand on a devant soi les œuvres immortelles de génies tels que Murillo et Raphaël, Velasquez et Rubens, Ribera et Titien ? Car ici toutes les écoles sont représentées, les écoles de Rome, de Venise et des Flandres, comme celles de l'Espagne. Non, je ne puis pas même effleurer les contours d'une pareille étude.

Après le musée, deux choses m'ont plu à Madrid, ce sont les promenades publiques et *l'Armeria*.

Le *Prado*, le *Buen Retiro*, et les jardins du Palais renferment des parterres, des massifs de verdure, des charmilles et des pièces d'eau très bien entretenues. Le grand étang du *Buen Retiro* offre tous les charmes d'une navigation paisible, à la rame, à la voile et même à la vapeur ; car deux bateaux-mouches à hélices le sillonnent.

Mais ce qui m'a charmé, je puis dire ému, c'est le musée des armes. Il est beaucoup moins grand que celui de la Tour de Londres, mais bien plus intéressant. On ne saurait regarder d'un œil froid les armures de Charles-Quint et de Gonzalve de Cordoue. Il y a là des épées qui jettent des éclairs, et qui réveillent dans l'âme tous les plus nobles sentiments.

Voyez cette lame pesante et large, enrichie de pierreries ; c'est celle du Cid ! Regardez cette autre qui se repose maintenant sur un coussin de velours : elle faisait jadis un dur travail dans les mains de Roland !

Et ces deux fines épées qui se ressemblent comme deux sœurs jumelles, et qui se racontent peut-être leurs exploits et leurs voyages lointains ; il fut un temps où ceux qui les portaient se nommaient Fernand Cortez et Pizarre ! Voici la rapière de Don Juan d'Autriche, et celle de Dom Jaime ! Sur ce lit de camp a souvent dormi Charles-Quint ! Et ce drapeau dechiré, dont les lambeaux pendent dans cette vitrine, vénérez-le comme une sainte relique ; car il fut vainqueur à la bataille de Lépante.

O noble Espagne ! Quand on a ton glorieux passé, il est bien permis de se reposer sur ses lauriers ; mais il ne faut pas s'y endormir.

Pour qu'une nation soit vraiment puissante et glorieuse, il ne suffit pas qu'elle vive selon les vrais principes sociaux et religieux ; il faut qu'elle ne perde pas de vue les principes économiques et les intérêts matériels.

Sans doute les premiers sont plus importants, plus essentiels à la vie nationale ; mais les seconds ne doivent pas non plus être négligés.

C'est pour avoir mis en oubli cette doctrine, que l'Espagne a vu décroître sa grandeur et sa puissance, de Charles Quint à Charles II, l'Augustule de sa race, dit Donoso Cortès.

Mais cette belle nation s'est réveillée depuis, et ses nobles enfants travaillent à l'agrandissement de sa prospérité, de sa puissance et de sa gloire.

Sans doute elle n'a plus les preux chevaliers, les illustres marins, et les grands conquérants d'autrefois. Mais les temps sont changés, et il ne reste plus de Maures à expulser, ni de continents à découvrir.

Il lui suffit maintenant de produire des hommes d'Etat, des théologiens, d'illustres évêques, des écrivains, des orateurs, des poêtes ; et il y en a parmi les contemporains dont elle a droit d'être fière.

VI

ENCORE A MADRID

La *Puerta del Sol.*—Le café de Paris.—*Fernan Caballero.*—Ses *nouvelles.*—Quelques pages de *Paz & Luz.*

Décidément, la *Puerta del sol* me plaît beaucoup, et vaut tout Madrid—sauf le Musée. C'est le centre de la vie espagnole, et l'on y sent battre le cœur de l'Espagne. J'y passe des heures à coudoyer la foule, et le spectacle est très varié.

Les amis, et même les amoureux s'y donnent rendez-vous ; les commerçants y font des affaires ; les hommes d'Etat y discutent les questions politiques ; les charlatans y déclament leurs boniments ; les malades et les infirmes viennent s'y chauffer au soleil ; les journalistes y font collection de faits-divers ; les dramaturges et les romanciers y cherchent des héros et des héroïnes.

Malgré la tendance malheureuse à l'uniformité de costume, on y voit encore des toilettes pittoresques et originales, depuis la *señora*, en mantille, jusqu'au paysan aux couleurs bariolées, portant le justaucorps en velours et le châle drapé avec élégance.

Le soir, je vais passer une heure au *Café de Paris*, et j'y retrouve à peu près les mêmes types. Ils sont groupés autour de petites tables, dans une salle immense, buvant du chocolat, du café, ou des liqueurs ; mangeant des *bollos*—espèce particulière de gâteaux—jouant aux dominos, et discutant avec animation la politique du jour.

J'ai voulu me mettre un peu au courant de la politique espagnole ; mais j'ai dû y renoncer, c'est un labyrinthe. La diplomatie étrangère doit s'y trouver constamment désorientée. Les partis sont au nombre de quinze ou seize, et les nuances qui les séparent ne sont appréciables que par des yeux espagnols.

Il fait bien froid ici en décembre, et les vents qui descendent des hauts plateaux de la Castille sont insupportables. Les chambres d'hôtel sont glacées, et l'on ne trouve le confort d'un feu de grille que dans le fumoir et la salle à dîner.

Quand la cheminée est trop entourée, il ne reste plus qu'une ressource contre le froid : se mettre au lit et se charger de couvertures.

C'est là que je m'installe pour lire, dans la soirée, les *Nouvelles Andalouses* de Fernan Caballero. Elles sont pittoresques, originales, charmantes, et l'on m'assure qu'elles sont de vraies peintures des mœurs espagnoles contemporaines.

Fernan Caballero est un pseudonyme qui cache le nom d'une femme remarquable, vivant tantôt à Cadix, tantôt à Séville. (1) Ses *nouvelles* ont obtenu un très grand succès, et elles le méritent. Elles reproduisent les croyances pieuses, les poétiques légendes, les cou-

(1) Dona Cécilia Bohl de Arrom.

tumes, les chansons et les dictons du peuple des campagnes. Les récits sont simples, naturels, naïfs et spirituels.

On en pourra juger par quelques pages d'une *nouvelle* intitulée " Paix et Lumière " (*Paz et Luz*) que je veux citer.

La scène se passe dans un village des Sierras, non loin de Séville. Un pélerinage de montagnards et de montagnardes est descendu d'Aracena à Utrera, pour la fête de *Notre Dame de Consolation.* Parmi les pèlerins, se trouvent Pastora, une belle jeune fille de dix sept ans, surnommée la *fleur de la Sierra*, et Diego Mena, âgé de 26 ans, et surnommé *le silencieux* à cause de sa taciturnité habituelle, due à de grands chagrins de famille ; car son père a été assassiné, et sa mère est morte de chagrin.

Or, il parait que Diégo, jeune et joli comme un saint Sébastien, n'a jamais levé les yeux que sur une jeune fille, qui est Pastora, et qui prétend ne pas s'en apercevoir.

Il voudrait bien trouver une occasion de causer avec elle, et de lui dire un peu tout le bien qu'il en pense. La fête de la *Consolation* va lui offrir une occasion unique et charmante. Laissons conter Fernan Caballero :

" Pour faire ce pélerinage, on avait donné à Pastora un vieil âne qui, à cause de sa couleur noire, était appelé Mohino. Mohino fit tout ce qu'il put pour faire comprendre que cette promenade matinale n'était pas de son goût, mais ce fut en vain. On lui mit la selle sur le dos, et on la serra de manière à lui faire faire contre son gré quelques entre-chats ou cabrioles avec ses pieds de derrière. Pastora sauta légèrement sur sa monture, et Mohino, de plus mauvaise humeur que jamais, baissa la tête, laissa pendre ses oreilles comme deux sacs vides, jeta un dernier regard langoureux à son écurie, soupira, et suivit en silence la caravane.

“ Lorsque l'on fut arrivé, on attacha les chevaux aux oliviers, et on laissa les ânes paître en liberté. Mohino alla, comme les autres, à quelque distance ; puis, après un instant de réflexion, il leva la tête, dressa ses deux oreilles, arrêta ses grands yeux impassibles sur l'endroit où étaient ses maitres, examina ce qui s'y passait, puis, bien sûr que tous étaient entrés dans la chapelle, il se retourna d'un air indifférent et, sans rien dire à ses compagnons, il reprit à petits pas le chemin du village.

“ Pendant ce temps, Pastora et ses amis avaient entendu la messe, fait leurs prières, déjeuné sur l'herbe sèche et parfumée, en chantant et en riant. Ils virent avec peine les rayons du soleil, déjà obliques, traverser les feuilles étroites des oliviers.

“ Allons, il est temps de retourner à Utrera, dirent les mères. La nuit marche plus vite que les ânes, elle nous attrapera en route. ”

“ Les hommes se mirent à la recherche des montures.

“ Eh ! Mohino ! Mohino ! viens donc, bourrique ! Maudites soient tes longues oreilles qui ne te servent pas même à entendre qu'on t'appelle, Mohino !

“—Rien !

“—Mon Dieu ! dirent les femmes, comment faire ? Comment Pastora retournera-t-elle au village ?

" Tous les hommes qui avaient été à cheval à la Consolation avaient amené en croupe leur mère, leur femme, ou leur sœur.

" Messieurs, dit un jeune garçon, j'ai trouvé un moyen. Diégo Callado est ici ; il n'a amené personne en croupe, lui : il est toujours seul.

"—Diégo ! Diégo ! crièrent les garçons en courant vers l'endroit où il était, l'âne du père Blas a trouvé qu'il valait encore mieux revenir à midi que de porter une jolie fille comme Pastora. La fleur de la Sierra est passée de la cavalerie dans l'infanterie ; il faut absolument que tu la prennes en croupe. "

" Le jeune homme à qui ils s'adressaient fut si interdit et si confus, qu'une vive rougeur s'étendit sur son visage, quand il répondit d'une voix hésitante :

" Mon cheval ne peut porter personne en croupe."

" Un des jeunes gens fit trois pas en arrière, s'élança, et sauta légèrement sur la croupe du cheval. Le noble animal, fougueux et doux à la fois, ne fit pas un mouvement.

" Allons, dit un autre, cela te va comme un gant à la main, et cela déridera ta figure refrognée.

"—Vraiment, dit un second, il y a des hasards qui ont un air de providence.

"—Tu feras dire une messe à la vierge de Consolation, dit un troisième, parce qu'elle t'a consolé.

"—Celui qui n'a pas faim, Dieu lui remplit ses greniers.

"—Tu gagnes le gros lot sans avoir mis à la loterie.

"—Tu feras dorer les fers de ton cheval."

“ Tandis que toutes ces plaisanteries passaient et se croisaient aux oreilles de Diégo, comme des fusées, les jeunes gens avaient placé Pastora sur le cheval. Celle-ci, qui ne se doutait pas de l’embarras de Diégo, ni de la résistance qu’il avait faite, s’établissait commodément, arrangeait ses jupes, prenait d’une main le mouchoir attaché à la queue du cheval, et passait l’autre sans façon autour de la taille de Diégo, s’appuyant sur le cœur du jeune homme, qu’une émotion inconnue faisait battre fortement.

“ On se mit en marche, et bientôt le beau cheval de Diégo fut en avant de tous.

“ Diégo Mena, qui, dans le village, était seulement connu sous le nom de Diégo le silencieux, surnom que lui avaient valu sa taciturnité et la solitude dans laquelle il vivait, était arrivé à l’âge de vingt-six ans sous l’influence de l’horrible catastrophe qui semblait avoir paralysé tous ses sentiments, et les avait concentrés sous la double impression du chagrin et de l’horreur. Il était resté si seul dans le monde, que rien n’était venu interrompre ce tête-à-tête avec sa douleur et sa tristesse.

“ Diégo était comme un arbre dont la sève a été glacée par le froid de l’hiver, et qui, dépouillé, triste et sombre, n’a pas l’air de vivre. Mais, à peine fut-il en contact avec cette belle jeune fille, si pure, si suave, si pleine de vie, qu’il lui sembla qu’une douce et vivifiante brise de printemps venait ranimer son existence. Aux rayons de ce soleil de vie et d’amour, il tressaillit, ses feuilles s’entr’ouvrirent, ses fleurs s’épanouirent, et l'arbre se vit dans toute la force de la vie, dans toute la beauté et le luxe du printemps.

“ Ils restèrent longtemps silencieux; Diégo dit enfin :

“ Resterez-vous encore longtemps ici ?

“—Un mois.

—C'est bien peu.

—Cela paraîtra bien long à mon père.

—Il y en aura peut-être d'autres qui désireront votre retour ?

—Non, pas que je sache.

—Vous n'avez pas d'amoureux ?

—Moi, non.

—Ils n'ont donc pas d'yeux à Aracena ?

—Et si moi je n'ai pas d'oreilles ?

—Etes-vous bien difficile ?

—Oui et non.

— Ce n'est pas une réponse, ou plutôt ce sont deux réponses qui se contredisent.

—Est-ce que cela vous intéresse ?

—Peut-être.

—Cette fois vous ne me faites ni une ni deux réponses, vous ne m'en faites aucune.

—Etes-vous bien pressée de dire non ?

—Vous, vous ne l'êtes guère d'obtenir un oui.

—Y a-t-il de l'espérance dans l'incertitude ?

—L'incertitude, c'est le purgatoire.

—Me connaissiez-vous ?

—Oui, et vous aussi me connaissiez

—Qui vous l'a dit ?

—Un ami qui ne se trompe pas.

—Cet ami me dit, à moi, que je ne puis plaire ; je suis si triste !

—Et moi je suis si gaie que je ne devrais pas plaire à celui qui ne l'est pas.

—Plût à Dieu qu'il en fût ainsi !

—Moi je ne le voudrais pas !

—Alors vous voulez me plaire ?

—Est-ce que les étoiles n'aiment pas à briller ?

—Vous voulez être mon étoile ?

—Je ne veux rien, mais je suis ce que je suis.

—Non, je ne veux pas vous choisir sans que vous y consentiez.

—Le consentement ne se demande pas ; il se mérite.

—Comment ?

—Cela ne se dit pas, cela se devine. "

" Ils arrivèrent. " Il y a, dit Diégo, très ému, une fenêtre dans la cour de l'oncle Blas qui donne dans la petite rue ; l'ouvrirez-vous ?

—Nous verrons.

—Rien qu'une espérance ?

—Voyez-donc, il n'est pas content ! dit Pastora en sautant de cheval. Merci, Diégo. Il faut avouer que votre cheval marche bien.

—Beaucoup trop vite, Pastora. "

" Pastora le salua de la main, et entra en courant dans la maison.

" Diégo s'éloigna, emportant le ciel dans son cœur. "

VII

TOLÈDE

En route.—Le palais Galiana.—Tolède et son histoire.—Le Tage.—Les monuments. — L'Alcazar. — La cathédrale. — Les rues — *San Juan de los Reys.* — Ximénès.—*Santa Maria la Blanca.*—Don Quichotte.

La plus ravissante excursion que l'on puisse faire pendant un séjour à Madrid est d'aller visiter Tolède, qui est située en dehors des grandes lignes de chemins de fer. J'en arrive, et je suis dans l'enchantement. Nous sommes partis ce matin de très bonne heure.

La journée promettait d'être splendide, et pendant qu'un fiacre nous emportait rapidement dans l'avenue plantée d'arbres que les madrilènes ont si bien nommée *las Delicias*, nous vîmes le soleil s'élever lentement comme un ballon de feu dans les vapeurs du matin.

Il faisait froid, mais sec ; et dans l'immensité de l'azùr céleste, de petits nuages roses flottaient légèrement, comme des épaves sur les flots bleus. La voie ferrée traversait une vaste plaine, bien cultivée mais sans arbres ni maisons, et l'on se serait cru dans un désert. Ce qui ajoutait à l'illusion, c'est que j'apercevais à l'horizon lointain de lourdes charettes trainées par huit ou dix mulets, marchant à la file et ressemblant à des caravanes.

Le train cheminait assez lentement pour éprouver rudement notre patience. Mais voici qu'enfin il traverse un petit fleuve verdâtre, c'est le Tage. La campagne change un peu d'aspect. Quelques bouquets d'arbres apparaissent aux bords du fleuve, et sur notre droite se dessinent bientôt les ruines d'un vieux château, que l'on appelle encore le palais Galiana.

Qu'est-ce donc que cette ruine qui dresse encore aux bords du Tage deux tours couronnées de créneaux, et des murs jaunis que le temps a ébrèchés ? Ecoutez ce que répond la légende. Là vécut jadis le roi Galafro, avec sa fille Galiana, éblouissante de beauté. Charlemagne encore jeune y vint, et fut épris d'elle ; mais il rencontra un rival dans un roi maure géant qui le provoqua en duel. Charlemagne sortit vainqueur du combat, convertit Galiana au christianisme, et l'épousa. Les Tolédans croient à ce roman.

Encore quelques tours de roues, dans autant de minutes, et nous apercevrons Tolède, couronne monumentale placée sur une montagne de calcaire.

Sur le bord des rochers taillés à pic s'écroulent ses antiques fortifications et ses vieux châteaux. Toutes ces ruines sont suspendues sur nos têtes à une hauteur énorme, découpant sur le ciel bleu leurs silhouettes déchirées et leurs teintes brunes et fauves. Au temps de sa gloire, Tolède était la capitale du royaume des Goths, et comptait plus de 200,000 habitants.

Elle était une des villes les plus anciennes de l'Espagne, et fut le siège d'un grand nombre de Conciles pendant les sixième et septième siècles.

Un de ses rois les plus célèbres fut Recarède qui ramena à la foi catholique toute la nation des Visigoths, et les Suêves tombés dans l'erreur de l'arianisme.

Un des caractères les plus curieux de cette époque, c'est la part considérable que le roi prenait au gouvernement de l'Eglise, et l'influence que les évêques exerçaient dans le gouvernement du peuple.

La foi catholique est alors la loi fondamentale de l'Etat. L'Eglise prend une part directrice dans le gouvernement temporel, et les magistrats apprennent d'elle à bien administrer la chose publique. Les évêques sont les inspecteurs constitutionnels des magistrats.

Dans un Concile, tenu à Tolède en six cent trente trois, dans lequel siégaient soixante deux évêques sous la présidence de saint Isidore de Séville, il fut règlé et statué : que quiconque violerait le serment de fidélité au roi, ou conspirerait contre lui serait anathême, banni de l'Eglise et de tout commerce avec les chrétiens. En même temps, il est réglé que lorsque le Prince sera mort en paix, les principaux de toute la nation, de concert avec les évêques, lui donneront un successeur.

Que cette législation semblerait étrange aujourd'hui !

Tout en rappelant ces souvenirs du passé, nous gravissons une rampe en pente douce qui longe les bords du fleuve, et je fredonne la vieille romance,

Fleuve du tage, etc, etc.

Comme il est joli, ce fleuve ! Quelle belle ceinture d'émeraude il fait à la vieille capitale des Castilles ! Il n'est pas large, mais il ne manque pas de profondeur, et ses flots qui ont la couleur de la malachite ne reculent devant aucun obstacle. C'est en vain que la montagne de calcaire se dresse devant eux, quand ils arrivent aux pieds de Tolède. Le fleuve charmant et charmé ne se détourne pas, il creuse son lit profond dans le roc déchiré, comme le Saguenay à travers les Laurentides, et, ne pouvant se détacher de sa ville bien-aimée, il en fait presqu'entièrement le tour. Il l'étreint dans ses bras, il la caresse, il reproduit son image dans le miroir de ses eaux, il l'abreuve, il la défend, il l'orne comme un bracelet ! Traversez la ville dans tous les sens, et vous arrivez toujours à un escarpement effrayant ; penchez-vous au bord de l'abime, et vous apercevez au fond les eaux sereines du Tage.

Oh ! quelle ville merveilleuse et quel site enchanteur ! Tous les châteaux en Espagne que j'ai bâtis dans ma jeunesse, tous les rêves fantastiques auxquels mon imagination a donné des formes dans les vastes domaines de l'idéal ne sont pas illusoires. Ils existent, et je viens de les contempler.

Les voyages, les veilles, le travail, et—pourquoi ne l'avourais-je pas ?—les années, avaient un peu émoussé ma sensibilité, mais la vue de Tolède a ravivé toutes les fibres les plus délicates et les plus élastiques de mon être. Elle m'a rejeuni. Elle m'a donné plus d'émotions et d'enthousiasme que n'auraient pu le faire le plus mouvementé des drames, et le plus sublime des poèmes.

C'est qu'en réalité Tolède est une véritable épopée de pierre, où sont décrits trois âges de l'art, et qui chante le triomphe définitif du Christianisme sur l'Islamisme.

Nous traversons le Tage sur le fameux pont d'Alcantara, en admirant la belle porte arabe qui le surmonte, nous passons sous la *Puerta del sol*, élégant monument d'architecture mauresque, et nous arrivons enfin, après une rude ascension, en face de l'Alcazar qui domine la ville. Le Tage miroite sous nos pieds, et la vieille cité déroule sous nos yeux son écharpe de ruines, que le soleil a dorée.

L'Alcazar n'a de mauresque que le nom. C'est un palais du temps de Charles-Quint, formant un vaste quadrilatère, dont les angles sont couronnés de tours formidables. La façade est très élégamment ornée, et, autour de la cour intérieure, sont suspendues deux rangées d'arcades, soutenues par deux colonnades gracieuses, et reliées entre elles par un magnifique escalier de marbre.

De l'Alcazar nous courons à la cathédrale. Quelle merveille ! On ne s'étonne plus quand on l'a visitée, qu'elle soit considérée comme une des plus belles du monde. L'extérieur n'a ni les proportions, ni l'élégance, ni les sculptures innombrables de la cathédrale de Burgos ; mais l'intérieur est plus orné, plus harmonieux, et rien n'égale l'admirable unité de ce monument.

Sa majesté étonne, sa beauté charme, et la richesse de ses ornements éblouit. L'œil ne se lasse pas de contempler, en se promenant du maître-autel au chœur, et du chœur aux chapelles. La magnificence s'allie à la beauté, l'élégance à la gravité, l'harmonie à la variété, et chaque détail est un chef-d'œuvre. Comme dit Théophile Gautier, le maître-autel seul passerait pour une église, et, quant au chœur, l'art gothique, sur les confins de la Renaissance, n'a rien produit de plus pur, de plus parfait, ni de mieux dessiné.

Une des portes latérales conduit au cloître, dont le promenoir à arcades entoure un jardin oriental, et dont les murs sont couverts de grandes fresques. Nous le parcourons rapidement, et nous revenons à l'église dont nous avons peine à nous arracher.

En sortant de la cathédrale, nous entrons dans un dédale de ruelles tortueuses dont vous ne sauriez vous faire une idée. C'est à se demander parfois si l'on circule dans une ville, ou dans des catacombes. Car les maisons très hautes se rejoignent presque au-dessus de notre tête, et la ruelle se change, tantôt en escaliers qui paraissent conduire sous terre, et tantôt en spirales qui ramènent au jour. Ici, c'est la ville mauresque avec ses maisons sans fenêtres et ses portes basses à arcades, là c'est la ville du moyen-âge, avec ses fossés, ses créneaux, ses écussons et ses légendes.

Enfin, nous arrivons en pleine lumière devant une église gothique et un cloître : c'est *San Juan de los Reys*. Aux murs extérieurs sont suspendues de longues chaines de fer que portaient les prisonniers chrétiens délivrés par la prise de Grenade, en 1492. Les tribunes de l'église, les piliers, les arceaux et les voûtes présentent un admirable coup-d'œil. Mais le cloître est infiniment plus beau. C'est un joyau d'architecture et de sculpture à mettre dans un écrin. Aucune expression ne peut exagérer la beauté de ce monument qu'un écrivain proclame majestueux comme un temple, magnifique comme un palais de roi, délicat comme un joujou, gracieux comme un bouquet de fleurs.

C'est dans ce monastère de Cordeliers que vint se renfermer un jour un jeune homme qui devait être une des plus pures gloires de l'Espagne. Il se nommait, Gonzalez Ximénès de Cisnéros.

Il avait étudié d'abord à Alcala, puis à l'Université de Salamanque, la théologie, la philosophie, le droit canon, le droit civil et les langues orientales. Après avoir professé le droit pendant quelque temps en Espagne, il était allé à Rome plaider ies causes des Espagnols devant les tribunaux ecclésiastiques.

Dans les deux pays, il s'était fait une grande réputation, et l'on avait la plus haute opinion de son génie.

Quant il revint à Tolède, il se rendit bientôt célèbre comme prédicateur et directeur des âmes. Mais sa popularité croissante lui ayant suscité des envieux, il se retira au couvent de Castagnar dans la plus complète solitude. Plus tard dans sa plus haute fortune il a souvent regretté cette paisible retraite de Castagnar.

Un jour, il dût céder aux instances réitérées de la reine Isabelle de Castille, qui le choisit pour confesseur ; il revint chez les Cordeliers de Tolède, qui l'élirent Provincial.

Deux ans après, sur les pressantes sollicitations de la reine Isabelle, le Souverain Pontife le nommait archevêque de Tolède, et comme il refusait de quitter ce cloître, le Pape lui envoya six mois après l'ordre formel d'accepter la dignité épiscopale.

Ce n'était pas alors une dignité de mince importance ; car l'archevêque de Tolède était le seigneur temporel d'une quinzaine de villes, qu'il devait administrer et dont il nommait les gouverneurs et les magistrats ; et c'est ainsi que l'illustre religieux eut à promouvoir, à la fois, les intérêts de son ordre, ceux de son diocèse, et ceux du royaume

Mais des travaux plus importants encore réclamèrent bientôt sa rare activité et son vaste génie.

Ferdinand et Isabelle avaient enfin conquis le royaume de Grenade par les armes de Gonzalve de Cordone, *le grand Capitaine.* Mais il fallait affermir cette conquête, et ce n'était pas une œuvre facile, puisque la capitale même du royaume comptait encore plus de deux cent mille musulmans.

Ximénès conseilla au roi et à la reine d'aller fixer leur résidence à Grenade, et il dut les y accompagner ; car il était devenu l'homme d'Etat indispensable dans les circonstances difficiles que faisaient à l'Espagne ses récentes conquêtes.

C'est donc à Grenade que nous retrouverons le grand homme.

A quelques pas du couvent des Cordeliers, nous traversons un petit jardin, et nous nous heurtons à un mur blanchi à la chaux. Une vieille femme nous ouvre une porte basse, et sous nos yeux s'allongent cinq nefs étroites, avec un beau pavé en mosaïque, et séparées par des colonnes et des arceaux mauresques.

Qu'est-ce donc que cet édifice étrange que rien à l'extérieur ne fait soupçonner ? Est-ce une synagogue, une mosquée, ou une église ? C'est tout cela, à la fois ; ou plutôt c'est bien un temple du Dieu vivant, mais qui a appartenu au judaïsme et à l'islamisme, avant sa conversion et son baptême. — Il est dédié à la Sainte Vierge, sous le vocable de *Santa Maria la Blanca.*

Cette course rapide à travers Tolède m'a jeté dans l'enthousiasme, et en redescendant vers la gare, je rêve du Cid et de Don Quichotte, et je les admire tous les deux, comme si le dernier avait été vraiment un preux chevalier.

O mon vieux Don Quichotte, je te demande pardon d'avoir ri jadis de tes aspirations et de tes utopies. Aujourd'hui je te comprends mieux, et je te plains. Ce merveilleux pays devait nécessairement enflammer ton imagination, et pousser à des actions extravagantes tous tes instincts généreux. Si Cervantes t'a si bien peint, c'est non seulement parce qu'il te connaissait, mais parce qu'il te ressemblait. Lui aussi était chevalier, et il avait formé bien des rêves impossibles. Tous les cœurs généreux, toutes les intelligences d'élite s'élèvent de terre, et cherchent dans des sphères imaginaires un idéal que la réalité ne peut leur offrir.

En te ridiculisant, ô Don Quichotte, Cervantes s'est moqué de l'humanité tout entière ; mais il ne riait que pour s'empêcher de pleurer, et s'il revenait aujourd'hui sur terre, peut-être conjurerait-il notre siècle de s'arracher à la matière, et de revenir un peu à cet idéal que cherchait la chevalerie, et dont l'on se moque aujourd'hui.

Pendant que je me parlais ainsi à moi-même, le train se traînait paresseusement le long du Tage comme une salamandre monstrueuse. C'était Rossinante, et les voyageurs ressemblaient tous au chevalier de la Triste Figure.

Ah ! c'est ici que j'exècre les chemins de fer. Je les trouve laids partout, mais au moins dans les autres pays du monde ils sont commodes, et ils vont vite. En Espagne, ils n'ont pas même cet avantage.

Ailleurs l'on peut dire que le progrès moderne fait des choses bonnes et utiles ; mais de belles choses, non. Le Beau est en décadence partout, et les voyages ont pour objet d'en contempler les ruines. Sans doute, on réussit encore à atteindre le joli, mais il vaut ce qu'il coûte, c'est-à-dire peu. Tout est à bon marché, parce que tout est faux. En fait de sentiments, comme en fait de bijoux, c'est le plaqué qui domine.

VIII

AUX CORTÈS

Le ministère—Les partis—Contrebandiers et politiciens—Les orateurs—Emilio Castelar.

J'ai assisté à une séance des Cortès, que le roi est venu ouvrir avec la pompe et la solennité qui sont d'usage dans les pays constitutionnels ; mais je n'ai rien compris aux débats, non plus qu'à l'organisation des divers partis politiques qui composent la Chambre.

Les personnalités les plus marquantes du ministère sont M. Posada-Herrera, président du cabinet, M. Lopez Dominguez, ministre de la guerre, et M. Moret, ministre de l'Intérieur. J'avais une lettre d'introduction pour ce dernier ; mais par une suite de malentendus, qui arrivent souvent en voyage, je n'ai pu le rencontrer.

C'est un ministère de coalition: M. Moret est un radical rallié à la monarchie, et il représente ce qu'on appelle la gauche dynastique. M. Lopez Dominguez est le neveu du maréchal Serrano, et représente les serranistes. M. Posada-Herrera tient le milieu entre les deux groupes rivaux des libéraux dynastiques.

L'ancien ministère se composait surtout de conservateurs centralistes et de libéraux constitutionnels ; mais je ne puis pas même me rappeler les noms des nombreuses fractions qui composent tous ces partis. N'est-ce pas malheureux de voir ce peuple si catholique se diviser ainsi pour la politique ?

Il va sans dire que les partis s'accusent réciproquement, ici comme ailleurs, de corruption et de malhonnêteté.

Il y avait jadis en Espagne beaucoup de contrebandiers, qui ne voyaient aucun mal dans le métier qu'ils exerçaient. " Nous volons le gouvernement, disaient-ils, mais le gouvernement nous vole le premier avec ses taxes et contributions " ; et ils citaient ce proverbe andaloux : " celui qui vole un voleur gagne cent ans d'indulgence ! "

Les politiciens d'Espagne raisonnent peut-être comme les anciens contrebandiers. Au reste, dans certains pays, qui ne sont pas dans la lune, je connais des hommes politiques qui ne sont ni Espagnols, ni contrebandiers, et qui ne sont pas plus scrupuleux avec le gouvernement.

Les Andaloux disent encore : " trois choses forment un homme, la science, la mer et la maison du roi ! "

Pourquoi la maison du roi ? Parcequ'elle représente la faveur, et contient les caisses de l'Etat.

Mais quittons le terrain glissant de la politique, et parlons plutôt littérature.

Je me suis fait montrer les principaux orateurs de l'Espagne contemporaine : Canovas, l'un des hommes les plus remarquables de l'Europe, Pidal, brillant représentant des Carlistes, Rios Rosas, Martos, Rodriguez, et surtout Emilio Castelar, que les Espagnols proclament le plus grand orateur de l'Europe.

C'est un vif regret pour moi de n'avoir pu l'entendre, et je ne puis que reproduire ce que d'autres en ont dit. Voici comment de Amicis l'a jugé :

" Il est la plus complète expression de l'éloquence espagnole. Il pousse le culte de la forme jusqu'à l'idolâtrie ; son éloquence est une musique, son raisonnement est esclave de son oreille ; il dit une chose ou ne la dit pas, ou la dit dans un sens plutôt que dans un autre, selon qu'elle convient ou non à la période ; il a une harmonie dans la tête, et la suit ; il lui obéit, il lui sacrifie tout ce qui pourrait l'offenser ; sa période est une strophe, il faut l'entendre pour croire que la parole humaine, sans rythme poétique et sans chant, puisse arriver aussi près de l'harmonie du chant et de la poésie. Il est plus artiste qu'homme politique ; il a de l'artiste non-seulement l'esprit, mais encore le cœur : un cœur d'enfant, incapable de haine ou d'inimitié. Dans tous ses discours on ne trouverait pas une injure ; dans les Cortès il n'a jamais provoqué une sérieuse querelle personnelle, il ne recourt jamais à la satire, il n'emploie jamais l'ironie ; dans ses plus violentes philippiques il ne verse pas une goutte de fiel, et la preuve c'est que, républicain, adversaire de tous les ministres, journaliste militant, accusateur perpétuel de quiconque exerce un pouvoir, et de quiconque n'est pas fanatique de liberté, il ne s'est fait haïr de personne. Et c'est pour cela qu'on jouit de ses discours et qu'on ne les craint pas ; sa parole est trop belle pour être terrible, son caractère trop sincère pour qu'il puisse exercer une influence politique ; il ne sait pas joûter, comploter, conduire sa barque ; il n'est bon qu'à plaire et à briller ; son éloquence est d'autant plus grande qu'elle est plus tendre, et ses plus beaux discours font pleurer. Pour lui, la chambre est un théâtre. Comme ces poêtes qui improvisent, pour avoir l'inspiration pleine et sereine, il a besoin de parler à telle heure, sur tel point déterminé, et avec telle latitude de temps devant lui. Aussi, le jour où il doit parler, il prend ses mesures avec le président de la chambre. Le président s'arrange de façon à lui donner la parole au moment où les tribunes sont garnies, et où tous les députés sont à leur poste ; les journaux annoncent la veille au soir qu'il doit parler, pour que les dames puissent se procurer des billets ; il a besoin d'être écouté. Avant de parler, il est inquiet, il ne peut poser nulle part ; il entre dans la chambre, il en sort, il rentre, sort de nouveau, erre dans les corridors, va feuilleter un livre dans la bibliothèque, s'échappe au café pour boire un verre d'eau, semble saisi par la fièvre : il croit qu'il ne pourra pas coudre deux mots ensemble, qu'il fera rire, qu'il sera sifflé ; il ne lui reste pas dans la tête une seule idée nette, il a tout confondu, tout oublié. — Comment va le pouls ? lui demandent en souriant ses amis. Le moment arrive : il monte à son banc, la tête baissée, tremblant, pâle comme un condamné qui marche à la mort, résigné à perdre en un seul jour la gloire conquise en tant d'années, et au prix de tant de fatigues. En ce moment ses ennemis mêmes ont pitié de son état. Il se lève, regarde autour de lui et dit : “ *Señores* ! ” Il est sauvé : son courage se raffermit, son esprit s'éclaire, son discours se recompose dans sa tête, comme un air oublié ; le président des Cortès, les tribunes disparaissent, il ne voit plus que son geste, il n'entend plus que sa voix, il ne sent plus que la flamme irrésistible qui le brûle, et la force mystérieuse qui le soulève. Il est beau de l'entendre dire : " Je ne vois plus les murs de la salle, je vois des peuples et des pays lointains que je n'ai jamais vus." Et il parle pendant des heures, et pas un député ne sort, personne ne bouge dans les tribunes, pas une voix ne l'interrompt, pas un geste ne le distrait ; même quand il manque au règlement, le président n'a pas le courage de l'interrompre ; il fait briller à son aise l'image de sa république vêtue de blanc et couronnée de roses, et les monarchistes ne se risquent pas à protester, parce qu'ainsi vêtue ils la trouvent belle, eux aussi. Castelar est maître de l'assemblée : il tonne, il éclate, il chante, il brille comme un feu d'artifice, il fait sourire, il arrache des cris d'enthousiasme, il achève au millieu d'un tonnerre d'applaudissements, et s'en va la tête à l'envers. Tel est ce fameux Castelar, professeur d'histoire à l'Université, écrivain fécond dans les questions de politique, d'art, de religion ; publiciste qui gagne cinquante mille francs par an dans les journaux d'Amérique, académicien élu à l'unanimité par *l'Academia Española*, montré avec admiration dans les rues, adoré du peuple, aimé même par ses ennemis politiques, jeune, beau, un peu vain, généreux et heureux."

IX

CERVANTES

Poète et chrétien.—Voyage au Parnasse.—Les poètes.

En sortant du palais des Cortès, je me suis arrêté en face de la statue de Cervantes. C'est une œuvre assez médiocre ; mais le sculpteur a su mettre sur les lèvres du poète le sourire amer que devait avoir ce grand moqueur un peu misanthrope.

Quand je lis ses œuvres, il me rappelle Molière par sa verve, son esprit, sa gaité, sa profonde connaissance du cœur humain, et aussi, malheureusement, par la crudité révoltante de certains récits et tableaux. Mais s'il a commis quelques-unes des fautes de Molière, il a su se les faire pardonner en souffrant et combattant pour sa foi.

S'il a adressé parfois des paroles bien dures aux prêtres, s'il a tourné souvent les moines en ridicule, il n'en a pas moins cru à l'Église avec toute la fermeté d'un vrai chrétien. Il a pris les armes pour sa défense, il s'est battu comme un héros à Lépante, et il y a perdu un bras ; il a subi plusieurs années de dure captivité chez les Maures, à Alger. L'Église n'a pas oublié ces grandes actions, et aujourd'hui encore elle prie pour lui.

Dans un de ses charmants dialogues, Antonio Cavanilles met le poète en scène, et lui fait dire :

" Tant que j'ai vécu, on m'a laissé dans la misère ; aujourd'hui on m'élève des statues dont je n'ai que faire, et on ne dit aucune messe pour le repos de mon âme, dont j'aurais pourtant grand besoin."

Cette plainte proférée en Espagne, il y a quelques années, a été entendue : l'Académie espagnole fait célébrer annuellement depuis lors un service solennel pour le repos de l'âme de Cervantes, et des hommes de lettres morts pendant l'année. Edifiante et pieuse coutume que l'Académie Française hésitera sans doute à suivre.

Outre l'immortel poème de Don Quichotte, qui a fait sa gloire, on sait que Cervantes a écrit des nouvelles, et fait des comédies qui n'ont pas eu tout le succès qu'elles méritaient.

En voyageant, je lis son *Voyage au Parnasse*, qui est moins populaire et beaucoup moins connu que *Don Quichotte*, et j'y trouve des choses ravissantes sur les poètes.

Pour faire ce voyage, Cervantes monte en croupe sur le Destin, parce que c'est la monture de tout le monde, tantôt légère comme l'aigle, et tantôt lente comme la tortue.

D'ailleurs, toute monture est bonne au poète, parce qu'il n'a pas de bagage, et ne s'occupe nullement des affaires pratiques qu'il regarde comme des vétilles. " Il pleure la guerre ou chante l'amour, et la vie passe pour lui comme un songe, ou comme le temps pour les joueurs passionnés."

“ Les poètes, ajoute Cervantes, sont faits d'une pâte molle, tendre, flexible et souple, et ils aiment volontiers le foyer d'autrui. Le plus sage des poètes ne suit dans sa conduite que les inspirations de sa fantaisie enchanteresse, toujours riche d'expédients et d'une éternelle ignorance. Absorbé par ses chimères, et admirant ses propres actes, il ne vise ni à s'enrichir, ni à s'élever à une position honorable.”

De nos jours, les poètes sont un peu plus pratiques, et il y en a qui ne négligent pas de faire fortune. Mais il en reste encore qui tiennent des ancêtres. Dans notre pays surtout, ils ne sont pas dégénérés, et c'est pour eux que je reproduis ici quelques extraits des *priviléges, statuts et avis* adressés par Apollon aux poètes espagnols :

“ Si un poète dit qu'il est pauvre, qu'il soit aussitôt cru sur parole, sans plus ample informé ni serment.

“ Que le poète qui arrive chez un de ses amis ou chez une de ses connaissances, au moment de se mettre à table, et reçoit une invitation, ne se fasse pas prier ; et s'il affirme qu'il a déjà diné, qu'on n'ajoute point créance à ses paroles, et qu'on le fasse manger par force ; ce ne sera pas lui faire bien grande violence.

“ Que le plus pauvre des poètes, à moins qu'il n'appartienne à la catégorie des Adam et des Mathusalem, puisse dire qu'il est amoureux, bien qu'il ne le soit pas, et transformer le nom de sa dame selon son bon plaisir, l'appelant tantôt Amaryllis, tantôt Anarda, tantôt Chloris, tantôt Philis ou Philida, ou bien encore Juana Tellez, ou tout autrement, sans que nul n'ait le droit de lui en demander raison.

“ On ordonne de plus que tout poète, n'importe son rang ou sa qualité, soit tenu pour bon gentilhomme, eu égard à la noblesse de sa profession.

“ Que tout poète comique, auteur de trois bonnes comédies représentées, ait ses franches entrées au théâtre.

“ On prévient les poètes que, lorsque l'un d'eux veut faire imprimer quelqu'ouvrage de sa façon, il est bien entendu que le dit ouvrage n'en vaudra pas mieux pour être dédié à un Mécène quelconque ; s'il n'est pas bon, la dédicace ne le rendra pas meilleur, le Mécène fut-il le prieur de la Guadeloupe.

“ Je veux encore que tout poète puisse disposer de moi à son gré, et de tout ce qu'il y a dans le ciel ; j'entends qu'il puisse appliquer les rayons de ma chevelure aux cheveux de sa dame, faire de ses yeux deux soleils, ce qui fera trois en comptant le mien, de telle sorte que le monde s'en trouvera plus éclairé ; il usera à son gré des étoiles, des signes célestes et des planètes, de façon à la transformer tout doucement en sphère astronomique.

“ Que les jours de jeûne, il soit bien entendu que le jeûne n'a point été rompu par le poète qui aura rongé ses ongles, tout en faisant ses vers.

“ On prévient qu'il ne faut pas tenir pour larron tout poète qui aurait dérobé quelques vers appartenant à un autre, pour l'enchâsser dans les siens, à moins qu'il ne prenne une pensée complète, ou tout un couplet ; car il est, dans ce cas, tout aussi voleur que Cacus.

“ On avertit les poètes qui jouissent de la faveur de quelque prince, de ne pas lui rendre de fréquentes visites, de ne lui rien demander, et de se laisser aller tout doucement où les mène la fortune ; car celui, dont la providence veille au soutien des vermisseaux qui rampent sur la terre, et des animalcules qui s'agitent dans l'eau, n'oubliera pas de fournir l'aliment au poète, quelque rampant qu'il soit.”

X

CORDOUE

Les plaines de la Manche.—Le paradis des Maures.—Abd-El-Rahman III —La ville des palais.—Le fameux Almanzor.—Les jardins de l'Alcazar.—L'ancienne Cordoue.—Rues et *patios*.

En allant de Madrid à Cordoue, nous traversons les plaines désertes de la Manche, que les exploits de Don Quichotte ont illustrées. Les gens du pays croient aussi fermement au chevalier de la Triste-Figure qu'au grand capitaine Gonzalve de Cordoue.

C'est à la station d'Argamasilla que l'on garde surtout le souvenir du héros. Quelques familles du village prétendent même descendre du barbier, ou du gentilhomme au caban vert. On affirme que la *venta de Quesada* est l'hôtellerie où Don Quichotte fit sa *veillée des armes*, et les moulins à vent de Criptana sont ceux qu'il combattit avec un courage digne d'un meilleur sort. On sait que s'ils existent encore ce ne fut pas la faute du grand chevalier.

Nous dépassons Manzanarès, qui est une oasis au milieu de ce désert, et le val de Peñas célèbre par ses vins. La voie monte lentement les pentes de la *Sierra Morena*. Les gorges de la montagne se rétrécissent, les rochers sont déchirés et prennent des formes bizarres.

Enfin le point culminant de la *Sierra* est derrière nous, et nous descendons rapidement vers la vallée du Guadalquivir. Nous passons près de Tolosa, illustrée par une grande victore des chrétiens sur les musulmans.

Le climat et l'aspect du pays ont changé : c'est l'Andalousie avec sa douce température, sa riche végétation, et son firmament plein de soleil. Les haies d'aloës bordent les grandes routes, et les oliviers couvrent les collines de leur sombre manteau vert. Longtemps nous longeons les bords du Guadalquivir que dominent tantôt un village ou une petite ville, tantôt les ruines d'un château mauresque, et nous arrivons enfin à Cordoue.

Voilà bien le paradis que les Maures s'étaient choisi, et dont ils avaient fait le siège de leur empire d'Occident. Avant eux, les Romains et les Goths y avaient aussi voulu asseoir leur domination. Mais tous ces peuples ont passé, et leur souvenir n'y vit que dans les ruines. Seul, le ciel est resté le même avec son immuable sérénité, et sur les cendres des palais et des temples le soleil fait fleurir l'oranger.

Des haies de cactus gigantesques bordent les chemins. Les eucalyptus, les bambous, les cyprès ombragent les jardins, et les orangers y laissent pendre leurs fruits d'or.

On ne peut rien imaginer de plus riant et de plus gracieux que les jardins de l'Alcazar, dont l'éternelle jeunesse offre un si frappant contraste avec les ruines qui l'entourent. Du célèbre palais que les Romains avaient élevé, et que les rois Maures avaient rebâti dans leur style oriental, il ne reste plus que quelques débris, à peine dignes d'attention. Quelques pans de murs qui croulent, quelques colonnes brisées, et quelques blocs de pierre jonchant le sol, voilà tout ce qui est resté de ces splendides demeures où vécurent le puissant Almanzor, et le grand Abd-el-Rhaman III.

Ce dernier fut l'un des plus illustres califes de Cordoue, et pendant la paix il favorisait le culte des arts. A quelques milles de Cordoue, sur les bords du Guadalquivir, il fit même bâtir toute une ville de palais qui fut nommée Medina-al-Zarah, ville de la fleur, et dont les splendeurs étaient telles que l'on croit rêver en en lisant la description.

Voici les détails que je recueille dans un historien de l'Espagne :

" Le palais que Abd-el-Rhaman III y fit élever était assez grand pour loger toute sa cour avec une garde de 12,000 cavaliers. Il était couvert de toits dorés, et soutenu par quatre mille trois cents colonnes des marbres les plus précieux. Le pavé, les murs étaient de jaspe, ou de ce stuc de couleur éclatante dont quelques monuments arabes conservent encore des restes admirables, mais dont le secret semble perdu. Le bois de cèdre était le seul qui eut été employé dans la construction. Les plafonds étaient peints d'or et d'azur, ornés d'arabesques en relief et de ciselures du travail le plus délicat Un jardin délicieux, où croissaient toutes les plantes du monde connu, entourait cette magnifique demeure. Parmi les pavillons de marbre et d'albâtre dont il était embelli, on distinguent le pavillon où Abd-el-Rhaman venait se reposer des fatigues de la chasse.

“ Il était formé par une galerie circulaire de colonnes de marbre blanc, surmontées de chapiteaux dorés. Les portes étaient d'ébène et d'olivier. Du milieu d'une conque de porphyre s'élançait un jet de vif argent, qui en retombant, reflétait les rayons du soleil, et jetait des éclairs dont l'œil avait peine à soutenir l'éclat.

“ Dans presque toutes les salles il y avait des fontaines et des bassins de marbre ou de jaspe. On voyait dans la salle qu'on appelait du califat, une conque du plus beau jaspe remplie d'eau, au milieu de laquelle était un cygne d'or d'un travail admirable.........”

Un tel palais devait être féerique, et s'il n'était pas décrit dans presque tous les historiens, on serait tenté de le regarder comme une invention due à la brillante imagination des orientaux.

Abd-el-Rhaman III mourut à l'âge de soixante douze ans, et laissa sur le trône son fils El-Hakem, alors agé de quarante sept ans.

Ce calife fut moins belliqueux que son père. Il favorisa l'agriculture et les lettres, et mourut après quinze années d'un règne pacifique et glorieux.

Son fils, agé de dix ans, fut proclamé émir ; mais il n'eut toujours que le titre de souverain et n'en exerça jamais la puissance. Mohammed-ben-Abi-Ahmer fut nommé *hadjeb*, ou vice-roi, et ce fut lui qui gouverna réellement avec un éclat et une puissance, dont on retrouve les souvenirs dans le romancero espagnol.

Il y est toujours désigné sous le nom d'Almanzor, ou *El-Mansour*, le Victorieux Car il fut surtout un grand homme de guerre, et son règne fut terrible pour les chrétiens.

Personne n'ignore que le caractère de l'islamisme était essentiellement militant, qu'il a dû au cimeterre toutes ses conquêtes, et que le coran promettait le paradis à tous les guerriers qui combattaient contre le nom chrétien.

Mohammed-El-Mansour fut sous ce rapport une des gloires de l'Islamisme, et l'on assure qu'il fit contre les chrétiens cinquante deux expéditions.

Convaincu que le chemin de la guerre est le chemin de Dieu, et que, suivant un verset du Coran " celui dont les pieds se couvrent de poussière dans le chemin de Dieu est préservé du feu éternel," Almanzor avait pris dans ses expéditions une étrange habitude.

Il faisait secouer avec beaucoup de soin, chaque fois qu'il revenait du champ de bataille à sa tente, la poussière qui couvrait ses habits et la recueillait dans une cassette, afin qu'à l'heure de sa mort on couvrît son corps de cette poussière dans son tombeau. Cette cassette l'accompagnait dans toutes ses campagnes, et quand il mourut des blessures qu'il avait reçues à la bataille de Calatañazor, et du chagrin d'avoir été vaincu, on l'enterra avec ses vêtements, et on le couvrit de la poussière recueillie dans ses nombreuses batailles.

On a amplifié la vie et la mort de ce calife fameux de beaucoup de récits merveilleux. Ainsi l'on a raconté que le jour même de la bataille de Calatañazor on entendit aux bords du Guadalquivir un pêcheur qui déplorait dans des chants lamentables, tantôt arabes, tantôt espagnols, les désastres d'Almanzor. Mais quand on s'approchait de ce pêcheur il disparaissait, ce qui a fait dire à un historien espagnol que c'était le démon qui se désolait de l'abaissement de l'Islamisme.

Ce qui est certain c'est que la décadence de l'Islamisme en Espagne a commencé réellement après la mort d'Almanzor, d'abord par les dissensions entre les prince musulmans et ensuite par les hauts-faits des chevaliers chrétiens. C'était l'époque où le Cid allait remplir l'Espagne de sa gloire.

Tous ces souvenirs d'une époque, où les grands califes de Cordoue étaient encore puissants et riches, forment un contraste saisissant avec les débris et les ruines, que nous avons maintenant sous les yeux.

Puissance et fortune, trônes et couronnes, armées innombrables et somptueux Alcazars, tout a péri ; et les blocs de marbre et les cendres des émirs sont aujourd'hui confondus dans la même poussière.

Seuls les jardins sont toujours féeriques, et justifient le chant du roi Alphonse de Castille dans la *Favorite* :

" Jardins de l'Alcazar, délices des rois Maures,
Que j'aime à promener sous vos vieux sycomores
Les rêves amoureux dont s'enivre mon cœur ! "

Et cependant, Abd-El-Rahman III, qui avait eu cinquante ans de gloire et de succès, écrivait ici avant de mourir que, pendant ce long règne, il n'avait eu que quatorze jours de bonheur ! Que de pauvres diables en ont davantage !

Il fut un temps, où de la terrasse de ce palais, le roi musulman, regardant au delà du fleuve, y apercevait des chrétiens pendus à des poteaux. Quand ce spectacle l'importunait il les faisait brûler.

C'était en 850, et la persécution dura trois ans. Elle commença par saint Parfait, et finit par saint Euloge. Des vieillards, des jeunes gens, des vierges lassèrent la cruauté des persécuteurs.

Aujourd'hui, rien n'est plus calme et solitaire que ce coin de Cordoue, et le fleuve que les Romains appelaient le Bœtis, et que les Arabes nommèrent Ouad-al-Quebir, y fait toujours entendre ses plaintes monotones.

Mais les rivages sont toujours souriants, et parmi les orangers, les citronniers et les grenadiers chargés de fruits, jaillissent toujours les fontaines et gazouillent les jets d'eau.

On assure que Cordoue comptait jadis deux cent mille maisons, quatre-vingt mille palais, neuf cents bains, et avait douze mille villages pour faubourgs. Les Arabes y avaient construit sept cents mosquées, une foule de marchés, de bazars et d'hôtelleries.

Il y a sans doute de l'exagération dans ces chiffres ; mais il est certain que la Cordoue actuelle ne peut plus donner aucune idée de son ancienne splendeur. Ce qu'elle a conservé, c'est le caractère oriental de ses constructions, sa merveilleuse mosquée convertie en cathédrale, et quelques pans de murailles percées de portes monumentales, et flanquées de tours sarrasines, chrétiennes, et arabes, qui faisaient partie de ses anciennes fortifications. Un vieux pont de pierre remonte même jusqu'à l'époque romaine, et mérite l'attention de l'antiquaire. L'on y arrive par une grande porte à colonnes, et il se termine par une forteresse crénelée, nommée la *Carrahola*.

Les rues de la ville sont étroites et tortueuses, et dans les vieux quartiers l'on ne pourrait pas circuler en voiture. Aussi n'y rencontrons-nous que des piétons et de petits ânes. Quand ces derniers sont bâtés de paniers, il faut se ranger le long des murs pour leur donner l'espace suffisant. Ces excellentes bêtes de somme font ici tous les transports, et je crois qu'elles font partie de la famille ; car j'en ai vu qui entraient sans cérémonie dans les maisons.

De chaque coté de la rue se dressent de hautes murailles, badigeonnées de jaune ou de blanc, percées de très rares fenêtres grillées, et je crus d'abord que nous errions dans un quartier inhabité. Rien ne semblait devoir jamais troubler la solitude et le silence dans ces ruelles profondes, qui ressemblent aux corridors d'une catacombe.

Mais bientôt la vie intérieure de cette ruche humaine se révéla. C'était le matin ; les portes s'ouvrirent, et à travers de jolies grilles peintes, nous aperçumes les *patios*, qui font l'effet d'apparitions lumineuses. Il semble que l'on se promène dans un purgatoire, et que l'on a, de distance en distance, des échappées de vue sur un coin du ciel.

Il y a une grande variété de *patios*, mais la plupart sont des cours intérieures, pavées en marbre ou en mosaïque, entourées d'un promenoir à arcades et à colonnes comme les cloîtres, ornées de fleurs, de peintures, ou de statues, et rafraîchies par un jet d'eau qui murmure dans une vasque de marbre. Les promenoirs sont souvent à double étage, avec des colonnades de marbre vraiment artistiques, et parfois même il y a deux ou trois *patios*, ouvrant les uns sur les autres et présentant la plus admirable perspective. La lumière y descend à flots. L'hiver, un toit de verre les protège contre la pluie et le froid, et l'été une tenture de toile les abrite contre le soleil.

C'est après une course intéressante dans ce coin d'orient que nous arrivons à la fameuse mosquée.

XI

LA MOSQUÉE DE CORDOUE

La Mecque Occidentale—Forêt de marbre—Gonzalve de Cordoue—L'art mauresque et l'art chrétien.

Voilà le monument religieux par excellence de l'Islamisme. Elle fut pour les musulmans d'Occident ce qu'est Saint-Pierre du Vatican pour les catholiques du monde, et l'art mauresque n'a jamais élevé un plus beau temple à la gloire d'Allah !

Une grande enceinte couronnée de créneaux arabes, et à l'angle de laquelle se dresse une tour carrée assez bizarre qui domine toute la ville, voilà tout ce que nous apercevons d'abord.

Une première porte nous conduit dans une orangerie géante, dont les arbres sont contemporains des rois maures, dit-on. On y faisait en ce moment la récolte des oranges, et il y en avait un monceau sous l'arcade de la grande tour.

Une seconde porte nous fait enfin pénétrer dans la mosquée, et nous nous arrêtons sur le seuil, émerveillés du spectacle qu'elle présente. C'est immense, et cela ne ressemble à rien de ce que nous avons vu jusqu'ici.

Tous les voyageurs ont comparé à une forêt de marbre cette colonnade étonnante de la mosquée de Cordoue.

C'est qu'en effet cette impression est irrésistible, et que la comparaison est absolument vraie. Mais il me semble qu'elle serait plus fidèle encore, si l'on ajoutait que les arbres qui la composent sont des palmiers.

Supposez donc une enceinte, large de quatre cent vingt pieds et longue de quatre cent quarante, plantée de palmiers symétriquement alignés, et assez rapprochés pour que leurs palmes se rejoignent et forment des arcs ; supposez que les troncs de ces palmiers soient de marbre, de jaspe, de porphyre, de brèche violette et verte, et forment des allées qui s'étendent à perte de vue dans toutes les directions ; supposez enfin que les palmes, formant les arceaux, soient alternativement blanches et roses, et s'entrelacent à deux rangs superposés, et vous aurez une idée encore imparfaite de cette étrange architecture.

C'est au centre de cette immense futaie qui contenait, dit-on, 1200 colonnes que l'on a construit la cathédrale ; et tout le monde s'accorde à dire que ce fut une faute, car ce bloc de pierre brise l'unité du monument, et détruit en grande partie l'incomparable beauté de ses perspectives. Mais d'autre part il faut reconnaître que c'est l'église qui a sauvé la mosquée de la destruction. Après l'expulsion des Maures, en effet, presque toutes les mosquées qui couvraient l'Andalousie ont été détruites par le zèle exagéré des chrétiens ; mais la mosquée de Cordoue fut sauvée parce qu'on en fit le vestibule colossal d'une église catholique.

Quand on parcourt les trente six nefs formées par les colonnes de la mosquée, et que l'on aperçoit au milieu le dôme de la cathédrale qui les domine à une hauteur immense, l'on ne peut s'empêcher d'y voir une image monumentale de la victoire définitive du Christianisme sur Islam. Il semble que les colonnes musulmanes sont rangées en adoration autour du Christ, et qu'elles le reconnaissent pour le seul Dieu vivant.

C'est une grande idée que les rois maures avaient conçue, quand ils élevèrent à la gloire de leur religion ce prodigieux édifice. Il est évident qu'ils croyaient bien établi pour toujours leur empire en Occident, et qu'en vue de l'avenir ils voulaient fonder une Mecque occidentale, qui deviendrait un lieu de pélerinage pour tous les fils de Mahomet, et qui entretiendrait leur fanatisme religieux dans son ardeur primitive.

Mais pendant qu'ils rêvaient encore l'éternité de leur pouvoir, un faible enfant naissait à quelques pas de la mosquée, et c'est à lui que le Christ avait confié la mission de mettre fin, avec sa glorieuse épée, à cette domination d'Islam, qui était un opprobre pour la civilisation chrétienne en Occident.

O Gonzalve de Cordoue, ta ville natale vit encore de ta gloire, et elle lui suffit. Elle a produit bien d'autres hommes illustres, de Sénèque et Saint Euloge à Moralès, mais c'est de toi surtout qu'elle se souvient et s'enorgueillit. Partout, je vois des rues, des hôtels, des cafés, des boutiques que l'on désigne sous le vocable de " *grand capitaine.*" On n'a pas besoin de te nommer ; car pour les habitants des Espagnes il n'y a eu qu'un grand capitaine au monde, et c'est toi, Gonzalve de Cordoue !

Il y a un contraste frappant entre l'architecture mauresque et la chrétienne. J'en ai été saisi en visitant la mosquée, et plus tard, à Grenade, il s'est encore accentué dans mon esprit lorsque j'ai vu l'Alhambra. C'est que l'art mauresque manque d'élévation, dans le sens même matériel du mot.

Il fait des salles et des cours qui sont des bijoux, des palais qui sont des paradis, des temples qui ont une superficie immense, mais il ne fait rien d'élevé. Il ne lance pas dans les cieux, comme l'art chrétien, ses colonnes, ses arceaux, ses voûtes, ses coupoles et ses flèches.

Sans doute, la mosquée de Cordoue est une merveille ; mais les colonnes manquent de hauteur, les arcs sont bas, et la voûte vous écrase comme un plafond. C'est un promenoir splendide, mais qui ne charme vos yeux que si vous regardez droit devant vous. N'élevez pas vos regards, car le charme serait rompu.

Ah ! Comme j'aime bien mieux ces faisceaux de colonnes fuselées, qui soulèvent des arcs en ogive et des voûtes élancées à une hauteur immense ! Comme j'aime ces dômes aériens qui semblent être la coupole même des cieux, et d'où les rayons du soleil descendent comme des flèches d'amour !

Sans doute, l'homme se sent encore misérable dans nos temples ; mais quand il lève les yeux, son regard plane dans les hauteurs, et son âme s'envole vers l'Infini. Les peintures qu'il contemple, les attitudes des statues qui l'entourent, les flèches qui s'élancent au-dessus de sa tête et vont se perdre dans la nue, tout lui parle de ce monde supérieur où tendent ses immortelles espérances.

La mosquée n'a rien de tout cela ; elle déroule à perte de vue l'admirable perspective de sa colonnade, mais elle rampe. Elle ne se détache pas de terre, et ne manifeste aucun effort pour s'élever.

L'art musulman ignore, du reste, la peinture et la statuaire. Que dis-je ? Elles lui sont interdites. Car le Koran lui dit :

O croyants! les statues sont une abomination inventée par Satan !

Pendant que je faisais ces réflexions, un train omnibus (il n'y en a pas d'autres dans cette partie de l'Espagne) m'emportait vers Grenade, et faisait courageusement ses dix ou douze milles à l'heure. Les chevaux du Prophète allaient plus vite, quand ils couraient à la guerre sainte.

Le soleil s'était enveloppé de nuages gris, comme un Marabout dans sa *gandoura*. Il pleuvait. Mais nous traversions le pays le plus pittoresqe et le plus fertile du monde. Les vignes couvraient les flancs des collines, les oliviers en couronnaient les sommets, les aloès et les figuiers de Barbarie tapissaient les rochers, et les oranges brillaient comme des bijoux d'or dans la verdure des bosquets.

XII

GRENADE

Équipage fantastique.—Ascension pittoresque à la citadelle de l'Alhambra.—Le généralife.—Les jardins de Sémiramis.—L'Alhambra.—Caractère militant de l'Islamisme.—Chant de guerre du Coran.—La *Porte de Justice* et son véritable portier.—La *Montagne des larmes.*

Notre arrivée à Grenade a quelque peu ressemblé à un rêve, troublé de cauchemars. C'était la nuit, mais une nuit sans lune, avec des nuées de pompiers qui arrosaient la terre à torrents. Pas une étoile, pas même une filante, n'accordait un regard à cette terre privilégiée de l'Andalousie.

En sortant de la gare, je demandai l'hôtel de *los Siete Suelos*. Un cocher fantastique surgit de l'ombre à cette appellation, et nous entassa dans une voiture étrange, traînée par quatre ou cinq bêtes efflanquées qui ressemblaient à des chevaux. D'autres voyageurs arrivèrent, montèrent à l'avant de l'omnibus, et se logèrent dans une espèce d'alcôve que je ne saurais vous décrire, mais qui était déjà encombrée de colis. Puis notre automédon de féerie s'installa quelque part sur la queue des chevaux, leur adressa un juron cabalistique qu'ils parurent comprendre, fit claquer un fouet sonore, et notre équipage-fantôme s'ébranla.

La pluie fouettait les vitres. Le mistral, ou le siroco, ou le levantin, peut-être les trois, chantaient ou plutôt sifflaient un trio cacaphonique. Quelques réverbères mourants nous regardaient passer d'un œil attristé. Le chemin pavé de cailloux était plein d'ornières, et notre chariot se détraquait et criait.

Nous montions dans des rues sombres, et si étroites qu'en tendant les bras à travers les vitres brisées nous touchions les murs des maisons de chaque côté. La ville semblait morte, mais nous vîmes bien le lendemain qu'elle n'était qu'endormie. Les chevaux se plaignaient, le fouet claquait, et le cocher jurait.

Nous montions toujours et nous n'arrivions jamais. Tout-à-coup nous passons sous une porte mauresque, et nous entrons dans une forêt. Où allons-nous donc ? Nous avons traversé toute la ville, et nous voici dans un bois, gravissant une montagne.

Les chevaux essoufflés s'arrêtent et regimbent contre l'aiguillon. Le cocher descend et leur administre une volée de bois vert. Nous repartons, et nous nous enfonçons sous une voûte de verdure. De chaque côté de la route tourbillonnent des torrents qui descendent en criant vers la ville. Les grands arbres qui nous abritent ruissellent.

Enfin, une pâle lumière apparait dans le lointain à travers les branches feuillues, et nous arrivons à une porte qui s'illumine. C'est la *Fonda de los Siete Suelos*, l'*Auberge des Sept Tours*.

Le lendemain, nous étions émerveillés d'être encore de ce monde, et nous avions devant nous le plus splendide panorama que l'on puisse voir, éclairé par un soleil de juin, quoique nous fussions à la fin de décembre.

Cependant, nous n'avions pas fini de monter ; car pour aller voir le Généralife il fallait faire encore une ascension. La route serpente au milieu des eucalyptus et des orangers, parmi lesquels se cachent quelques *carmens* orientaux. La pluie d'hier a verdi toutes choses, et les haies de cactus mêlent aux bords du chemin leurs feuilles épaisses et de teintes différentes, comme une marqueterie de verdure.

Le Généralife était la maison de campagne des rois maures, et il est assis sur le versant d'une montagne, qui domine toute la ville, et même les hautes tours et les palais de l'Alhambra.

Il n'est plus que l'ombre de ce qu'il était, et comme toutes les résidences mauresques il n'a aucune apparence extérieure Mais l'intérieur est ravissant L'artiste maure ne faisait rien pour le public, rien qui put attirer les regards du passant ; mais il déployait toutes les ressources de son génie pour le roi et les favorites. Salles, galeries, pavillons, promenoirs, il sculptait, ciselait, ornait, peignait et dorait tout.

Le marbre est taillé, découpé, poli, percé à jour comme de l'albâtre. Le stuc est fouillé comme une dentelle, et peint avec une variété infinie de dessins et de couleurs. Les plafonds en stuc ciselé forment des arcs, des voûtes, des coupoles de toutes formes, et d'où pendent des milliers de stalactites.

Les *patios* sont des parterres où murmurent mille jets d'eau, qui alimentent les fleurs et les touffes de verdure, autour des bassins de marbre. Les cyprès s'y courbent en arcs et en coupoles ; les lauriers, les buis et les myrtes s'arrondissent en berceaux ; les manzanillas dressent leurs petits panaches lilas, comme autant de bouquets, et les macassars laissent pendre leurs aigrettes embaumées.

Autour des parterres circulent les promenoirs percés d'arcades, ouvertes des deux côté , et par lesquelles le promeneur peut admirer à droite les plates-bandes fleuries, et à gauche un horizon immense.

A chaque instant, vous croyez avoir tout vu, et toujours on vous réserve une surprise nouvelle. Les parterres s'étagent les uns au-dessus des autres, reliés entre eux par des escaliers de marbre, et des arcades à colonnes. Ce sont les jardins suspendus de Sémiramis.

Vous montez les escaliers entre des haies de myrtes et de lauriers, d'où jaillissent les rosiers en fleurs, et à chaque palier circulaire vous trouvez une vasque de marbre et un jet d'eau, jusqu'à ce que vous arriviez au mirador. C'est la tour la plus élevée, et elle est couronnée d'une terrasse à arcades.

Quel panorama incomparable se déploie alors sous vos yeux ! A vos pieds l'Alhambra, et cent mètres plus bas la ville. C'est un vertige, car vous êtes à une hauteur de plus de deux mille pieds, et le versant de la montagne est un immense escalier dont chaque degré est un parterre.

Mais notre impatience de voir l'Alhambra nous fit descendre bien vite de ces hauteurs ; et nous arrivâmes par un chemin embaumé, en écoutant la musique des ruisseaux qui descendent des Sierras voisines.

L'Alhambra est le chef-d'œuvre de l'art mauresque, et l'on s'étonne, en le contemplant, que le génie musulman ait pu produire une telle merveille.

Ce n'est pas seulement un palais, ou plutôt une réunion de palais jetés comme au hasard au milieu de jardins féeriques, c'est encore une forteresse et des plus formidables. Quand on aperçoit d'en bas, c'est-à-dire de la ville, ses hautes murailles percées de meurtrières, ses bastions et ses tours crénelées qui se dressent au sommet d'une montagne escarpée, l'on comprend le caractère essentiellement militant de l'Islamisme.

C'est par la force des armes qu'il voulait imposer ses croyances, et il avait rêvé de conquérir l'univers. Le Coran lui-même était bien fait pour fanatiser ses croyants, et les exciter à la guerre. Sous les voûtes sombres des mosquées, lorsque la foule se prosternait le front dans la poussière en adorant Allah, la voix de leurs pontifes s'élevait, et leur lisait ces textes du Coran qui les électrisaient :

“ Allah a ordonné de combattre les peuples, jusqu'à ce qu'ils reconnaissent qu'il n'y a qu'un Dieu.

“ La flamme de la guerre ne s'éteindra pas jusqu'à la fin du monde.

“ La bénédiction tombera sur la crinière du cheval de guerre jusqu'au jour du jugement.

“ Armés de pied en cap, ou armés à la légère, levez-vous, partez !

“ Préfèrez-vous la vie de ce monde à la vie future ?

“ O croyants ! qu'arrivera-t-il de vous si, quand on vous appelle à la bataille, vous restez le visage tourné vers votre seuil ?

“ Croyez-moi : les portes du paradis sont à l'ombre des épées.

“ Celui qui meurt dans la bataille pour la cause de Dieu lave dans son sang toutes les taches de ses péchés.

“ Son corps ne sera pas lavé comme les autres cadavres, parce qu'au jour du jugement ses blessures répandront un parfum comme le musc.

“ Quand les guerriers se présenteront à la porte du paradis, une voix demandera de l'intérieur : Qu'avez-vous fait pendant votre vie ?

“ Et ils répondront : Nous avons brandi l'épée dans la lutte pour la cause de Dieu.

“ Alors les portes éternelles s'ouvriront, et les guerriers entreront quarante ans avant les autres.

“ Levez-vous donc, croyants ; quittez vos femmes, vos fils, vos frères, vos biens, et allez à la guerre sainte.

“ Et toi, ô Dieu, maitre du monde présent et du monde futur, combats pour les armées de ceux qui reconnaissent ton unité ! Renverse les incrédules, les idolâtres, les ennemis de la sainte foi ! Brise leurs étendards, et remets-les avec tout ce qu'ils possèdent en butin aux mains des Musulmans ! ”

Voilà les hymnes que chantaient les Maures ! Voilà comment ils devinrent des guerriers si redoutables ; et quand ils furent maîtres de l'empire d'Orient, des côtes du nord de l'Afrique, et d'une grande partie de l'Espagne, ils ne doutèrent pas un instant que la domination universelle ne leur fût réservée.

C'est alors qu'ils firent de l'Alhambra une citadelle formidable, dont la prise leur semblait impossible. Au-dessus de la *Porte de Justice* par laquelle nous entrons, l'on voit une main sculptée dans la pierre, et plus bas, une clef qui est l'image de celle de la forteresse ; or, les Musulmans disaient que l'Alhambra serait pris quand cette main descendrait prendre la clef et ouvrir la porte.

C'était une espèce de commentaire de ce texte du Coran : " Dieu a remis les clefs à son élu, avec le titre de portier et le pouvoir d'ouvrir aux ennemis."

Mais il y avait à Rome un autre élu, auquel Dieu avait vraiment donné ses clefs et le titre de portier, et, pour Islam, c'était l'infidèle et l'ennemi.

La lutte s'engagea donc entre les successeurs de Mahomet et les successeurs de Jésus. Ce fut une guerre de géants qui dura des siècles, et qui se termina par le triomphe du vrai dépositaire des clefs, représentant du Christ sur la terre. Un jour vint où le dernier roi maure, Boabdil, voyant que la main de pierre, ou plutôt de Pierre, le portier céleste, allait descendre et ouvrir la *Porte de Justice*, s'enfuit de l'Alhambra pour n'y jamais revenir !

A plusieurs milles de Grenade, l'on voit se dresser une colline où le roi fugitif vint s'arrêter, et l'on raconte que jetant un dernier regard vers l'Alhambra, il se prit à pleurer. Sa mère lui adressa alors ces paroles pleines d'amertume : “ Tu peux bien pleurer comme une femme ce que tu n'a pas su défendre comme un homme. ”

Cette colline porte aujourd'hui le nom de “ Montagne des larmes. ”

Certes, quand on a visité l'Alhambra, l'on se dit que Boabdil avait bien des raisons de pleurer. Il ne perdait pas seulement l'empire d'Occident, et son prestige auprès des Musulmans ; mais, comme le premier homme après sa chute, il était chassé pour jamais d'un véritable paradis terrestre.

Lorsque je vis pour la première fois cet Eden, je restai sous le coup d'une émotion indéfinissable. Je cherchais des mots, des images, des figures de rhétorique pour exprimer mes impressions, et je ne trouvais rien. Toutes sortes d'idées plus ou moins exagérées, de visions plus ou moins fantastiques, m'assiégeaient, et quand j'essayais de leur donner une forme, je sentais qu'elle n'était pas au diapason de mon enthousiasme.

Il me semblait que j'avais fait une ascension dans les sphères de l'idéal, et que j'étais retombé sur la terre. Et pourtant ce n'était là que le paradis de Mahomet. Comment donc, me disais-je, saint Paul a-t-il pu voir le Paradis chrétien sans mourir ?

Au temps de sa splendeur, l'Alhambra était toute une ville composée de quartiers militaires, de palais et de mosquées. Ses grandes tours carrées, couronnées de créneaux, qui s'élançaient des murailles, et qui s'étageaient en gravissant la montagne, étaient à l'intérieur autant de palais.

Il est impossible aujourd'hui de se faire une idée juste de l'aspect que devaient offrir toutes ces merveilles, dans la surabondance de leur vie, et dans l'apogée de leur splendeur ; et quand on se représente le luxe, les richesses, les beautés artistiques que ces palais renfermaient, et la multiplicité variée des jouissances qui formaient la vie des rois maures, des sultanes et de leur entourage, on a le vertige.

XIII

LES PALAIS DE L'ALHAMBRA

La *Cour des Myrtes*.—Le palais de Charles Quint.—La *Cour des Lions*.—Les salles des Abencerages et des Favorites.—La salle des Ambassadeurs et Christophe Colomb.

Je crois vous l'avoir dit, on comprend sous le nom d'Alhambra, et la citadelle, et les palais qu'elle renferme. Aujourd'hui, ce sont les palais uniquement que je vous invite à visiter avec moi.

Nous entrons d'abord dans la *Cour des Myrtes*, ainsi nommée à cause des haies qui en divisent le parterre. Au milieu dort une grande pièce d'eau, où viennent se reflèter les colonnes, les arceaux, les merveilleuses dentelles de stuc, les coupoles, et les hautes tours crénelées qui veillent comme des sentinelles sur cet écrin de bijoux.

Un promenoir admirable court autour du parterre, comme ceux des cloîtres, mais dans un style tout autre. Ici point d'austérité, ni de grandeur, mais des beautés, des délicatesses, des séductions d'architecture et de ciselure. Tout semble fait pour plaire, sourire, charmer, inviter à la jouissance.

Les colonnes sont si finement taillées, et les chapitaux tellement fouillés qu'on en ferait des joujoux. Les ciselures des arceaux forment un brocart si délicat que les femmes s'en couvriraient volontiers les épaules, comme de la plus admirable mantille. Il y a des coupoles si mignonnes, si jolies, si finement ouvragées et brodées, si admirablement peintes qu'elles pourraient servir d'ornement à la plus belle tête d'Andalouse.

En faisant le tour de la Cour des Myrtes, par la droite, nous arrivons d'abord à une large porte qui conduisait jadis au palais d'hiver des rois maures. Malheureusement, les artistes de Charles-Quint ont eu la malencontreuse idée de détruire ce chef-d'œuvre, pour y élever un vaste palais dans le style de la Renaissance, et cette contruction massive, et sans élégance, est restée inachevée. C'est maintenant une ruine disgracieuse dont les quatre murs font l'effet d'un édifice incendié.

Plus loin, toujours à droite, nous entrons sous une petite arcade délicieuse, attirés par l'admirable perspective qui se déroule au-delà, et, après quelques pas, nous poussons des cris d'enthousiasme : nous sommes dans la *Cour des Lions*.

C'est la merveille de ce monde de merveilles. Rien ne peut rendre la beauté de la colonnade, le luxe des ornements, le fini des détails, la symétrie des lignes, le charme des perspectives.

Quelle grâce et quelle légèreté dans ces arcades ! Quelle élégance et quelle harmonie dans ces coupoles ! Quelle originalité et quels caprices dans ces dessins ! Quel art dans cet ensemble d'ornements composés d'inscriptions arabes tirées du Coran ! Car les murs et les voûtes de l'Alhambra sont couverts de six mille six cent soixante six textes de l'œuvre de Mahomet.

Ce n'est pas la majesté, ni l'élévation de l'art gothique. Ce n'est ni la régularité de l'art grec, ni l'étrangeté des formes égyptiennes. C'est un art oriental nouveau, ayant sa propre originalité, et ses règles propres.

Sans doute, il s'est révélé à Fez, à Tunis, au Caire, à Constantinople, et il y a produit des œuvres monumentales. Mais c'est ici, sous le beau ciel de l'Andalousie, au souffle des brises embaumées qui descendent des Sierras, parmi les palmiers qui courbent leurs grands éventails, c'est ici que l'art d'Islam a donné la mesure de sa force, et produit son plus beau joyau.

A chaque extrémité de la Cour des Lions s'avance un pavillon, formé de colonnes qui supportent une coupole, et ces colonnes, comme celles qui s'alignent autour du promenoir, sont tantôt géminées, tantôt isolées, et tantôt groupées de manière à former une perspective enchanteresse. Les arceaux, découpés comme une dentelle, sont de dimensions et de formes différentes ; les dessins des ornements sont variés à l'infini ; les plafonds sont sculptés et peints avec une exubérante richesse. Mais les coupoles sont peut-être ce qu'il y a de plus beau.

Tantôt coniques, tantôt pyramidales, octogones ou hexagones, imitant ici une orange, et là l'écorce de l'ananas, elles sont creusées, bosselées, fleuries, ciselées, coloriées et dorées.

Supposez un petit peuplier lombard très feuillu, couvert de givre et de glace ; imaginez les rayons du soleil jouant dans ces prismes mobiles, et y multipliant à l'infini toutes les couleurs de l'arc-en-ciel, et vous pour-

rez peut-être vous faire une image de ces gracieuses coupoles

Sur l'un des côtés de la Cour des Lions s'ouvre la salle des Abencerages, et sur l'autre, la salle des deux Sœurs, ou des Favorites. Dans la première eut lieu, suivant une légende que plusieurs historiens ont acceptée comme un fait historique, le massacre des malheureux Abencerages au nombre de trente six, et l'on nous montre encore le pavé de marbre que l'on croit taché de sang, mais qui en réalité n'est que rouillé. Dans la seconde, ont dû s'accomplir bien des événements, moins sanglants mais plus romanesques encore. Car c'est là que les sultanes endormaient leurs rêveries, et se penchaient aux balcons de leurs miradors, pour aspirer les parfums des orangers en fleurs.

D'autres arcades nous introduisent dans la salle des Ambassadeurs, spacieuse et non moins ornée que les autres. Mais ici un souvenir historique absorbe notre attention, et ce n'est pas sans émotion que nous nous reportons à l'époque des mémorables événements que cette salle nous rappelle.

C'était en l'année 1492. Gonzalve de Cordoue venait enfin d'expulser définitivement les Maures de l'Espagne, et les rois catholiques avaient remplacé les Musulmans dans les somptueuses demeures de l'Alhambra. Ferdinand et Isabelle avaient réuni leur cour dans cette salle, et donnaient audience à un ambassadeur d'un nouveau genre. Car l'ambassade qu'il sollicitait devait le conduire vers un pays que personne ne connaissait encore, et dont l'existence était même problèmatique.

Il se nommait Christophe Colomb, et c'est dans cette salle qu'après l'avoir entendu, le roi et la reine d'Espagne lui remirent enfin tous les pouvoirs qu'il demandait, pour le monde inconnu qu'il allait ouvrir à la civilisation chrétienne.

Il deviendrait fastidieux de pousser plus loin la description de toutes les beautés de l'Alhambra. Car chaque tour en contient de nouvelles, et leur énumération seule serait un long travail.

Qu'il me suffise d'ajouter qu'à l'intérieur de ces tours, dont l'extérieur a l'aspect sévère et formidable de forteresses, il y a des boudoirs où tout invite au plaisir et à l'amour. L'art mauresque y a prodigué des ornements et des décors, qui ont quelque chose du rêve,

C'est idéal, fantastique, féerique, comme les visions que doivent avoir les fumeurs de kif, et les buveurs d'opium.

La symétrie en est sensible, mais à peine visible, tant le mouvement donne de variété et de grâce à ses lignes capricieuses et légères.

Les formes sont réelles, et cependant l'on croirait que c'est une illusion d'optique qui déroule ses jeux fantaisistes dans une lumière voilée, et que tout cela va s'évanouir quand apparaîtra la réalité.

Quel magique coup d'œil devaient donc offrir ces palais quand les sultanes animaient leurs splendeurs, et variaient leurs perspectives, quand des eaux parfumées jaillissaient de toutes ces fontaines, quand les fleurs ornaient ces niches, quand des tentures de soie aux couleurs variées encadraient ces portes, et tamisaient la lumière qui descendait des coupoles !

C'est alors qu'il fallait voir la salle de la *Baraka*, ou bénédiction, et celle de *las dos Hermanas*, ou des Deux-Sœurs, et le cabinet de Lindaraja, la sultane favorite, et le *mirador de la Reina*, et tout ce monde de merveilles.

Aujourd'hui, tout cela s'en va en ruines ; mais que ces ruines sont belles ! si belles que les artistes font le voyage d'Espagne uniquement pour les voir.

Les murs du mirador qu'a habité la reine Isabelle, après la conquête de Grenade, sont couverts des noms des visiteurs, et l'on y voit ceux de Châteaubriand, de Byron et de Victor Hugo.

Washington Irving a vécu pendant deux ans dans le bas d'une des tours, et c'est là qu'il a écrit ses beaux ouvrages sur l'Alhambra et la conquête de Grenade.

Voici la nuit ; arrachons-nous de ce séjour enchanté, et demain nous irons visiter comme contraste les habitations des Gitanos.

XIV

CHEZ LES GITANOS

Une légende.—Les tanières des Gitanos.—Leurs chants et leurs danses.—Leur roi.

Une vieille légende, dont l'origine est évidemment andalouse et même *grenadine*, raconte, avec une irrévérence qui montre bien toute l'admiration des Espagnols pour leur patrie, que si Jésus résista à la tentation, lorsque Satan lui montra et lui offrit tous les royaumes de la terre, c'est que le démon oublia de lui montrer l'Espagne.

Mais la vraie Espagne, c'est l'Andalousie. Voilà vraiment le paradis terrestre de l'Occident, comme la Palestine fut l'éden de l'Orient.

Quand on est jeune encore, le seul nom de l'Espagne fait rêver de gloire, de grandeur, d'art et de tous les genres de beautés.

Les noms de Grenade, Cordoue, Tolède, et Séville, éveillent mille visions dans lesquelles passent des cavalcades et des tournois, des sérénades et des danses de gitanes au bruit des castagnettes, des sarabandes de mantilles mystérieuses au son de la guitare, des amphithéâtres remplis de picadors et de banderilleros, des alguazils et des duègnes, des infantes écoutant la diane des chevaliers, ou des sultanes voluptueuses au fond des *patios* embaumés des Alcazars.

Naturellement, il faut en rabattre un peu de ces tableaux imaginaires, et de ces visions idéales ; mais il n'en est pas moins vrai que l'Andalousie est un admirable pays, et si j'avais à distribuer un prix de beauté entre les cités andalouses, je crois que je le décernerais à Grenade, plutôt qu'à Séville, qu'on appelle cependant la Reine de l'Andalousie.

En sortant hier de l'Alhambra, je vous ai promis un contraste dans les pauvres réduits qu'habitent les Gitanos, espèce de Bohémiens qu'on dit d'extraction juive. Eh ! bien, vous allez en juger.

Pour arriver à leurs quartiers-généraux, il faut longer le Darro jusqu'à l'endroit où cette rivière est profondément encaissée dans les montagnes. La rue est étroite, et de chaque coté se dressent de hautes maisons blanchies à la chaux, de construction bizarre, tantôt moderne tantôt arabe.

Sur nos têtes menacent de s'écrouler les fortifications de l'Alhambra, avec leur enceinte de tours carrées, perchées sur l'extrême bord du précipice, et dentelant le ciel bleu de leurs créneaux rouges à une hauteur formidable.

Nous sortons de la civilisation, et nous entrons dans la nature sauvage. Plus de maisons blanches ouvrant devant nous leurs *patios* hospitaliers ; plus de jardins étalant leurs berceaux de verdure, leurs guirlandes de fleurs, et les fruits d'or de leurs orangers.

Des deux côtés, les montagnes se resserrent, et dans leurs flancs apparaissent les ouvertures des grottes des Gitanos, formant trois et quatre rangs, étagés les uns au-dessus des autres. Ruche bizarre et monstrueuse, dont les alvéoles fourmillent d'êtres humains, qui vivent à côté de la civilisation, qui s'y trouvent mêlés par un contact de tous les jours, et qui restent sauvages.

Nous traversons le Darro sur un vieux pont de pierre, et nous l'écoutons mugir au fond d'un précipice. Quand je dis mugir, je force un peu la note ; car le Darro n'a pas assez de voix pour mugir, et quand il brise ses eaux sur les rochers il ne brise pas grand'chose.

On prétend qu'il tire son nom qui signifie *jaune*, de l'or qu'il charriait autrefois ; mais il pourrait très bien emprunter sa couleur aux Gitanos qui sont très basanés, et qui n'ont ni or, ni surtout de parfums à lui prêter.

La route monte lentement dans un pli de la montagne, et nous arrivons bientôt sur une espèce de terrasse d'où nous embrassons d'un seul coup d'œil tout le repaire des Gitanos. C'est un spectacle vraiment étrange et curieux, un tableau tout à fait digne de pinceau d'un Rembrandt ou d'un Ribera.

Représentez-vous l'amphithéâtre d'un cirque ayant quatre rangées irrégulières de loges ; supposez que ces loges soient des antres sombres, creusés sous terre, et qu'il en sorte des créatures humaines presque sauvages, circulant d'une loge à l'autre au bord de rampes escarpées ; imaginez au-dessus de ces grottes, comme couronnement, des plantations de cactus qui y entretiennent la fraîcheur, et vous aurez peut-être une idée du bizarre panorama que nous avons sous les yeux.

Quand il fait beau temps, et que le soleil luit, comme en ce moment, toute cette population sort de sa taupinière, pour jouir de la chaleur et de la clarté du jour. Ici toute la famille est étendue sur le sol, et se chauffe au soleil ; là, quelques Gitanes groupées, sont assises au milieu des cactus, et font des paniers, pendant que leurs petits, à peine vêtus, gambadent autour d'elles ; ailleurs des Gitanos conduisent dans des sentiers impossibles, au milieu des escarpements de la montagne, de petits ânes chargés de fagots ou de légumes. Cette variété d'aspect nous amuse.

Le dénuement des grottes est inimaginable. Il faut se courber en deux pour y entrer, et tout le mobilier consiste dans un banc de bois, une petite table et quelques paillassons, qui remplacent les lits. Souvent même les paillasses manquent, et toute la famille couche sur le sol.

Les enfants sont assez nombreux, et cette fourmilière paraît joyeuse. Je suis sûr que les Gitanos s'estiment heureux ; tant il est vrai de dire que le bonheur est relatif en ce monde !

Les poètes et les romanciers ont trop vanté les Gitanes. Elles ne sont ni belles, ni gracieuses, ni séduisantes ; et tout ce que je puis dire de leur chant et de leurs danses, après la réprésentation qu'elles nous ont donnée le soir, c'est que leurs voix sont criardes et leurs danses curieuses à voir.

C'est très original, mais cela manque d'entrain. Ce sont les bras, plutôt que les jambes, qui font les mouvements et battent la mesure, en accompagnant certaines contorsions du corps qui n'ont rien de très gracieux. A certains moments, la cadence se ralentit et leurs attitudes, comme leurs pas, donnent à penser qu'elles sont prises de coliques. Puis la musique change de mesure, et la danse consiste en des battements de pieds et de castagnettes.

Toute cette pantomime se fait avec un sérieux extraordinaire, et j'ai remarqué des danseurs qui semblaient regarder le ciel d'un œil inspiré. Il est juste d'ajouter que les danses exécutées devant nous étaient modestes.

Les Gitanos ont une espèce de gouvernement à eux propre, et une sorte de demi-souveraineté, sous la forme monarchique. Leur roi, auquel nous nous sommes fait présenter, et qui se nomme Antonio Torquado, est un guitariste tout-à-fait remarquable.

C'est lui qui dirigeait les chants et la danse dans la représentation que nous avons eue, et il nous a charmés. Il a exécuté sur la guitare de véritables tours de force, et de sa belle voix de baryton il nous a chanté les romances les plus originales.

Il est du reste aussi convaincu de ses mérites, que de la majesté de son rang. Il appelle le roi Alphonse et le Prince de Galles, qu'il a reçus chez lui, ses cousins. Il nous a montré avec orgueil une très belle carabine que le Prince de Galles lui a donnée.

Une troupe de petits Gitanos, déguénillés, se sont acharnés à nous suivre quand nous avons voulu rentrer dans Grenade. Ils demandaient des sous avec toutes sortes d'attitudes, et sur tous les tons imaginables, et plus nous leur en donnions, plus ils criaient pour en avoir d'autres. Il a fallu en jeter bien loin derrière nous, et fouetter les chevaux pour leur échapper.

XV

DE-CI DE-LA

L'Alaméda.—Un mendiant linguiste.—La cathédrale.—La chapelle royale et ses tombeaux.—Jeanne la Folle et Saint François de Borgia.—Gonzalve de Cordoue et ses comptes.—Saint Jean-de-Dieu.—Sainte Thérèse.

L'Alaméda est une promenade très vantée de Grenade Elle est spacieuse, plantée d'arbres, ornée de fleurs et de deux fontaines monumentales ; mais ce qui en double l'intérêt est d'y voir circuler la population, et d'en observer les curieux costumes.

Malheureusement nous y sommes assaillis par les petits mendiants qui sont légion à Grenade. L'un d'eux pourtant à réussi à m'intéresser. Il était boiteux, et âgé de 9 à 10 ans ; il avait l'œil vif, la voix claire, et il me poursuivait avec acharnement.

Je crus l'embarrasser en lui disant : *I don't understand you, speak english.*

—*My dear sir*, reprit-il, avec l'accent britannique, *give me a penny, pray.*

—Parle français, répliquai-je.

— Faites-moi l'aumône d'un petit sou, mon bon monsieur, continua-t-il, sans hésiter.

Je fus non seulement attendri, mais charmé, et je m'exécutai de bonne grâce.

Alors il s'attacha à nos pas, parlant tantôt l'espagnol, tantôt le français, et tantôt l'anglais. Nous montâmes en voiture pour nous rendre à la cathédrale, et nous lui dîmes adieu ; mais quand nous descendîmes à la porte de l'église, il y était déjà et nous attendait.

Il souleva la portière du vestibule, nous accompagna dans la cathédrale, nous fit ouvrir la chapelle royale et la sacristie, et nous donna même des renseignements et des explications qui ne manquaient pas d'exactitude.

La cathédrale est un édifice très imposant par ses vastes proportions. Les piliers des nefs, qui ressemblent à des tours, portent les voûtes à une hauteur immense, et se divisent au sommet en faisceaux de colonnes qui soutiennent des arcs puissants.

La façade extérieure du chœur est d'une grande richesse en marbres et en statues. Celles-ci ne sont pas peintes comme dans presque toutes les églises d'Espagne ; on leur a laissé la blancheur du marbre, sauf les yeux qui sont peints en noir comme des yeux andalous. Dans le fond du chœur, au-dessus de l'autel principal, et sur les grands panneaux encadrés par les pilastres se détachent six grandes peintures d'Alonzo Cano, l'un des grands artistes de l'Espagne.

Dans une des chapelles latérales, nous avons beaucoup admiré le rétable de l'autel ; c'est un bas-relief en marbre représentant l'archange Saint-Michel foudroyant Lucifer, une œuvre magistrale de Berruguete.

Mais ce qui fait le principal intérêt de cette église c'est la chapelle royale contenant les tombeaux de Ferdinand et Isabelle, et ceux de Philippe I leur fils, et de Jeanne la Folle. Ces mausolées sont de la plus grande beauté et enrichis de sculptures magnifiques. Sur un large catafalque de marbre, Ferdinand et Isabelle sont étendus avec les insignes de leur royauté, et semblent dormir dans la sérénité et le rayonnement de la gloire. Aux encoignures du catafalque sont sculptés les écussons royaux portés par des anges, et tout autour sont rangées des statues d'évêques, de moines, et de guerriers. C'est une œuvre digne des cendres augustes qu'elle recouvre.

Quelle émotion j'ai éprouvée en songeant que j'avais sous les yeux les restes de ce grand souverain et de cette grande reine qui ont conduit l'Espagne à l'apogée de la gloire !

Aussi leur souvenir est-il ineffaçable à Grenade, où tout les rappelle. Leurs noms sont inscrits partout ; leurs portraits, leurs statues, leurs écussons sont dans tous les musées et dans toutes les églises.

Le tombeau de Jeanne la Folle, mère de l'empereur Charles-Quint, m'a rappelé un fait historique qui n'est pas sans intérêt.

C'est ici que saint François de Borgia, alors marquis de Lombay et grand écuyer de l'impératrice, songea pour la première fois peut-être à se retirer du monde, et se consacrer à Dieu.

Il était venu à Grenade pour accompagner les restes mortels de l'impératrice, et les remettre au clergé chargé de la sépulture. " Pour rendre témoignage que c'était elle-même, il fit ouvrir le cercueil de plomb où elle était ensevelie, et quand il aperçut, hideux et horrible à voir, ce visage qui faisait naguère l'admiration de son siècle, il s'écria : " Je n'aurai plus jamais d'attachement pour aucun maître que la mort me puisse ravir, et Dieu seul sera l'objet de mes pensées et de mon amour ! "

A côté de Ferdinand et Isabelle, je regrette que l'on n'ait pas élevé au grand capitaine Gonzalve de Cordoue un mausolée digne de lui. Car sa gloire n'a pas été surfaite, et l'Espagne a droit d'être fière de son héros. Aussi suis-je attristé de ne pas le voir dormant son dernier sommeil aux côtés des souverains qu'il a faits si grands. Sa tombe est à peine visible à l'église de saint Jérôme, où repose le grand homme. C'est une simple dalle de marbre, dans le pavé, avec une inscription fort simple, dont les derniers mots signifient que *sa gloire n'est pas ensevelie avec lui.*

Mais on montre dans la sacristie de la cathédrale un document d'une rare originalité et du plus touchant intérêt pour ceux qui admirent Gonzalve de Cordoue. C'est une copie des comptes que le grand capitaine rendit au roi, à sa demande, après toutes ses victoires et ses conquêtes.

Les trésoriers du royaume de Naples, à l'esprit mesquin et terre-à-terre, avaient réussi à convaincre le roi que l'illustre général devait rendre compte des sommes énormes, qui lui avaient été avancées pour les frais de la guerre.

Le grand homme répondit avec fierté que ses comptes seraient prêts le lendemain, et il n'y fit pas défaut. Il comparut à l'heure fixée, et, ouvrant un livre volumineux, il lut à haute voix le chapitre de ses dépenses, dans lequel étaient entrés des items comme les suivants :

170,000 ducats pour refondre les cloches, usées à sonner continuellement pour de nouvelles victoires remportées sur les ennemis ;

1 million de messes d'actions de grâces et de *Te Deum* au Tout-Puissant ;

300 millions de prières pour les morts ;

100 millions pour la patience que j'ai montrée hier, en entendant que le roi demandait des comptes à celui qui lui a donné un royaume.

Le roi comprit la leçon, et n'exigea pas d'autres détails. Les trésoriers eux-mêmes durent se déclarer satisfaits.

D'autres objets non moins intéressants enrichissent le Trésor de la cathédrale. Nous y avons vu un drapeau porté à la prise de Grenade, la couronne et le sceptre de la reine Isabelle, et une épée du roi Ferdinand. Mais ce qui m'a causé une véritable émotion, c'est le large écrin dans lequel la reine Isabelle renferma ses bijoux et les mit en gage, pour fournir à Christophe Colomb l'argent nécessaire à sa providentielle expédition.

O grande reine, l'humanité toute entière devrait t'élever un monument en reconnaissance de cet acte !

En revenant de la cathédrale, nous avons erré un peu à l'aventure, et, dans une ruelle misérable, je me trouvai tout-à-coup en face d'une maison carrée, à deux étages, blanchie à la chaux, et portant une inscription espagnole. Ni les guides, ni les récits de voyage que j'avais lus ne m'avaient indiqué cette maison, et c'est avec la joie d'un découvreur que je lus sur les murs : " Dans cette maison vécut et mourut le grand capitaine Gonzalve de Cordoue. "

Que d'autres gloires encore le nom de Grenade rappelle !

C'est ici que vécut saint Jean-de-Dieu, que Jean d'Avila convertit. C'est lui qui parcourait les rues de Grenade en s'arrachant les cheveux de douleur, à cause des péchés qu'il disait avoir commis. Il y fonda un hôpital, et il y recevait tous les malades et les pauvres qu'on lui amenait. L'Archevêque de Grenade lui ayant reproché de recevoir des vagabonds et des méchants, il répondit : je ne connais dans mon hôpital d'autres pécheurs que moi.

Ici vint un jour sainte Thérèse, une des plus pures gloires de l'Epagne.

Elle n'est pas seulement la plus célèbre des contemplatives ; mais elle occupe une place distinguée parmi les écrivains ascétiques, et ses ouvrages témoignent autant de sa brillante intelligence que de sa sainteté.

M. Renan lui-même la déclare admirable, et M. Ernest Hello fait observer qu'elle partage avec saint Augustin le privilége d'être estimée par les gens du monde. Pourquoi ? Evidemment parce qu'elle a été mondaine elle-même, à une certaine époque de sa vie.

Ce fut saint Pierre d'Alcantara, une autre gloire espagnole, qui lui ouvrit les yeux, et fit la lumière dans son âme.

XVI

LES GLOIRES DE GRENADE

Saint-François de Borgia.—Charles-Quint au couvent.—Santa-Fe.—La reine Isabelle au siège de Grenade. —Abu-abd-Allah.—Martinez de la Rosa.

Je vous ai rappelé, dans ma dernière lettre, quelques-unes des gloires de Grenade, et je veux évoquer aujourd'hui le souvenir de quelques autres. Mais, en réalité, ce sont des gloires qui appartiennent à toute l'Espagne ; et si j'en parle ici, c'est qu'il y a dans Grenade tantôt un monument, tantôt une inscription, tantôt une ruine qui rappelle leur mémoire.

C'est ainsi qu'en visitant les ruines du palais de Charles-Quint, j'ai cru voir revivre quelques-unes des célébrités de son temps.

Quelle époque glorieuse pour l'Espagne que celle où il règnait, où les artistes en tout genre excellaient, où la sainteté brillait dans des âmes telles que sainte Thérèse, saint Pierre d'Alcantara, saint Jean de la Croix et saint François de Borgia !

Quels entretiens devaient échanger ces âmes d'élite !

Il est peu d'histoires plus curieuses, plus intéressantes, et plus mouvementées que celle de Saint François de Borgia.

Arrière-petit-fils de Ferdinand, et d'Isabelle, reine de Castille, il occupa les plus hautes dignités à la cour de Charles-Quint, le suivit dans ses expéditions, et devint le vice-roi de Catalogne. A la mort de son père, le duc de Candie, il dut aller prendre possession de son duché, et gouverner ses sujets. Il y fonda des monastères, des hôpitaux, fit des bonnes œuvres sans nombre, et devint un modèle de vertu.

Il avait épousé Eléonore de Castro, et en avait eu huit enfants. Quand elle mourut, il voulut entrer dans la Compagnie de Jésus, et, après trois ans consacrés à assurer l'avenir de ses enfants, il y fut admis.

La gloire l'y suivit, et saint Ignace le nomma son vicaire général dans toute l'étendue des Espagnes, du Portugal et des Indes-Occidentales.

Resté l'ami et le confident du grand empereur, il le prépara à la mort dans le monastère de Saint-Just, que celui-ci avait choisi pour retraite après son abdication.

Rien ne montre mieux le caractère profondément catholique de cette époque que cette réclusion volontaire, et cette pénitence d'un homme qui avait été le maître des destinées du monde.

Quel étonnement doivent éprouver les souverains et les hommes d'Etat de nos jours, s'ils lisent l'histoire de Charles-Quint, en le voyant abdiquer librement, et se renfermer dans un cloître pour se préparer à mourir ! Penseur profond, homme d'Etat habile et ambitieux, conquérant de plusieurs royaumes, il gouvernait l'Europe depuis plus de trente ans, et il n'avait encore que

55 ans, c'est-à-dire l'âge où les hommes publics d'aujourd'hui font encore toutes les folies !

Sa devise était "*plus ultra,*" et il semble qu'elle indiquât une ambition insatiable. Mais cette ambition était lasse de conquêtes terrestres, de renommée, de gloire, de richesses, de puissance, et le grand chrétien, en voulant à la fin conquérir le ciel, se montrait fidèle à sa devise. *Plus ultra*, il voulait atteindre cet au-delà mystérieux vers lequel nous tendons tous, et s'y assurer une bonne place !

Il avait fait neuf voyages en Allemagne, six aux Pays-Bas, quatre en France, deux en Angleterre, deux en Afrique : il lui en restait encore un à faire, le plus court et le plus long, le plus rapide et le plus dangereux, le voyage de cette vie à l'autre ; et pour traverser cet inconnu, il crut que le meilleur véhicule serait la cellule d'un couvent.

Ce n'est pas moi qui l'en blâmerai ; je connais trop cette vie, et je crois trop fermement à l'autre.

Mais on comprend qu'un homme, qui avait occupé une si grande place dans le monde, ne put pas en sortir aussi complètement qu'il l'aurait voulu. Malgré lui, il lui fallut suivre encore le mouvement de la politique européenne, dans l'intérêt de sa patrie qui ne cessait de le consulter.

C'est en vain qu'il voulut mener la vie d'un cénobite, et n'être dorénavant que le *frère Charles*, il resta malgré lui un double personnage, et sa correspondance prouve qu'il fut obligé d'être encore une espèce de souverain consultant, dont la diplomatie européenne n'apprit qu'à la longue à se passer.

Un jour même, on voulut qu'il se remît à la tête d'une armée d'invasion contre la France, et il l'avait presque promis. Mais il n'y fut pas contraint, et il resta dans son couvent dont il remplissait tous les saints exercices.

Il y mourut entouré de prélats et de religieux, embrassant pieusement le crucifix que l'impératrice avait elle-même embrassé en mourant.

En tournant le dos au palais de Charles-Quint, on arrive bientôt à l'escarpement où s'élèvent les murailles et les tours de l'Alhambra, couronnées de créneaux et de terrasses.

Du haut de ces terrasses, on aperçoit, au loin dans la plaine, une ville de peu d'étendue, et dont les maisons sont couvertes en tuiles rouges. On la nomme Santa-Fe, et son origine mérite d'être racontée.

C'était au printemps de 1491. L'armée espagnole, campée à l'endroit même où s'élève aujourd'hui Santa-Fe, faisait le siège de Grenade, dernier boulevard de l'Islamisme en Espagne.

Pour ranimer le courage de ses soldats qui perdaient confiance, la reine Isabelle elle-même était venue rejoindre son noble époux au camp, et le marquis de Cadix lui avait cédé sa tente. Par malheur, une des caméristes de la princesse s'endormit un soir sans éteindre une lumière placée trop près de la toile ; le feu prit à la tente, et la plus grande partie du camp fut réduite en cendres.

Alors, la reine dit aux soldats qu'elle leur donnerait des logements meilleurs, et elle fit construire des maisons de pierre, couvertes de tuiles. La ville fut bâtie en quatre-vingts jours, et la reine la baptisa d'un nom, qui affirmait sa foi, et sa confiance dans le succès définitif de ses armes—*Santa-Fe*.

Quand les Maures virent cette ville remplacer, comme par enchantement, de simples tentes en toile, ils comprirent que les rois catholiques étaient bien décidés à ne pas abandonner le siège de Grenade, et le découragement s'empara d'eux.

Cependant, ils résistèrent longtemps encore, et avec courage. Plusieurs fois, ils sortirent de leurs remparts, et vinrent attaquer l'armée chrétienne, qui s'était emparé des villages environnants, et leur coupait les vivres ; mais Gonzalve de Cordoue les repoussait toujours, et bientôt la famine se fit sentir dans Grenade.

Enfin, on raconte que, dans un engagement, pendant lequel la reine Isablle à genoux priait Dieu, les chrétiens, sans perdre un seul homme, tuèrent 600 Maures, en firent 1400 prisonniers, et s'emparèrent de l'artillerie ennemie.

Ce succès décida les Maures à capituler, et le roi Abu-abd-Allah, allant à la rencontre des rois Ferdinand et Isabelle, leur remit les clefs de la ville.

Quelques jours après, les rois catholiques firent leur entrée dans la fameuse citadelle, regardée comme imprenable, que Mahomet avait promis de toujours défendre, et ils firent célébrer le sacrifice divin à l'Alhambra.

Dans le même temps, l'infortuné Abu-abd-Allah, surnommé Boabdil, s'éloignait en pleurant de Grenade, et soupirant : *Allah huakbar* ! Dieu est grand ! Peut-être n'ajoutait-il pas : Mahomet est son prophète !

Il faut avoir visité Grenade pour comprendre quelle dut être la profondeur de son désespoir.

Après quelques jours passés dans cette admirable ville, je la quitte moi-même avec regret, et en promettant d'y revenir un jour.

Je comprends la joie que l'un de ses poètes contemporains, Martinez de la Rosa, a éprouvée, en la revoyant après une absence prolongée, et je ne copie pas sans émotion ce salut poétique qu'il lui a adressé :

" O ma bien-aimée patrie ! Je te revois enfin, je revois ton sol si beau, tes champs brillants et féconds, ton soleil éclatant, ton ciel paisible !

" Oh ! oui, je vois la célèbre Grenade s'étendre au bas de ses deux collines, je vois ses tours se dresser au milieu de ses jardins toujours verts, je vois ses fleuves de cristal baiser ses murailles, ses monts superbes entourer la vallée, et la Sierra Nevada couronner ses horizons lointains.

" Oh ! ta mémoire me suivait partout, Grenade ! elle troublait mes plaisirs, ma paix, ma gloire, elle oppressait mon âme et mon cœur, Sur les rivages glacés de la Seine et de la Tamise, je me rappelais les doux rivages du Darro et du Génil, et je soupirais ! et bien souvent en entonnant une chanson joyeuse, ma douleur s'exaspèrait, et une plainte mal réprimée étouffait ma voix.

" En vain l'Arno délicieux m'offrit ses rives émaillées de fleurs, asile des amours et de la paix. La plaine arrosée par le paisible Génil, disais-je, est plus fleurie ! Le séjour de la belle Grenade est plus doux ! Et je murmurais ces paroles d'une voix plaintive, et me rappelant la maison de mes pères, j'élevais mes tristes yeux vers le ciel.

" Quelle est donc ta magie, ton ineffable enchantement, ô patrie, ô doux nom, pour que tu nous sois si chère ! Le noir Africain, loin de son désert natal, regarde avec un douloureux dédain les champs verdoyants ; le grossier Lapon, ravi à sa terre maternelle, soupire après ses longues nuits et ses glaces éternelles ; et moi, moi à qui le destin bienfaisant a accordé la faveur de naître et de grandir sur ta terre bien heureuse, si comblée des dons de Dieu, aurais-je pu t'oublier, ô Grenade ! "

XVII

DE GRENADE A SÉVILLE

Questions effleurées.—Une ballade.—L'Andalousie et son climat.—La Giralda.—Souvenirs que le nom de Séville réveille.—Manuscrits de Christophe Colomb —Histoire de Séville.— L'opinion de ses admirateurs.

Si j'ai bonne mémoire, la dernière lettre que je vous ai adressée, il y a déjà longtemps, vous parlait encore de Grenade, et c'est avec regret que je fais mes adieux à la vieille capitale des Maures.

Que de choses je pourrais vous dire encore ! Que de charmantes légendes j'aimerais à vous raconter, dans lesquelles les guerriers maures se trouvent aux prises avec les héros chrétiens ! Que de problêmes historiques il me plairait d'étudier avec vous !

Car cette invasion de l'islamisme dans l'Europe chrétienne, et sa domination huit fois séculaire en Espagne, font surgir des questions du plus haut intérêt, et ont donné lieu à bien des erreurs. Il y a des écrivains qui, grisés des beautés de l'art oriental, se sont épris d'admiration pour les Maures, vantent leur civilisation, et regrettent leur expulsion d'Espagne. Inutile de vous dire que je ne suis pas de ceux-là. Tout en admirant le génie de leurs artistes—qui n'ont d'ailleurs excellé que dans un seul style d'architecture—je n'hésite pas à dire qu'en expulsant ces terribles ennemis du nom chrétien, les rois catholiques d'Espagne ont sauvé non seulement le Christianisme, mais encore la civilisation et l'art.

Je crois aussi que l'islamisme n'a subsisté jusqu'à nos jours, que grâce à certains principes fondamentaux qu'il a empruntés au christianisme. La part de vérité, contenue dans le Coran et copiée de la Bible, l'a préservé d'une ruine précoce, comme la cathédrale catholique a sauvé la mosquée de Cordoue.

Mais ce n'est pas en courant d'une ville à l'autre, et dans une chambre d'hôtel qui ne contient pas un livre, que je puis approfondir ces questions.

Pour en finir avec Grenade, je veux reproduire ici cette charmante ballade que je trouve dans une vieille revue d'Espagne :

A LA VIERGE DE GRENADE

Elle est de marbre pâle, vêtue d'une robe d'or et d'un manteau bleu,
Où brillent des étoiles de feu.
Je l'ai couverte de joyaux et de fleurs.
Elle est toujours pâle.
Je lui ai fait une chapelle où nuit et jour luit la lampe aux sept lumières.
Elle est toujours pâle.
Je lui ai donné mon chapelet de rubis, et ma croix d'escarboucles.
Elle est toujours pâle !
Une larme d'amour est tombée de mes yeux sur sa main ouverte.
Alleluia ! Elle a souri, ses joues se sont rosées.

De Grenade à Séville, nous traversons presque toute l'Andalousie, qui, en décembre, est un véritable verger.

Rien de plus pittoresque et de plus riant que ce paradis terrestre. Les pelouses vertes couvrent le fond des vallées, les bosquets émaillent de fruits d'or les versants des collines, et mille ruisseaux secouent leurs panaches d'écume dans les gorges de la Sierra Nevada, dont les neiges immaculées rayent l'azur du ciel.

C'est ici l'époque des semailles. Les fermes sont pleines d'animation, et de longues files de bœufs traînent lentement de nombreuses charrues dans les champs. Cà et là s'allongent les haies de figuiers d'Arabie, ou de palmiers nains, et de grands troupeaux paissent à l'ombre des pins parasols.

Sur les cîmes escarpées des montagnes, des châteaux et des tours en ruines semblent pleurer leur glorieux passé ; de jolies petites villes, toutes blanches, se cachent dans la verdure des orangers ; et le soleil de décembre, aussi chaud dans l'Andalousie que notre soleil de mai, inonde de lumière ces admirables paysages.

Mais quelle est donc cette tour étrange qui se dresse à l'horizon ? C'est le clocher de la cathédrale de Séville, la fameuse Giralda. Vieille tour arabe, qui s'est convertie au christianisme après une jeunesse fort orageuse, et qui porte maintenant sur son front une colossale statue de la Foi, en bronze doré.

Cette statue tient un étendard dans sa main, et tourne sur elle-même comme une girouette. C'est de là que vient à la tour son nom de *Giralda* Représenter ainsi la Foi me semble une idée assez baroque, puisque la Foi est immuable. Mais si cette statue pouvait parler, elle nous dirait sans doute : " ce n'est pas moi qui change, ce sont les vents, c'est-à-dire les courants d'opinions, qui tournent autour de moi, et je fais face à toutes les tempêtes de quelque côté qu'elles viennent m'assaillir."

Nous voici donc à Séville. Que de souvenirs ce nom réveille! Certains voyageurs y cherchent Figaro que Beaumarchais et Rossini ont illustré, mais qui est maintenant éclipsé par son frère de Paris. D'autres y veulent revoir don Juan, le héros toujours vivant, hélas! de Byron et de Mozart. Quelques-uns courent au *Salon d'Orient* voir danser les gitanes, dans l'espoir d'y retrouver la fantasque Carmen que Bizet a si bien fait chanter.

Mais ce ne sont pas ces personnages qui ont fait la gloire de Séville, et ses monuments évoquent bien d'autres noms. Quand j'ai visité ce vieux survivant romain que l'on appelle la *Tour d'Or*, je songeais à Jules César, et aux grands découvreurs espagnols dont les vaisseaux, sont venus à quinze siècles d'intervalle, jeter l'ancre au pied du vieux donjon. Quand j'ai franchi le seuil de l'Alcazar, j'y cherchais les souvenirs des rois chrétiens, vainqueurs des Maures, de Ferdinand et d'Isabelle, et surtout de Charles-Quint qui a rempli le monde de la gloire espagnole. Quand je me suis fait ouvrir la bibliothèque Colombine, je n'y voulais voir et je n'y ai vu que deux livres, ouverts dans une vitrine soigneusement fermée à clef: c'était un traité de cosmographie, annoté par Christophe Colomb, et un manuscrit dans lequel l'immortel découvreur s'efforçait de prouver, par des textes, que les écrivains sacrés et profanes avaient prédit la découverte du Nouveau-Monde, que son œil de prophête apercevait au-delà des mers.

Séville est riche de ces souvenirs qui rappellent les noms illustres de saint Ferdinand, d'Alphonse le Sage, de don Sanche IV, de saint Vincent Ferrier, de saint Isidore. et d'une légion de grands écrivains et d'artistes admirables.

Son histoire est tellement ancienne qu'il faudrait remonter presque au déluge pour retrouver son origine. Je ne badine pas, Séville prétend avoir eu pour fondateur Hercule, qui fut probablement l'arrière petit-fils de Noé ! Ses commencements auraient donc été entourés de merveilles, et je ne demande pas mieux que d'y croire. Les merveilles du passé consolent des vulgarités du présent.

L'histoire ancienne de Séville est d'ailleurs résumée en six vers, gravés sur la porte de Jerez :—

Hercules me edifico ;
Julio Cesar me cereo
De muros y torres altas.
Un rey Godo me perdio.
El rey santo me gano
Con Garci Perez de Vargas.

dont voici la traduction :

Hercule me bâtit — Jules César m'entoura — de murailles et de haute tours — Un roi Goth me perdit. — Le roi saint me reconquit — avec Garci Perez de Vargas.

Les admirateurs enthousiastes de Séville — et tous ses visiteurs le deviennent — disent : " qui n'a pas vu Séville n'a pas vu de merveille."

Au premier coup d'œil elle m'a conquis, et je ne trouve presque pas exagérée cette description qu'en fait une de ses femmes les plus remarquables, Fernan Caballero :

" Séville a pour page le Bétis, pour bannière la Giralda, pour bouquets de fête ses orangers......... A la fois joyeuse comme une campagnarde, imposante comme une reine, belle comme une jeune fille, pleine de savoir et de souvenirs comme une matronne de bonne souche, gracieuse comme une Andalouse d'aujourd'hui, digne et chaste comme une vieille Castillane."

Telle est la ville où je viens d'arriver, et que je me propose d'étudier un peu.

XVIII

SÉVILLE

Aspect de la ville.—Les beautés de l'Espagne et les nobles qualités des Espagnols.—L'amour à Séville.—Les Andalouses.—Jardins et fleurs.—*Las delicias de Christina.*—Les bois de mon pays.

L'ancienne capitale de l'Espagne s'étend nonchalamment aux bords du Guadalquivir, dorée par le soleil, parfumée par ses orangers, glorifiée par sa grandiose cathédrale.

Mais c'est au premier aspect seulement que cette belle mauresque convertie parait nonchalante, et semble faire la sieste au soleil, ou dormir à la belle étoile. Car du moment que vous la connaissez mieux, elle vous apparaît pleine de vivacité et d'élégance.

Elle est en même temps originale, pittoresque et monumentale. Ses rues sont étranges, ses boutiques bizarres, ses patios gracieux et artistiques, ses promenades ravissantes, ses habitants aimables et distingués.

Je fais ici une étape assez prolongée, et je visite en flâneur. Voilà la vraie jouissance du touriste : n'être pas pressé, n'avoir pas chaque jour un programme à remplir, un itinéraire inflexible, une liste *d'agenda* ou de *videnda* qui sont autant de despotismes.

Je vais au hasard, j'erre à l'aventure, tantôt dans une rue pleine de peuple et de vie, comme la *Calle de los Sierpes*, tantôt sur une place toute ensoleillée, tantôt dans une ruelle si étroite que les voitures n'y peuvent passer ; mais dans cette ruelle sombre les plus charmantes surprises m'attendent. Ici par une porte cochère entrouverte j'aperçois un palais de fées, un patio fantastique où je vois briller le jaspe et le porphyre au milieu des orangers et des palmiers ; là, je franchis un mur crénelé de pauvre apparence, et je découvre une colonade de marbre courant autour d'un parterre où les fleurs sourient, où les jets d'eau chantent ; ailleurs un vieil hôtel à l'aspect sévère m'attire : c'est la maison d'un antiquaire et il me montre des centaines de vieux tableaux, des objets d'art, des meubles qui sont autant de reliques.

Vous allez vous moquer de moi peut-être, et les hommes d'affaires et d'argent vont me trouver aussi démodé qu'un vieux meuble. Mais tant pis pour eux! Car ils ne viendront jamais voir l'Espagne, et s'ils y viennent ils n'y comprendront rien.

Eh ! mon Dieu, je sais bien que Séville, comme toute l'Espagne d'ailleurs, est très arriérée au point de vue matériel. Mais ne vaut-il pas mieux être lent à progresser matériellement que prompt à descendre vers la décadence morale ?

Oui, l'Espagne est un noble hidalgo dont le budget est mince, et dont la toilette est un peu négligée. Souvent sa cappa est en lambeaux, et sous la cappa le linge est déchiré, vieux, et même sale ; mais sous ces vieux vêtements il y a un cœur vaillant qui bat.

Napoléon I s'en est aperçu, quand après avoir vaincu tout le reste de l'Europe il a voulu conquérir l'Espagne!

Sans doute, l'Espagnol est trop fier de ses parchemins, de ses armoiries, de ses décorations. Il jette ses titres et ses quartiers de noblesse à la tête des gens avec la même désinvolture que s'il avait tout récemment conquis Grenade, sous les ordres du *Gran Capitan*, ou remporté hier la glorieuse victoire de Lépante.

Mais cet orgueil prouve qu'il a le culte des aïeux, le respect des traditions, l'admiration de sa patrie, la foi dans sa force et dans sa vitalité.

A chaque pas je vois projeter des balcons et des fenêtres grillées ; quand vient le soir j'y retrouve le spectacle des amours chastes d'autrefois. Derrière cette grille il y a une jeune Sévillanaise à demi cachée, prêtant l'oreille aux serments d'amour d'un jeune homme qui reste dans la rue, et qui y passe toute la soirée, sans pouvoir même effleurer du bout des doigts la main de celle qu'il adore.

C'est après le mariage seulement qu'il pourra franchir le seuil de cette chambre qui lui semble un paradis!

Ecoutez cette romance d'un poète espagnol contemporain, don Antonio de Trueba.

L'amoureux a passé la nuit à soupirer sous la fenêtre, et la jeune fille n'a pas perdu un mot de sa tendre sérénade ; mais le soleil va se lever :

“ Allons, dit-il à sa belle, adieu, soleil des soleils !

“—Jésus ! tu me quittes si tôt !

"—Je ne puis m'attarder ; voici l'aube qui naît, et si l'on nous surprend à parler ici, Dieu sait ce que l'on en dira !

"—Pars, mais du moins ne m'oublie pas.

"—Moi, je ne t'oublie jamais. Maudite soit ta fenêtre d'être si haute !

"—Si tu veux une échelle, il y en a une dans l'église.

"—J'irai la demander bientôt.

"—Tu ne monteras pas autrement.

"—Adieu, soleil !

"—Adieu, étoile du matin !

"—Adieu, trésor !

"—Adieu, bel amoureux ! Qu'il est fier ! qu'il a bonne mine ! Je le voudrais contempler encore pendant qu'il traverse la clairière qui va d'ici à la chênaie. Petites étoiles luisantes, prêtez-moi votre clarté pour m'aider à suivre la trace de mon amant qui s'éloigne ! "

Quelle tendresse et en même temps quelle chasteté dans cet amour ! Quelle image naïve du sacrement de mariage dans cette échelle, qui est dans l'église, et sans laquelle le jeune amoureux ne pourra arriver jusqu'à la fenêtre si haute de sa fiancée !

Quelle prudence enfin dans cette réclusion relative imposée aux jeunes filles ! Elle rappelle bien ce proverbe espagnol :

" Les femmes ressemblent à la fumée qui trouve toujours par où sortir. A femme honnête, portes closes. "

C'est encore suivant les vieilles coutumes qu'on fait l'amour en Espagne, et, malgré tous les libelles plus ou moins salés des voyageurs, je crois que les mœurs espagnols valent mieux que celles de tous les autres pays d'Europe.

Il me semble en outre que les poètes et les romanciers ont fort exagéré la beauté des Andalouses. Il y a sans doute ici quelques femmes qui sont très belles, mais elles sont rares ; et leur beauté est surtout dans leurs yeux, noirs, rêveurs, profonds, étranges, énigmatiques. Peut-être savent-elles mieux que les autres femmes que les yeux ne leur ont pas été donnés seulement pour voir, mais pour parler, pour enflammer, pour blesser !

Outre leurs balcons grillés et leurs *patios* pleins de lumière, les maisons de Séville se font remarquer par leurs façades peintes de couleurs claires, par leurs escaliers de faïence coloriée, et par leurs terrasses toutes blanches.

Les jardins publics sont très beaux, et l'on n'en est pas surpris quand on connaît la température de Séville. J'y ai passé quelques heures le jour de Noël, et j'ai trouvé le soleil de midi si ardent que j'ai dû chercher l'ombre des palmiers.

Ah ! quel beau climat que celui de l'Andalousie ! Sans doute, il n'y aurait pas de malades ici, s'il n'y avait pas de médecins !

On m'a montré une plante assez curieuse qu'on appelle *jara*. Les fleurs ont cinq pétales blancs, et chaque pétale a une tache, rouge et sanglante comme une blessure. N'est-ce pas un symbole de l'homme qui a cinq sens, et dont chacun souffre et saigne ?

La plus belle promenade de Séville s'étend entre le Guadalquivir et le jardin du duc de Montpensier : on l'appelle *las Delicias de Christina.* Toute la société aristocratique s'y donne rendez-vous entre quatre et cinq heures de l'après-midi. J'y ai compté au moins cent cinquante équipages élégants et riches circulant au pas, et se rencontrant plusieurs fois, soit en montant vers un endroit qu'on appelle le *salon*, soit en descendant.

La promenade se prolonge jusqu'aux quais qui bordent le fleuve, et j'y ai fait une curieuse rencontre. Un trois-mâts y déchargeait des madriers, et cela me rappela les quais de la maison Price à Chicoutimi. Je m'approchai, et je découvris, non sans surprise, que les madriers empilés portaient à leurs extrémités les lettres P. B. (*Price Brothers*). De fait, le trois-mâts avait pris son chargement à Chicoutimi, et il me sembla que j'avais retrouvé des compatriotes.

XIX

LES MONUMENTS DE SÉVILLE

La cathédrale—Sainte-Inez—La Caridad—L'Alcazar.

Deux monuments suffiraient à la gloire de Séville— sa cathédrale et l'Alcazar.

Au premier coup d'œil jeté sur la cathédrale, on est cependant désappointé, et cela est dû, sans doute, à ses vastes dimensions, dont on ne peut saisir tout d'abord l'harmonie. Mais, comme dans Saint-Pierre du Vatican, on finit par en mesurer les proportions symétriques, et par en comprendre la grandeur ; plus on la voit, plus on l'admire.

On cherche en vain des termes de comparaison : elle ne ressemble ni à Saint-Pierre, ni au Dôme de Florence, ni à Notre-Dame de Paris, ni à Saint-Marc de Venise, ni à la cathédrale de Cologne. C'est de l'architecture gothique ; mais ce n'est ni le gothique pur, ni le style de la renaissance, ni l'art mauresque. C'est plutôt un mélange de tous les styles, non pas confondus mais réunis dans un ensemble colossal et imposant.

La longueur de l'édifice est de cent quatre vingt dix-huit mètres, et les quatre rangées de pilliers, qui le partagent en cinq nefs, et qui soutiennent les voûtes, sont d'une hauteur qui jette l'imagination dans la stupeur. Malgré ses quatre-vingt-trois fenêtres, à vitraux coloriés d'après les dessins de Raphaël, de Michel-Ange, d'Albert Dürer et d'autres artistes, le jour pénètre à peine dans ce vaste temple, plein de mystère et de profondeur.

On y compte je ne sais combien de chapelles latérales, et quatre-vingts autels, où se disent tous les jours plusieurs centaines de messes.

Les orgues ressemblent à un temple à colonnes, et le cierge pascal, au grand mât d'un navire. Un *monumento* en bois et en carton, sur lequel on expose le saint Sacrement pendant la Semaine Sainte, a plus de cent pieds de hauteur.

Comme dans les autres églises d'Espagne, le chœur occupe le milieu de la grande nef, et forme à lui seul une vaste église. Le maître-autel est merveilleux, et le rétable, divisé en trente-six compartiments, représente en relief des sujets empruntés à l'Ancien et au Nouveau Testament. De célèbres sculpteurs espagnols y travaillèrent pendant plus de cinquante ans.

Que dire maintenant des tableaux qui ornent les chapelles et les sacristies, et qui sont signés Murillo, Zurbaran, Campana, Moralès, Goya, Pacheco et Montañez ?

Comment vous décrire la fameuse tour de la Giralda, haute de trois cent cinquante pieds, avec son beffroi élégant, et ses vingt-quatre cloches, qui emportent les sonneurs dans leurs volées, et les suspendent au-dessus de l'abîme ?

Comment rendre compte des sentiments que l'on éprouve en foulant sous ses pieds les tombeaux où dorment saint Ferdinand, dona Beatriz, Alphonse le Sage, Maria de Padilla, et Fernando Colomb, fils de l'illustre découvreur de l'Amérique ?

Je cède la parole à de Amicis pour finir :

" En entrant, on se trouve abasourdi, on se sent perdu comme dans un abîme ; et pendant quelques instants on ne fait que suivre de l'œil ces immenses courbes dans cet immense espace, comme pour s'assurer qu'on n'est pas trompé par ses yeux et par son imagination. Puis on s'approche d'un pilier, on le mesure, on regarde les autres au loin : ils sont gros comme des tours, et ils semblent si minces qu'on frémit à l'idée qu'ils portent l'édifice."

" On les parcourt un à un, d'un regard rapide, du pavé à la voûte, et il semble qu'on peut compter les moments que le regard emploie à monter. Il y a cinq nefs, qui pourraient former chacune une grande église. Dans celle du milieu, une autre cathédrale pourrait se promener la tête haute avec sa coupole et son clocher. Toutes ensemble forment soixante-huit voûtes si hardies, que quand on les regarde, il vous semble que lentement, elles s'élargissent et s'élèvent "………

" Après s'être élancés jusqu'à ces hauteurs vertigineuses, le regard et l'intelligence retombent à terre, fatigués de l'effort, pour reprendre haleine afin de remonter. Et les images qui pullulent répondent à la grandeur de la basilique ; des anges démesurés, de monstrueuses têtes de chérubins, aux ailes grandes comme des voiles de navire, aux immenses manteaux bleus qui flottent. L'impression que produit cette cathédrale est toute religieuse, mais elle n'est pas triste ; c'est ce sentiment qui transporte la pensée dans les espaces sans fin, et dans les silences redoutables, où se noyait la pensée de Leopardi ; c'est un sentiment plein de désir et de hardiesse ; c'est le frisson voluptueux qu'on ressent au bord d'un abîme, le trouble et la confusion des grandes pensées, la divine terreur de l'infini."

Séville possède un grand nombre d'autres églises plus ou moins remarquables, et riches en tableaux. Il en est deux dont la fondation est assez romanesque— Sainte-Inez et la *Caridad.*

La première eut pour fondatrice dona Maria Coronel, dont la vertu égala la merveilleuse beauté. Epris pour elle d'un amour passionné, Pierre le Cruel avait fait condamner à mort son mari, et voulait lui accorder sa grâce au prix de son déshonneur. Mais la noble femme aimait trop son mari pour acheter sa vie à ce prix, et la sentence de mort fut exécutée.

Le tyran continua ses poursuites criminelles, et força la porte du couvent où la veuve s'était réfugiée. Mais la sainte femme défigura son beau visage avec l'huile chaude de sa lampe, et ce grand acte de vertu rappela le roi au sentiment de l'honneur.

Avec son autorisation, elle bâtit le couvent et la chapelle de Sainte-Inez, sur l'emplacement de la maison de son mari, qui avait été rasée après la sentence prononcée contre lui.

La *Caridad*, qui comprend une chapelle et un hospice, a été fondée par un homme, que l'on a confondu avec le fameux don Juan que les poëtes et les musiciens ont rendu célèbre. Il s'appelait don Miguel de Mañara, et Alexandre Dumas ainsi que Mérimée l'ont mis en scène sous le non de don Juan de Marana.

La vérité, c'est que don Miguel de Mañara eut une jeunesse scandaleuse comme don Juan de Tenorio, le héros de Tirso de Molina, de Molière, de Mozart et de Byron, mais il se convertit à la suite d'une vision terrible dans laquelle il assista à ses propres funérailles, et il consacra ses biens et sa personne au service des pauvres et des malades.

J'ai vu à la *Caridad* d'incomparables peintures : ce sont deux grandes toiles de Murillo, la *Multiplication des pains* et *Moïse frappant le rocher* ; puis, une autre d'un réalisme effrayant par Valdès, représentant un cadavre rongé par les vers dans son tombeau. Comme a dit quelqu'un, il faut se boucher le nez quand on regarde ce tableau.

Le plus beau monument de Séville, après la cathédrale, est le palais des anciens rois maures, que les rois chrétiens ont subséquemment habité, agrandi, et restauré.

L'Alcazar est un palais admirable, dans le même style que l'Alhambra de Grenade, mais avec des proportions moins délicates, moins aériennes. Sans doute, la *Cour des Damoiselles*, celle des *Poupées*, la *Salle des Ambassadeurs* sont encore des merveilles de dessin, de couleurs, d'ornements. Comme à l'Alhambra, le travail est emblématique, orné de textes et d'arabesques, de manière à composer tout un poème. Mais tout cela n'a pas l'élégance idéale et le fini de l'Alhambra. Il est d'ailleurs trop restauré, et ses couleurs trop vives encore ressemblent au fard sur une jolie figure.

Cependant cela n'empêche pas les touristes de se pâmer d'enthousiasme en parcourant ses galeries, ses *patios*, ses promenoirs à colonnes, et ses salles si richement ornées.

" Cette architecture délicate et légère, dit Victor Fournel, ces petits arceaux capricieux, ces colonnettes qui ressemblent à des bras de femme, ces voûtes couvertes d'ornements qui pendent en stalactites fragiles, en grapes peintes et coloriées comme des parterres fleuris, ces charmantes petites fenêtres cintrées qui, entre les colonnes de marbre, laissent entrevoir le ciel toujours bleu et la verdure des jardins, inspirent à l'ardent voyageur les rêves les plus fantastiques et les idées les plus orientales."

XX

ENCORE A SÉVILLE

Souvenirs de l'Alcazar. Don Pedro le Cruel et Maria de Padilla.—San-Telmo.—La maison de Pilate.—Le musée.—Zurbaran.—Les Serenos et la Sainte Vierge.—Chants de Noël.

Je reviens à l'Alcazar, et j'interroge ses souvenirs anciens. Mais, tout oriental qu'il soit dans son ensemble et dans ses détails, il ne peut rien me dire d'intéressant sur ses premiers habitants, les rois maures. C'est à peine si l'une de ses tours a gardé mémoire de saint Ferdinand, qui y planta sa bannière victorieuse après en avoir expulsé les fils du prophète.

Don Pedro, surnommé le Cruel, qui ne fit que restaurer ce palais, a voulu faire croire à la postérité qu'il l'avait bâti, et sur la frise du portique est gravée cette inscription en langue castillane :

" Le très haut et très noble et très puissant et très conquérant don Pedro, par la grâce de Dieu roi de Castille et de Léon, fit faire ces Alcazars et ces palais et ces portiques, ce qui fut fait dans l'ère de mil-quatre-cent-deux."

La renommée que don Pedro a laissée dans ces appartements splendides est terrible, et l'une des cours n'a pas oublié la fin tragique de son frère, don Fadrique, qui y fut assassiné.

Plusieurs chambres rappellent aussi le souvenir de la sympathique et malheureuse Maria de Padilla, qui paraît avoir été pour don Pedro ce que fut Louise de la Vallière pour Louis XIV.

D'autres ombres hantent ce palais maintenant abandonné, et je crois y voir passer la grande figure de Charles-Quint.

C'est dans la grande salle, audessus des bains de Maria de Padilla, que furent célébrées les fiançailles du grand homme avec l'infante du Portugal. De quelles fêtes pompeuses Séville fut alors témoin ! C'était le 3 mai 1526. Mais, après Charles-Quint, l'Alcazar est rentré dans le calme et l'obscurité.

Il y a d'autres palais dans Séville qui sont bien dignes d'attention. Le plus somptueux est San-Telmo, qui est la résidence du duc de Montpensier ; l'intérieur, somptueusement meublé, renferme des objets d'art de grand prix, et des tableaux superbes de tous les grands artistes de l'Espagne.

San Telmo s'élève au bord du Guadalquivir, près de la *Tour de l'Or*, et son jardin admirable s'étend le long des *Delicias de Christina*. Ses grands orangers dominent la haie, et leurs fruits d'or pendent au-dessus des promeneurs.

Dans un coin isolé de Séville, nous avons visité la *maison de Pilate*, propriété de la famille ducale de Medina Celi. C'est un magnifique palais de marbre, bâti, dit-on, sur le modèle de celui qu'habitait le gouverneur romain à Jérusalem. On attribue cette fantaisie à don Fadrique Henriquez de Rivera, au retour d'un pèlerinage en Terre-Sainte.

Quoi qu'il en soit, cet édifice d'architecture arabe est très curieux à voir, et rappelle la plupart des souvenirs de la Passion de Jésus-Christ. Une belle et grande salle se nomme le *prétoire*, et une autre plus petite mais richement ornée est le *cabinet de Pilate.*

Il est d'autres palais encore à Séville qui gardent des souvenirs de Cervantès, de Calderon, de l'Inquisition ; mais je ne veux pas m'attarder dans leur description, et je préfère vous dire un mot du musée.

Il est assez pauvre comme édifice ; mais il est riche en peintures. On peut y admirer de nombreux chefs-d'œuvre signés Herrera, Pacheco, de las Roelas, de Vargas et Zurbaran. Ce dernier surtout m'a émerveillé.

Déjà, j'avais fait connaissance avec Zurbaran au Musée de Madrid ; mais c'est ici que je l'ai mieux connu. J'avais remarqué qu'il représentait avec des couleurs plus sympathiques que les autres peintres les figures amaigries des anachorètes. Il me semblait que les moines et les solitaires n'avaient pas de portraitiste plus fidèle.

Mais en voyant son *Apothéose de saint Thomas d'Aquin*, au Musée de Séville, j'ai compris qu'il avait une autre manière que les autres artistes de peindre la vie religieuse.

Son saint Thomas n'est pas un ascète accablé par les rigueurs de la pénitence. Toute sa tête rayonne dans son capuchon de bure, et ses yeux illuminés expriment l'inspiration d'un poète, et la vision d'un prophète. Ce n'est plus, comme on l'a dit des anciens cénobites, un homme qui achève de mourir ; c'est un ressuscité dont l'horizon s'agrandit et devient radieux ; il ne marche pas, il plane ; il ne parle pas, il chante, comme le saint roi David, et sa Somme Théologique devient une lyre. Un pape, un cardinal, et deux évêques sont à ses pieds, lisant ses œuvres avec une admiration pleine d'étonnement ; et, sur un plan inférieur, Charles-Quint et plusieurs religieux, agenouillés, demandent au Souverain-Pontife de le mettre au nombre des docteurs de l'Eglise.

Murillo, qui fut un enfant de Séville, et dont la statue orne la petite place qui fait face au musée, y compte aussi plusieurs tableaux, entre autres, *Saint François d'Assise embrassant le Crucifix*, et deux *Immaculées Conceptions*.

Ce dernier sujet a été bien des fois traité par le grand peintre catholique de l'Espagne, et il a fait aussi bien des *Madones* et plusieurs *Saintes Familles*. Il répondait à un besoin de son pays où le culte de la Sainte Vierge est aussi répandu qu'en Italie.

A Séville, les *Serenos*, qui nous annoncent le temps qu'il fait pendant la nuit, préludent à leurs chants par ce motet : *Ave Maria purissima !*

Il y a quelques années, des esprits forts avaient réussi à faire supprimer ce prélude ; mais les habitants et surtout les dames de Séville réclamèrent auprès du Conseil-de-ville, et le chant a été rétabli. " Vous ne sauriez croire, raconte Fernan Caballero, l'émotion et l'allégresse que l'on éprouva lorsqu'on entendit de nouveau la salutation : *Ave Maria purissima.* Un grand nombre de personnes sortirent sur le seuil de leurs maisons pour féliciter les serenos ; on les embrassait, on leur donnait des cigares, du vin, de l'argent. Ce fut un enthousiasme presque universel Si l'on avait su la chose d'avance, les cloches de la Giralda, celles des paroisses, celles des couvents eussent été mises en branle au premier *Ave*, et la plupart des maisons se fûssent illuminées. "

J'étais ici le jour de Noël, et j'ai entendu la messe de minuit dans la cathédrale. La solennité n'a plus la splendeur d'autrefois, dit-on ; mais certaine partie du cérémonial est assez curieuse : ainsi au commencement de la cérémonie, l'officiant, le diacre et le sous-diacre se couchent sur le marchepied de l'autel pendant que le chœur récite des psaumes.

Pour retrouver la vraie fête de Noël, qui impressionnait tant notre enfance, il faut ici comme ailleurs aller dans les campagnes, et prêter l'oreille aux cantiques populaires.

En voici deux qui ne sont pas sans originalité, et que je traduis librement en vers, en m'aidant d'une traduction en prose que j'ai sous les yeux.

I

Enfants, la nuit est magnifique.
On n'entend aucun bruit ;
Chantons tous ensemble un cantique ;
Voici la sainte nuit.
Un enfant divin vient de naître ;
Venez Bergers,
Laissons ici nos troupeaux paître
Sous les vergers.

C'est dans une pauvre cabane
Qu'il est venu,
Et c'est un bœuf avec un âne
Qui l'ont reçu,
Il n'a qu'un peu de paille sèche
Pour son berceau :
Voyez au fond de cette crêche
Son corps si beau.
Il saura conquérir nos âmes,
Sans être armé,
Et nous embrasser de ses flammes,
Le bien-aimé !

II

Quand la Vierge lave les langes
Les langes de l'enfant divin,
Audessus d'elle un Séraphin
De Jésus chante les louanges.

Quand la Vierge a lavé les langes
Les pauvres langes de son fils,
Joseph les étend sur les lis,
Et tout autour chantent les anges.

XXI

L'INQUISITION D'ESPAGNE

Sa fondation. —Raison d'être de ce tribunal.—En quoi ont consisté ses abus.

J'ai visité le palais où siégeait autrefois ce redoutable tribunal, et je ne crois pas devoir me dispenser d'en dire un mot.

Que cette institution ait eu sa raison d'être, il me semble que les esprits sans préjugés n'en doivent pas douter. Qu'elle ait été fort calomniée, cela me paraît également certain.

Mais il est aussi incontestable que ce tribunal a commis des abus, et a surtout péché par trop de sévérité. Soutenir le contraire, serait accuser les Papes qui ont tant de fois cassé ses sentences.

Dans la première période de son histoire, l'Inquisition d'Espagne était dirigée contre les Juifs et les Maures, et son établissement qui remonte à l'an 1480, répondait à un besoin national.

La grande lutte entreprise contre le judaïsme et l'islamisme n'était pas terminée, et l'heure décisive de la victoire approchait. Il fallait tenter un dernier effort pour triompher, et les Rois Catholiques ne firent qu'obéir au désir de la nation espagnole en fondant l'Inquisition.

Naturellement, les sentiments religieux du peuple avaient été un peu exaltés par la lutte, et la haine contre les Juifs était vivace. Comme aujourd'hui, en Europe, la richesse publique leur appartenait, et ils pressuraient les chrétiens, leurs débiteurs, jusqu'à les priver de leurs libertés légitimes.

Plusieurs fois les exactions des capitalistes juifs avaient soulevé des mouvements populaires, et le sang de cette race méprisée avait coulé en abondance.

Pour empêcher le retour de ces émeutes sanglantes, il fallait protéger l'indépendance des chrétiens contre la cupidité et les persécutions des Juifs ; et l'établissement d'un tribunal spécial était un moyen plus régulier et plus humain que la force des armes.

Remarquons bien que ce tribunal était une institution politique, fondée par Ferdinand et Isabelle, et on peut l'accuser d'abus sans accuser l'Eglise.

Au contraire, reconnaître les abus commis par l'Inquisition d'Espagne c'est défendre les Papes qui, sur des appels, ont très souvent infirmé, modifié, mitigé, les sentences trop sévères portées par elle.

L'autorité de Balmès, l'une des gloires catholiques de l'Espagne, suffira à la démonstration de cette opinion. Voici ce que je lis dans son magnifique ouvrage, *Le Protestantisme comparé avec le Catholicisme :*

" Le nombre des causes évoquées de l'Espagne à Rome est innombrable, durant les cinquante premières années de l'existence du tribunal ; il faut ajouter que Rome inclinait toujours au parti de l'indulgence. Je ne sais s'il serait possible de citer à cette époque un seul inculpé, qui par son recours à Rome, n'ait pas amélioré son sort. L'histoire de l'Inquisition dans ce temps-là se trouve remplie de contestations, survenues entre les rois et les papes, et l'on découvre constamment chez le Souverain Pontife le désir de contenir l'Inquisition dans les bornes de la justice et de l'humanité. La ligne de conduite prescrite par Rome ne fut pas toujours suivie, comme il l'aurait fallu ; aussi voyons-nous les papes accueillir une multitude d'appels, et mitiger le sort qui serait échu aux prévenus, si leur cause eût été jugée définitivement en Espagne.

" Le pape, à la sollicitation des rois catholiques, qui désiraient que ces causes fussent jugées en dernier ressort en Espagne, nomme un juge d'appel ; le premier de ces juges est Don Tingo Manrique, archevêque de Séville. Cependant, au bout de très peu de temps, le même pape dans une bulle du 2 août 1483, dit avoir reçu de nouveaux appels faits par un grand nombre d'Espagnols de Séville, lesquels n'ont osé s'adresser au juge d'appel, dans la crainte d'être arrêtés. Telle était alors l'exaltation des esprits, tel était le penchant aux injustices ou aux mesures d'une sévérité excessive. Le pape ajoute que quelques-uns de ceux qui ont recours à sa justice ont déjà reçu l'absolution de la pénitencerie apostolique, et que d'autres ne tarderont pas à la recevoir ; il se plaint ensuite qu'on n'ait point assez tenu compte à Séville des grâces récemment accordées à divers accusés ; enfin, après quelques autres avertissements, il fait remarquer aux rois Ferdinand et Isabelle que la miséricorde envers les coupables est plus agréable à Dieu que les rigueurs dont on veut user ; il donne en preuve l'exemple du Bon Pasteur poursuivant la brebis égarée. Il termine en exhortant les rois à traiter avec bonté ceux qui confessent volontairement leurs fautes ; il conseille de leur permettre de résider à Séville où en tout autre lieu, à leur choix, et de leur laisser la jouissance de leurs biens, comme si jamais ils n'eussent été coupables du crime d'hérésie."

Dans une note, Balmès ajoute :

" En parlant de l'Inquisition d'Espagne, je ne me suis point proposé de défendre tous ses actes, pas plus sous le rapport de la justice que sous celui de la convenance publique. Sans méconnaître les circonstances exceptionnelles dans lesquelles cette institution s'est trouvée, je pense qu'elle aurait fait beaucoup mieux, à l'exemple de l'Inquisition de Rome, d'éviter autant qu'il était possible l'effusion de sang. Elle pouvait parfaitement veiller à la conservation de la foi, prévenir les maux dont la religion était menacée par les Maures et les Juifs, préserver l'Espagne du protestantisme, sans déployer cette rigueur excessive qui lui mérita de graves réprimandes, des admonestations de la part des Souverains Pontifes, provoqua les réclamations des peuples, fut cause que tant d'accusés et de condamnés firent appel à Rome, et fournit aux adversaires du catholicisme un prétexte pour taxer de cruauté une religion qui a l'effusion du sang en horreur. "

XXII

COURSES DE TAUREAUX

Avant le spectacle.—Le Cirque.—Les spectateurs.—La *cuadrilla*.—Les *picadores*. —Les *banderilleros*.—Les *capeadores*.—Les *chulos*.—Les *espadas*.—La lutte.

Un livre sur l'Espagne ne serait pas complet sans une description des courses de taureaux, et cependant je n'ai pas vu ce spectacle ; car elles n'ont pas lieu durant l'hiver, et c'est dans cette saison que j'ai visité le pays du Cid.

Pour satisfaire la curiosité du lecteur, il ne me reste qu'une ressource : reproduire le récit de quelque voyageur qui a pu être témoin de ces étranges combats, pour lesquels les Espagnols ont une véritable passion.

C'est à de Amicis que j'emprunterai cette description, parce que de tous les touristes écrivains qui ont visité l'Espagne il est celui dont les impressions se rapprochent le plus des miennes.

La seule annonce des courses produit dans les grandes villes d'Espagne une sensation extraordinaire, et toute la population se prépare à y assister. Bientôt, c'est le sujet de toutes les conversations, et les nouvelles les plus intéressantes circulent.

On se raconte que les taureaux sont arrivés ; qu'ils sont énormes, terribles ; qu'ils viennent des pâturages du duc de Veragua, ou du marquis de la Merced, ou d'autres endroits renommés ; que les toreros sont en route, ou même rendus sur lès lieux ; que le célèbre Frascuelo a été vu fumant tranquillement son cigare dans une allée de *Las Delicias* ; que les billets se vendent rapidement, et que la police a peine à contenir la foule impatiente aux portes des bureaux.

Enfin, le jour est arrivé, et le spectacle doit commencer à trois heures. Dès midi, toutes les rues qui aboutissent au cirque sont envahies par la foule, et par les riches équipages de l'aristocratie.

Vu du dehors, l'amphithéâtre est un vaste édifice circulaire, sans architecture, ni ornements, et sans fenêtres. Mais à l'intérieur, son aspect est imposant, et plein de vie. Dix mille spectateurs y peuvent trouver place.

L'arène est immense, et entourée d'une double barrière en planches, qui sert de refuge aux *toreros* quand ils ne peuvent pas échapper autrement à la fureur des taureaux. Les domestiques et autres employés s'y tiennent aussi pendant le combat.

Au-delà de ces deux barrières s'échelonnent les gradins de pierre, au-delà des gradins, les loges, et sous les loges une triple rangée de siéges.

Il y a des loges somptueuses où prennent place les ministres, les ambassadeurs et tous les grands personnages, outre la loge royale. Elles sont toujours du côté du Cirque, qui est à l'ombre. Le côté où donne le soleil est moins dispendieux. L'arène a quatre portes, celle des taureaux, celle des chevaux, celle des *toreros*, et celle des hommes qui annoncent le spectacle.

" Le cirque est plein et offre un spectacle merveilleux. C'est un océan de têtes, de chapeaux, d'éventails, de mains qui s'agitent dans l'air ; du côté de l'ombre, où est le beau monde, c'est tout noir ; du côté du soleil, où sont les petites gens, ce sont mille couleurs vives de vêtements, d'ombrelles, d'éventails de papier, une immense mascarade ..... Ce n'est pas un bourdonnement, un bruit comme dans les autres théâtres ; c'est autre chose, c'est une agitation toute particulière au cirque ; les gens crient, s'appellent, se saluent avec une gaieté frénétique ; les enfants et les femmes piaillent, les hommes les plus graves folâtrent comme des adolescents ; les jeunes gens, par groupes de vingt, de trente, chantant en cadence, et frappant de leurs cannes sur les gradins annoncent l'heure au représentant de la municipalité.........

" La trompette sonne ; quatre gardes du cirque, à cheval, avec le chapeau et le panache à la Henri IV, le petit manteau noir, le justaucorps, les bottes et l'épée, entrent par la porte qui est sous la loge du roi et font à pas lents le tour de l'arène ; la foule se retire, chacun s'en va à sa place, l'arène reste vide.

" Les quatre cavaliers vont se mettre deux par deux devant la porte encore fermée qui fait face à la loge royale. Les dix mille spectateurs ont l'œil dessus, on fait silence : de là doit sortir la *Cuadrilla*, tous les *toreros* en grand costume, qui viennent se présenter au roi et au peuple.

“ La musique joue, la porte s'ouvre, on entend une immense explosion d'applaudissements, les *toreros* s'avancent. D'abord viennent les trois *espadas*, Frascuelo, Lagartijo, Cayetano, les trois fameux, vêtus du costume de Figaro dans le *Barbier de Séville*, de satin, de soie, de velours orange, incarnat, bleu, couverts de broderies, de franges, de galons, de filigranes, de rubans, de pendeloques d'or et d'argent qui cachent presque tout le vêtement......

“ Après eux, viennent les *banderilleros* et les *capeadores*, en groupes, couverts d'or et d'argent eux aussi ; puis les *picadores* à cheval, deux par deux, une grande lance au poing...... puis les *chulos*, ou serviteurs, en habits de fête ; et tous ensemble traversent majestueusement l'arêne et se dirigent vers la loge du roi......

Toute la *cuadrilla* s'arrête devant la loge royale et salue......La bande des *toreros* se disperse, les *espadas* sautent pardessus la barrière, les *capeadores* s'éparpillent dans l'arène en agitant leur cape rouge et jaune, une partie des *picadores* se retirent pour attendre leur tour, les autres éperonnent leurs chevaux et vont se poster à gauche du *toril*, où sont enfermés les taureaux.... .

“ C'est un moment d'agitation, d'anxiété inexprimable ; tous les regards sont fixés sur la porte par où sortira le taureau ; tous les cœurs battent ; un silence profond règne dans tout le cirque ; on n'entend que le mugissement du taureau qui s'avance dans l'obscurité de sa vaste prison, et qui semble crier : du sang ! du sang ! Les chevaux frémissent, les *picadores* pâlissent... Encore un instant...... la trompette sonne, la porte s'ouvre, un taureau énorme s'élance dans l'arène : un cri formidable sorti de dix mille poitrines à la fois le salue. Le carnage commence.

“ Je ne me rappelle que confusément ce qui arriva dans les premiers instants : je ne sais où j'avais la tête.

“ Le taureau se lança contre le premier *picador*, puis recula, reprit son élan et se jeta sur le second ; s'il y eut une lutte je ne m'en souviens pas ; mais, au bout d'une minute, il se lança contre le troisième ; puis il courut au millieu de l'arène, s'arrêta et regarda. Je regardai aussi...... et je me couvris le visage avec les mains.

“ Toute la partie de l'arène que le taureau avait parcourue était souillée de sang ; le premier cheval gisait à terre, le ventre ouvert, et les entrailles éparses ; le second, le poitrail fendu par une large blessure dont le sang coulait à flots, allait çà et là en trébuchant ; le troisième, qui avait été jeté par terre, s'efforçait de se relever ; les *chulos*, accourus à la hâte, relevaient les *picadores*, ôtaient la selle et la bride au cheval mort, cherchaient à remettre sur pied le blessé ; des hurlements d'enfer retentissaient de tous côtés.

“ C'est ainsi que commence le plus souvent le spectacle. Les *picadores* sont les premiers qui reçoivent le choc du taureau ; ils l'attendent de pied ferme et lui plantent leur lance entre la tête et le cou, au moment où il s'abaisse pour donner son coup de corne au cheval. Il faut remarquer que la lance n'a qu'une petite pointe, qui ne peut faire une blessure profonde ; et les *picadores* doivent à force de bras, tenir le taureau à distance et sauver leur monture. Cela exige un coup d'œil sûr, un bras de fer, et un cœur intrépide : Ils ne réussissent pas toujours, ils ne réussissent même pas le plus souvent, le taureau plante ses cornes dans le ventre du cheval, et le *picador* tombe par terre.

" Alors, les *capeadores* accourent, et pendant que le taureau débarrasse ses cornes des entrailles de sa victime, ils agitent leur *capa* devant ses yeux, le distraient, se font poursuivre par lui et laissent en sûreté le cavalier tombé, que les *chulos* vont secourir pour le remettre en selle, si le cheval peut encore se tenir, ou pour le porter à l'infirmerie s'il s'est fracassé la tête.

" Le taureau, arrêté au milieu de l'arène avec ses cornes ensanglantées, haletant, regardait autour de lui comme pour dire : En avez-vous assez ? Un essaim de *capeadores* courut au-devant de lui, l'entoura ; ils commencèrent à le provoquer, à l'agacer, à le faire courir çà et là, secouant leur cape devant ses yeux, la lui faisant passer par dessus la tête, l'attirant et le fuyant par des détours rapides pour revenir le provoquer, et le fuir ensuite de nouveau ; et le taureau poursuit l'un ou l'autre, le pousse jusqu'à la barrière, et là donne des coups de cornes dans les planches, frappe du pied, fait des cabrioles, mugit, plante de nouveau ses cornes, en passant, dans le ventre des chevaux morts, s'efforce de franchir la barrière, et court dans l'arène de tous côtés.

" Pendant ce temps-là, d'autres *picadores* étaient entrés pour remplacer ceux dont les chevaux avaient été tués, et s'étaient placés loin l'un de l'autre, des deux côtés de la musique du toril, attendant que le taureau les assaillît.

“ Les *capeadores* l’attirèrent adroitement de ce côté ; le taureau, voyant le premier cheval, s’élança dessus la tête basse. Mais cette fois son attaque n’eût pas de succès : la lance du *picador* le frappa à l’épaule et l’arrêta ; le taureau s’obstina, poussa, fit effort avec toute sa masse, mais en vain, le *picador* tint bon ; le taureau recula, le cheval fut sauvé, et un tonnerre d’applaudissements salua son sauveur. L’autre *picador* fut moins heureux ; le taureau l’attaqua, il ne réussit pas à planter sa lance ; la corne formidable pénétra dans le ventre du cheval avec la rapidité d’une épée, s’agita dans la blessure, s’en retira : les intestins du pauvre animal tombèrent et restèrent pendants comme un sac, presque jusqu’à terre ; le *picador* resta en selle. Là on vit une chose horrible. Au lieu de descendre, le *picador*, voyant que la blessure n’était pas mortelle, donna de l’éperon et alla se poster à un autre endroit pour attendre un second assaut : le cheval traversa l’arène avec ses intestins sortis du corps, qui lui battaient dans les jambes et embarrassaient sa marche ; le taureau le suivit quelques instants, puis s’arrêta. A ce moment on entendit une sonnerie de trompettes : c’était le signal de la retraite des *picadores*. Une porte s’ouvrit et ils s’en allèrent au galop l’un après l’autre ; il resta deux chevaux morts, et çà et là des mares et des ruisseaux de sang, que deux *chulos* recouvrirent de terre.

“ Après les *picadores*, viennent les *banderilleros* ; pour les profanes c’est la partie la plus agréable du spectacle, parce que c’est la moins cruelle. Les *banderillas* sont des flèches longues d’environ deux palmes ornées de papier de couleur, munies d'une pointe de métal faite de telle sorte qu'une fois enfoncée dans les chairs, elle ne peut plus s'en détacher, et que le taureau en s'agitant et en la secouant la fait pénètrer plus avant. Le *banderillero* prend deux de ces flèches, une de chaque main, va se mettre debout à une quinzaine de pas devant le taureau, et le provoque en levant les bras et en criant.

“ Le taureau s'élance contre lui ; le *banderillero* à son tour, court vers le taureau ; celui-ci baisse la tête pour lui enfoncer ses cornes dans le ventre, l'autre lui plante les *banderillas* dans le cou, une de cî une de là, et se met à l'abri en sautant vivement de côté. S'il se penche, si le pied lui manque, s'il hésite une seconde, il est enfilé comme une grenouille.

“ Le taureau mugit, souffle, saute et se met à poursuivre les *capeadores* avec une fureur épouvantable ; en un clin d'œil, tous ont franchi la barrière, l'arène est vide ; la bête sauvage, le museau écumant, les yeux sanglants, le coup rayé de sang, frappe la terre, se débat, se jette sur la barrière, demande vengeance, veut tuer, a besoin de carnage ; personne n'ose l'affronter, les spectateurs remplissent l'air de cris “ En avant ! courage ! L'autre *banderillo* ” ! L'autre *banderillo* s'avance et plante ses flèches, puis un troisième, puis de nouveau le premier. Ce jour là, ils lui en plantèrent huit : la malheureuse bête quand elle sentit s'enfoncer les deux dernières poussa un mugissement prolongé, déchirant, affreux, et s'élançant à la poursuite d'un de ses ennemis le suivit jusqu'à la barrière, la sauta et tomba avec lui dans le corridor ménagé derrière.

" Les dix mille spectateurs se levèrent tous à la fois en criant : " Il l'a tué ! " Mais le *banderillero* s'était échappé. Le taureau courut en avant et en arrière entre les deux barrières, sous une pluie de coups de bâton et de coups de poing jusqu'à ce qu'il arrivât à une porte ouverte : il rentra dans l'arène et la porte se referma.

" Alors tous les *banderilleros* et tous les *capeadores* s'élancèrent de nouveau autour de lui ; l'un d'eux, passant derrière, lui tira violemment la queue, et disparut comme un éclair ; un autre, en courant, lui entortilla les cornes avec sa *capa ;* un troisième poussa l'audace jusqu'à aller lui cueillir avec la main un petit nœud de ruban qu'on lui avait attaché sur la croupe ; un quatrième, le plus téméraire de tous, planta une lance en terre sur le passage du taureau qui courait, et faisant un saut, passa par dessus lui et alla retomber de l'autre côté, en jetant la lance entre les jambes de l'animal stupéfait. Et ils faissaient tout cela avec une rapidité de prestidigitateur et une grâce de danseur, comme s'ils avaient joué avec une brebis ! Pendant ce temps l'immense foule faisait retentir le cirque de rires, d'applaudissements, de cris de joie, d'admiration et de terreur.

" La trompette sonne de nouveau ; les *banderilleros* ont fini. C'est le tour de l'*espada ;* c'est le moment solennel, c'est le dénouement du drame ; la foule se tait, les dames se penchent au dehors de leurs loges, le roi se lève,

" Le célèbre Frascuelo, tenant à la main l'épée et la *muleta*, qui est un morceau d'étoffe rouge attaché à un petit bâton, entre dans l'arène, se présente devant la loge royale, ôte son bonnet, et offre au roi, par une phrase poétique, le taureau qu'il va tuer; puis il jette son bonnet en l'air comme pour dire : Je vaincrai ou je périrai ! Puis, suivi du brillant cortége des *capeadores*, il s'avance résolument vers le taureau. Ici, il y a une véritable lutte corps à corps, digne d'un chant d'Homère.

" D'un côté, la brute avec ses cornes terribles, sa force prodigieuse, sa soif de sang, exaspérée par la douleur, aveuglée par la colère, hideuse, sanglante, épouvantable ; de l'autre, un jeune homme de vingt ans, vêtu comme un danseur, à pied, seul, sans autre défense qu'une légère épée. Mais dix mille regards sont attachés sur lui ! Le roi lui prépare un don ! Sa maîtresse est là, dans une loge, qui le regarde ! Mille dames tremblent pour sa vie ! Le taureau s'arrête, le regarde ; il regarde le taureau et agite le drap rouge devant lui. Le taureau se baisse, *l'espada* se jette de côté, la corne formidable lui rase le flanc, heurte le drap rouge et frappe dans le vide. Un tonnerre d'applaudissements éclate sur tous les gradins, dans toutes les loges, dans toutes les galeries. Les dames regardent avec leurs lorgnettes et s'écrient : " il n'a pas pâli ! ". Le silence se rétablit, on n'entend pas un mot, pas un murmure. L'audacieux *torero* fait voltiger à plusieurs reprises la *muleta* devant l'animal furieux, la lui passe au-dessus de la tête, entre les cornes, autour du cou, le fait reculer, avancer, tourner, sauter, il se fait assaillir dix fois, et dix fois, par un léger mouvement, il échappe à la mort ;

il laisse tomber la *muleta*, il la ramasse sous les yeux du taureau, il lui rit au nez, le provoque, l'insulte, s'en fait un jeu.

« Tout à coup, il s'arrête, se met en garde, lève son épée, calcule son coup : le taureau le regarde ; encore un instant, et ils s'élanceront l'un contre l'autre en même temps : l'un des deux doit mourir. Dix mille regards courent, avec la rapidité de l'éclair, de la pointe de l'épée à la pointe des cornes, dix mille cœurs battent d'anxiété et de terreur, tous les visages sont immobiles, on n'entend pas un souffle, l'immense foule paraît pétrifiée......... voilà l'instant ! Le taureau s'élance, l'homme frappe : un seul cri aigu, suivi d'une tempête d'applaudissements, s'élance de toutes parts : l'épée a pénétré jusqu'à la garde dans le cou du taureau ; le taureau chancelle, et, jetant un flot de sang par la bouche, tombe comme foudroyé.

« Alors c'est un tumulte indescriptible : la multitude semble forcenée ; tous se lèvent, gesticulent, poussent de grands cris ; les dames font voltiger leurs mouchoirs, battent des mains, agitent leurs éventails ; la musique joue ; *l'espada* vainqueur s'approche de la barrière et fait le tour de l'arène ; sur son passage, des galeries, des loges, des gradins, les spectateurs exaltés par l'enthousiasme, lui jettent des poignées de cigares, des portefeuilles, des cannes, des chapeaux, tout ce qui leur tombe sous la main : en peu d'instants, l'heureux *torero* a les bras chargés de cadeaux, il appelle à son secours les *capeadores* ; rejette les chapeaux aux admirateurs, remercie, répond comme il peut aux saluts, aux louanges, aux noms glorieux qu'on lui crie de tous les côtés, et arrive enfin sous la loge du roi.

“ Le roi met la main à la poche, tire un porte-cigares plein de billets de banque et le jette : le *torero* l'attrape au vol, la foule éclate en applaudissements. Pendant ce temps, la musique joue la marche funèbre du taureau ; une porte s'ouvre, et l'on voit entrer au galop quatre superbes mules ornées de plumets, de glands et de rubans jaunes et rouges, conduites par une troupe de *chulos* ; elles emportent l'un après l'autre les chevaux morts, puis le taureau, qui est porté tout de suite sur une petite place voisine, où une horde de gamins l'attendent pour tremper leur doigt dans son sang, après quoi il est écorché, dépecé et vendu.

“ L'arène reste libre, la trompette sonne, le tambour bat : un autre taureau se précipite hors de sa prison, attaque les *picadores*, éventre les chevaux, offre son cou aux *banderilleros*, est tué par un *espada* ; et ainsi se présentent dans l'arène l'un après l'autre, sans interruption, six taureaux. ”

Je suis d'opinion que ces jeux sont barbares ; mais je crois qu'il serait bien difficile de les abolir. On l'a tenté à plusieurs reprises, mais sans succès.

Dans tous les cas, s'il faut que le peuple s'amuse, on admettra que cet amusement a beaucoup moins d'inconvénients que le théâtre immoral.

XXIII

CADIX

La Campagne.—Chant des muletiers.—Proverbes.—Don José Gonzalez de Tejada.—L'origine de la presse.—" Chacun approche le charbon de son pain "—L'Alameda.—Cadix.

Nous sommes déjà loin de Séville, mais nous en causons encore, et de temps en temps nous voyons émerger au-dessus de la plaine la superbe Giralda, et sa statue de la Foi qui étincelle au soleil.

La campagne est toute verte ; et quoique nous soyions en janvier, les jardins potagers sont couverts de légumes appétissants. Quand nous songeons que notre pays est enseveli sous quatre ou cinq pieds de neige, notre patriotisme est soumis à une rude épreuve.

Les paysans, épars dans les champs, travaillent aux semailles. Une longue file de mules s'allonge au versant d'une colline, et les muletiers couchés sur leurs montures chantent une romance andalouse dont je me fais traduire un couplet par un voyageur, et que je versifie :

Le ciel possède la clarté,
La mer contient le corail rose ;
Les fleurs étalent leur beauté,
Mais en toi je vois toute chose.

Je fais la connaissance du traducteur, un Espagnol, très causeur, et nous causons.

Je lui confie que je voyage pour ma santé, et que je souffre de dyspepsie.

—Eh ! bien, je vais vous donner une recette, qui est un proverbe espagnol : " Nourris-toi de la viande d'aujourd'hui, du pain d'hier, et du vin de l'année passée, et tu diras adieu au médecin."

—En d'autres termes : viande fraîche, pain sec, et vieux vin ?

—Précisément, mais nous avons un autre proverbe dont les médecins sont probablement les auteurs : " Loin de la ville, loin de la santé."

—Oui, c'est un éloge de la médecine ; mais les médecins eux-mêmes n'y croient pas, puisqu'ils conseillent la campagne à leurs malades des villes.

Nous continuons à causer, et il me fait connaître quelques-uns des poètes contemporains de l'Espagne, et surtout Don José Gonzalez de Tejada, dont il lit les poésies. Il m'en signale une tout particulièrement, dont j'ai trouvé une traduction dans Antoine de Latour, et que je reproduis comme boutade à l'adresse de mes amis journalistes.

Voici comment le poète raconte l'origine de la presse :

" Faisant une éponge du globe avec ses larmes, l'homme arrive tout trempé devant le trône de Jupiter.

" Et dit : — bonsoir, ô déité puisante, fabricateur d'étoiles, de mondes et de poulets ;

" Tu nous créas un jour avec rien délayé dans un peu de boue, et tu nous donnas le génie dans une molle doublure de chair.

“ Le monde est notre cage, et chaque être un perroquet qui grimpe et se balance au-dessus de son prochain.

“ Toi, bon seigneur, tu nous donnas, entre autres accessoires, les jambes pour courir, les yeux pour regarder ;

“ Pour écouter, l'oreille qui n'est au sourd qu'une parure, et pour parler, la langue, de tous les biens le meilleur...

“ Mais las ! aujourd'hui, elle ne suffit plus à dire tout ce que conçoit et enfante notre heureuse cervelle.

“ Allonge-la donc d'un tiers de kilomètre, ou donne-lui pour aide quelque membre supplémentaire.

“ Jupin fit la grimace, et saisies d'épouvantes, les montagnes s'abîmèrent, les deux pôles dansèrent.

“— Bien, dit la divinité toujours prodigue de ses faveurs, je vais convertir en langues maintes choses de ce bas monde.

“ De tes chemises usées, de tes haillons dégoutants je ferai vêtements de presse, je ferai chair de journal...

“ Et pour que tu atteignes les plus hauts sommets, je mets dans ta tête un dépôt inépuisable d'orgueil et d'envie.

“ Arrière la honte ! Flatte le puissant, copie, méprise, caquette et t'encense toi-même. ”

Et voilà comment sont nés, selon Gonzalez de Tejada, le journal et le journaliste.

Tout en causant avec mon Espagnol de la littérature de son pays, nous approchons de Cadix, et la nuit est venue. Déjà nous apercevons une longue rangée de réverbères, qui se réflètent dans la mer paisible et qui nous font croire que nous arrivons.

Mais la voie ferrée fait de longs détours, et nous éloigne de Cadix quand nous croyons y entrer.

Pourquoi donc ces longs circuits ? Est-ce pour contourner quelque baie ? Est-ce pour favoriser quelques propriétaires qui ont voulu absolument être expropriés ? Je l'ignore. — " Mais cette dernière raison pourrait peut-être exister, même en Espagne, dit mon compagnon de voyage ; car nous avons ce proverbe : " chacun approche le charbon de son pain. " Il date de l'époque où l'on faisait cuire le pain sous la cendre, mais il s'appliquerait très bien aux hommes politiques qui font construire des chemins de fer, et qui choisissent toujours le tracé le plus rapproché de leurs propriétés.

Enfin, nous sommes à Cadix, que l'on a surnommée la *coupe d'argent*, à cause de sa blancheur que son cadre d'azur fait ressortir. Mais il fait nuit, et, quoique la lune monte à l'horizon, nous ne pouvons guère juger de l'aspect de la ville.

Après souper. nous allons, attirés par la musique de la mer, parcourir les terrasses de l'Alameda d'où la vue s'étend au loin sur l'océan.

La description de Fernan Caballero est fidèle : " C'est une promenade enchanteresse par une nuit d'été, quand les étoiles brillent au ciel et les femmes sur la terre, quand la brise pure et fraîche de la mer, nous caresse le front comme le baiser d'une mère, quand les vagues dorées par la lune sous leur écume d'argent semblent courir les unes après les autres entre les rochers comme d'alertes bambins autour de leurs bonnes."

Le lendemain, nous parcourons les rues de la ville. Elle sont propres, bien pavées, droites et bordées de maisons toutes blanches, où sont accrochés des milliers de balcons peints qui forment un vrai décor.

Les maisons se terminent par des terrasses, couronnées de cheminées chargées d'ornements, de petits dômes, de créneaux fantaisistes et de jardinières.

C'est pittoresque, mais uniforme, et après une heure de promenade on soupire après la variété, et l'on finit par trouver que c'est trop blanc. " Pour en donner une idée, suivant le mot d'un touriste, il n'y aurait rien de mieux que d'écrire mille fois de suite le mot " blanc " avec un crayon blanc sur un papier bleu, et de mettre en marge : Impressions de Cadix. Cadix est un des plus gracieux et des plus extravagants caprices humains, "

" Une masse de pierre blanche, écrit Fernan Caballero, immobile au milieu d'une masse d'eau bleue toujours en mouvement.... Sous son élégance étrangère on reconnaît la grâce andalouse et la vivacité méridionale. Joyeuse comme le ciel qui la couvre, active comme la mer qui l'entoure, brillante comme le soleil qui l'éclaire, animée comme une femme du monde, plaisante comme une jeune fille riche et jolie, personne ne sait mieux orner de fleurs et d'or le caducée de Mercure. "

C'est qu'en effet Cadix est une ville commerciale, et qui aime l'argent, je veux dire qu'elle *était* la ville du commerce et des affaires ; mais elle ne l'est plus guère, et le temps est loin où l'on voyait arriver dans son port tant de navires chargés des richesses des deux Amériques.

Cadix est une ville très antique que les Phéniciens ont fondée, que les Romains avaient agrandie, et que le commerce avec les Indes Occidentales avait enrichie.

Elle est devenue plus tard une forteresse, tour à tour assaillie, bombardée, brûlée, et ses infortunes depuis un siècle ont été nombreuses. Elle passe maintenant pour être un peu turbulente, et son ardeur dans les luttes politiques égale son inconstance, ce qui ne l'empêche pas de fabriquer des guitares, à l'usage peut-être des journalistes qui se plaisent à sérénader les ministres.

Elle n'est pas riche en monuments, et ne peut montrer aux touristes que ses fortifications, et sa cathédrale du seizième siècle dont les coupoles sont belles et dominent toute la ville.

XXIV

GIBRALTAR

Comment on peut voyager gratis.—Trafalgar, Tarifa, le détroit.—Gibraltar vu de loin.—La citadelle.—Les galeries souterraines.—La salle St-George.—Le sommet.

Nous nous étions embarqués à Cadix dans un paquebot espagnol allant à Malaga, et faisant escale à Algéciras. Cette dernière petite ville n'est séparée de Gibraltar que par une baie de quatre à cinq milles que l'on traverse facilement en chaloupe, et nous avions pris nos billets pour Algéciras afin d'aller visiter Gibraltar.

Mais à peine étions-nous à bord qu'on vint nous avertir que le paquebot n'arrêterait pas à Algéciras, à cause du levantin furieux qui soufflait, et que nous ferions mieux d'attendre le paquebot suivant, c'est-à-dire huit jours.

Remarquez que ce vent soufflait depuis la veille, et que la compagnie des steamers ne nous avait avertis, ni par ses annonces, ni par ses billets, que le bateau n'arrêtait pas à Algéciras quand il y faisait du vent.

J'allai trouver le capitaine, et avec le très petit nombre de mots espagnols que je connaissais, j'engageai contre lui une discussion pour lui démontrer mes droits et les torts de la compagnie. Il reconnaissait les uns et les autres, mais il plaidait force majeure : avec la tempête que nous avions il ne pouvait pas exposer son navire dans une rade aussi mauvaise que celle d'Algéciras.

Une idée me vint tout à coup. C'est qu'en allant jusqu'à Malaga, nous y trouverions le paquebot français que nous devions prendre le lendemain à Gibraltar pour aller à Tangers, et que nous pouvions ainsi visiter Gibraltar en revenant de Tangers, sans avoir besoin d'arrêter à Algéciras.

Je me décidai dès lors à filer jusqu'à Malaga ; mais je dis au capitaine qu'il aurait à nous transporter et à nous nourrir d'Algéciras à Malaga, gratuitement. Il y consentit, et nous restâmes à bord. Quand nous arrivâmes à Algéciras, le vent était tombé, et la rade était calme ; mais le capitaine ne nous offrit pas d'arrêter, et nous le laissâmes filer, tout joyeux de penser que la compagnie, qui avait cru nous attraper, était, sans le savoir, plus attrapée que nous.

C'est pour les futurs voyageurs en Espagne que je raconte cet incident, et je leur recommande trois choses importantes : bien connaître d'avance l'itinéraire à suivre, se défier des renseignements insuffisants qu'on donne dans les bureaux, apprendre assez d'espagnol pour se faire comprendre des cochers, et des employés des chemins de fer et des paquebots.

De Cadix à Gibraltar, le steamer longe les côtes d'Espagne qui sont des plus pittoresques.

Après avoir dépassé le cap de Trafalgar, qui rappelle la gloire de Nelson et l'une des plus mémorables batailles navales dont l'histoire fasse mention, nous découvrons à droite les côtes escarpées et sauvages de l'Afrique.

A gauche, sur tous les promontoires et sur les crêtes des montagnes, défilent les vieilles tours du guet, bâties les unes par les Arabes et les autres par Charles-Quint. C'est la côte méridionale de l'Espagne.

Bientôt les deux continents se rapprochent et nous arrivons à Tarifa, très vieille ville mauresque, entourée d'antiques fortifications en ruines, et qui s'avance jusqu'au bout d'une pointe comme pour se jeter à la mer et regagner l'Afrique, la patrie de ses ancêtres.

Ici le détroit n'a plus que huit milles de largeur, et ressemble à une grande promenade publique entre deux continents, l'un bordé de villes blanches et pittoresques, et l'autre, sombre avec ses montagnes incultes et ses rochers désolés. Les colonnes d'Hercule forment le portique de cette promenade, et les promeneurs qu'on y voit circuler sont les peuples, laissant flotter au vent leurs pavillons variés, revenant vers l'ancien monde ou courant vers le nouveau sur leurs innombrables navires. Le spectacle est vraiment grandiose.

Devant nous se dresse au loin le rocher de Gibraltar, jeté comme une borne gigantesque entre deux océans. Le soleil décline à l'horizon. La mer, houleuse depuis le matin, s'aplanit graduellement et nous berce dans ses molles ondulations. Nous courons à toute vapeur au milieu des navires, qui se croisent en tous sens et qui échangent des saluts.

Gibraltar grandit et dessine ses énormes contours. Bientôt nous distinguons les murailles qui escaladent le rocher, les bastions qui s'accrochent à ses flancs, les ouvertures des cavernes où s'allongent les cols monstrueux des canons Armstrong, et même les guérites des sentinelles.

Nous arrivons au pied du promontoire qui grandit toujours et qui semble marcher, tant nous avons de peine à le dépasser. Le soleil est couché quand nous apercevons enfin Gibraltar derrière nous, s'éloignant à l'horizon.

Mais alors le rocher prit un aspect vraiment grand et lugubre.

Le ciel s'était couvert d'un manteau de nuages ; mais, derrière nous, vers le couchant, le bas du manteau était de pourpre et formait une zone lumineuse sur laquelle se détachait le sombre promontoire. Or, vu de cet endroit, il avait absolument la forme que les marins ont souvent observée, celle d'un cadavre gigantesque étendu sur un catafalque de marbre noir, dressé au milieu de la mer. Le firmament était la coupole sous laquelle le mort paraissait exposé. Au couchant, le bas de l'horizon semblait une alcôve illuminée par les derniers reflets du céleste flambeau descendu sous terre ; et vers l'Orient, à l'autre extrémité de la salle mortuaire, un autre flambeau, la lune, perçait les nuages de sa lueur pâle.

Mais quel est donc ce mort couché dans ce majestueux appareil ? Est-ce l'Espagne ? Est-ce toute la race latine ? Grâce à Dieu nous pouvons encore répondre : Non ! Les peuples catholiques sont malades, mais ils ne sont pas morts, et quand ils le voudront ils seront guéris. L'infaillible médecin est à leur chevet, et quand ils voudront suivre ses prescriptions, ils recouvreront la santé. Que dis-je ? Ils ont pour chef celui qui fait lever les morts de leurs tombeaux.

Quatre jours après, en revenant de Tangers, nous avons pu débarquer à Gibraltar et y passer plusieurs heures.

La ville n'a rien de bien intéressant, mais la citadelle est pleine de surprises et de redoutables mystères C'est un roc aussi haut que le cap Trinité du Saguenay, escarpé comme une muraille, irrégulier comme une pyramide gothique.

On le croirait désert, mais il est habité ; sans vie, mais il est vivant ; muet, mais il a des milliers de bouches qui pourraient adresser à l'Europe des paroles fort éloquentes.

Ce n'est pas un nid d'aigles, mais une caverne de lions qui ont grimpé plus haut que les aigles, et qui se sont creusé une tanière pleine de rugissements dans les nuages.

Nous escaladons à dos d'âne les rampes abruptes et tracées en zigzags. Tout à coup la montagne s'ouvre, et nous entrons dans ses flancs. Les galeries souterraines succèdent aux galeries, les cavernes aux cavernes, et à chaque pas sont étendus dans des alcôves monstrueuses des canons énormes, plus terribles que les dragons antiques, tenant leurs gueules ouvertes, ceux-ci sur la Méditerrannée, ceux-là sur l'Atlantique ; les uns sur l'Espagne et les autres sur l'Afrique.

De temps en temps, dans ces profondeurs sombres, un rayon de lumière vous arrive, tantôt d'en haut, tantôt d'en bas. Ce sont des ouvertures béantes sur votre tête et sous vos pieds, qui communiquent avec d'autres galeries. C'est effrayant.

Vous avez souvent vu une fourmillière ? Vous avez observé ce monticule tout troué ? Chaque trou indique un petit sentier où circule tout un petit peuple de fourmis, et dans l'intérieur est un magasin de provisions. Telle est la forteresse de Gibraltar : c'est une fourmillière. Mais les fourmis sont des artilleurs et le magasin contient d'inépuisables provisions de bouches ....de canons.

Cependant, après avoir examiné toute une série d'horreurs, nous arrivons à quelque chose de moins sombre. C'est une vaste grotte naturelle, suspendue à plus de mille pieds audessus du niveau de la mer, et dans laquelle les officiers de la garnison donnent des dîners et des bals. On l'appelle la salle *Saint-George*, et les jours de fêtes, on en décore les voûtes et les parois de drapeaux et de fleurs. Les canons se transforment alors en divans, les embrassures en boudoirs, et toute la sombre caverne devient un berceau de Vénus, suspendu aux flancs de Bellone. Puis nous continuons à monter, mais à ciel ouvert, les regards perdus sur l'Espagne, et sur la baie qui miroite à nos pieds. De la hauteur où nous sommes, le port nous paraît tout petit, et tacheté de nombreux navires qui ressemblent à des insectes.

Enfin nous atteignons le sommet, étroit et grêle comme le dos d'une mule efflanquée qu'on aurait bâtée d'un observatoire. Le panorama qui se déroule alors à nos yeux est unique dans l'univers. Car nous sommes suspendus entre ciel et terre, et d'un seul coup-d'œil nous embrassons deux océans et deux continents. Nulle part au monde je n'ai vu dans la nature un spectacle aussi majestueux. Il nous semblait que nous approchions de l'infini, et que le vertige nous gagnait.

Des sentiers, bordés de myrtes et de palmiers nains, nous permettent de parcourir le promotoire dans presque toute sa longueur, et nous continuons d'admirer le merveilleux spectacle. Mais le soleil qui se retire de la scène en jetant sur les nuages d'immenses lambeaux de pourpre et d'or, nous force à redescendre vers la ville qui est déjà noyée dans l'ombre.

Les portes en sont déjà fermées ; mais nous réussissons à nous les faire ouvrir, et quand nous rembarquons à bord du navire, il fait nuit depuis longtemps.

XXV

RÉSUMÉ HISTORIQUE

Malaga.—Deux historiens de l'Espagne.—Les facteurs de l'unité espagnole.—Eléments primitifs de sa nationalité.—Les époques romaine, gothique, arabe.—Le Cid.—Alphonse le Noble.—Ferdinand et Isabelle

Quand la cloche du steamer nous éveilla, nous étions dans un joli port, et la ville de Malaga était sous nos yeux. Vue de la mer elle présente un aspect très pittoresque Sa cathédrale est des plus imposantes et domine toute la ville. C'est un édifice colossal, auprès duquel les maisons les plus hautes ressemblent à de simples huttes, et qui est couronné de deux belles tours.

A droite, s'élève une ancienne forteresse, appelée le Castillo, qui a son histoire et ses légendes. Les Arabes y résistèrent bien longtemps à l'armée victorieuse de Ferdinand et Isabelle.

Du sommet de ses murailles en ruines nous avons eu sous nos yeux le plus admirable panorama. Toute la ville, sans en excepter la cathédrale et son haut clocher, était littéralement sous nos pieds. D'un côté, la mer roulait ses vagues harmonieuses, mais nous n'entendions plus son chant, trop faible pour monter jusqu'à nous. De l'autre côté, l'Espagne déroulait à perte de vue les plis irréguliers de ses sierras ombragées.

Un vieux soldat nous conduisit dans les galeries souterraines du vieux château ; il nous en montra les oubliettes et nous en raconta les légendes. Puis, nous redescendîmes vers la ville, et nous allâmes chez un grand marchand de vin goûter les plus célèbres crûs de Malaga. Ce sont bien les meilleurs que l'on puisse boire ; mais les prix en sont très élevés, et les commerçants ne savent pas qu'il leur serait possible d'exporter des vins au Canada.

Malaga compte 85,000 habitants. Comme toutes les villes d'Espagne, elle a son Alaméda qui est une charmante promenade. Ses habitants sont un peu querelleurs, et manient trop bien le couteau. Pendant que nous y étions, un créancier a voulu forcer à coups de couteau son débiteur à le payer, et ils se sont si bien battus qu'ils en sont morts tous deux. Le drame s'est d'ailleurs accompli en plein restaurant, au milieu d'un cercle de spectateurs.

Quand on a vu la cathédrale et le castillo, il ne reste plus rien d'intéressant à voir à Malaga, et je me sens triste de penser que je vais quitter l'Espagne.

Mais j'emporte le souvenir de ce beau pays, et je puis lui adresser ce proverbe arabe :

> Tu peux, sans t'absenter, t'éloigner tout-à-l'heure ;
> Tu restes dans mes yeux, mon cœur est ta demeure.

J'étudie son histoire, sa littérature, son théâtre, et plus je la connais plus mon admiration grandit.

Laissez-moi vous résumer ici les traits principaux de son héroïque histoire, depuis son origine jusqu'au dix-septième siècle, qui a été l'époque de sa plus grande puissance.

L'Espagne est arrivée alors à de si hautes destinées qu'elle a éprouvé la lassitude de la gloire ; et elle a négligé non seulement d'agrandir cette gloire, mais de la propager. Quand les poètes, les romanciers, les historiens de tous pays accouraient chez elle, et célébraient ses beautés, ses grandeurs et ses vertus, elle seule restait muette.

Les étrangers qui voulaient l'étudier étaient obligés de recourir à des Américains comme Irving, Tiknor, Prescott, et Motley ; à des Allemands comme Wolfe et le baron de Shack ; à des Français comme Mignet, Amédée Pichot, Philarète Chasles, Viardot et Gautier.

Enfin, il y a un peu plus de trente ans, la très noble nation a daigné s'occuper d'elle-même, et elle a trouvé parmi ses enfants des historiens dignes d'elle. Nous voulons parler de don Modesto Lafuente et don Antonio Cavanilles ; celui-ci plus national et plus sympathique au passé, celui-là, plus imbu des idées modernes, et tenant moins compte des mœurs et des passions des âges écoulés.

C'est le premier qu'il faut lire surtout pour bien juger les trois éléments de l'histoire d'Espagne, qui sont l'esprit religieux, l'esprit monarchique et l'esprit d'indépendance nationale.

Comme la France, l'Espagne est issue de races différentes, qui furent longtemps en guerre. Ces races avaient des idiomes différents, des coutumes et des lois hétérogènes, et il fallut des siècles pour fondre ensemble ces éléments divers ; mais les facteurs de l'unité espagnole ont été ces trois esprits que nous venons de nommer.

L'esprit religieux fut toujours très vivace en Espagne, dès que le Christianisme y put pénétrer, et dès le sixième siècle on y pouvait compter les hommes les plus éminents par leur science et leur vertu.

On s'étonne aujourd'hui du nombre des conciles tenus à Tolède, qui était alors le centre d'activité de l'Espagne, et la résidence des rois Goths ; mais, ce qui étonne encore davantage, ce sont les décrets de ces conciles qui forment une véritable législation des plus remarquables.

Ce qui préserva et rendit plus vivace qu'ailleurs l'esprit religieux, ce fut la lutte qu'elle eut à soutenir d'abord contre l'arianisme, ensuite contre le judaïsme, et plus tard contre les disciples de Mahomet. Ces siècles de combat forcèrent le clergé à devenir savant, et à donner l'exemple de la sainteté.

L'esprit monarchique fut un autre facteur de la grandeur de l'Espagne. C'est lui qui concentra les forces nationales, qui dompta les minorités turbulentes, et qui rapprocha les classes sociales, pour ne former qu'un seul peuple.

L'indépendance enfin fut une des nécessités du peuple espagnol. Toujours il résista à l'oppression, et l'on ne vit jamais les classes populaires subir, soit de la part des grands, soit de la part des rois, cette espèce de servitude dont l'histoire a constaté l'existence en France et en Allemagne.

Quand l'unité fut faite, l'Espagne grandit, et elle arriva à la plus grande puissance qui eut existé sur la terre depuis l'empire romain. Mais remontons à son origine, qui se perd dans la nuit des temps.

Parmi les éléments primitifs de la nationalité espagnole, on compte les Celtes, les Ibériens, les Phéniciens et les Grecs Ces commencements sont plus ou moins enveloppés de nuages. Quand les Romains arrivent, la lumière grandit un peu, et la civilisation matérielle se développe. Mais la race indigène n'est pas absorbée par la conquête, et de temps en temps elle relève la tête. Viriathe qui n'est qu'un pâtre, et que les Romains appellent un brigand, est une personification du génie de l'Espagne à cette époque.

Comme dans tous les pays, que les Romains ont tenus sous leur domination, ils ont laissé çà et là sur le sol Ibérique d'impérissables monuments. En même temps, la race celtibérienne donnait à Rome des illustrations et des gloires, à la Rome paienne des empereurs, des poètes et des philosophes, à la Rome chrétienne un pape illustre, Damase, et des martyrs.

Les Goths succèdent aux Romains. C'est alors que l'Espagne devient chrétienne, et que son clergé est considéré par l'Eglise comme un foyer de lumière et de vérité.

A la domination des Goths succède, je ne dirai pas la domination arabe, mais l'invasion des Maures ; car jamais les Musulmans ne purent conquérir toute l'Espagne, et pendant tout le temps qu'ils furent les maîtres du midi, ils eurent à combattre les agressions constantes des peuples de la Castille et des Asturies.

Lorsque les Musulmans envahirent l'Espagne, les rois Goths s'étaient laissés amollir par la corruption, tandis que les fils du Prophète étaient dans toute la vigueur de la jeunesse, et dans tout le zèle des croyances nouvelles C'est pourquoi les Goths ne purent pas résister à leurs redoutables ennemis.

Un siècle cependant ne s'était pas écoulé, que la race primitive qui n'avait jamais été noyée reparut ; et sous les ordres de Pélage, elle commença héroïquement l'œuvre de l'émancipation nationale.

Il se mêle à cette partie de l'histoire d'Espagne beaucoup de légendes et de traditions ; mais le fond de ces légendes est historique. L'époque qui suit est celle des grands califes de Cordoue que traverse comme un météore l'épée flamboyante du Cid. Il y a eu des écrivains qui ont révoqué en doute l'existence même du Cid. Ils appartiennent à cette classe d'hommes qui ont la manie de tout niveler, de supprimer les héros dans l'histoire et de les reléguer dans la poésie et la légende. Race détestable de pygmées, qui voudraient réduire les grands hommes à leur propre taille, et éteindre ces phares qu'ils n'osent pas regarder en face.

Grâce aux historiens arabes, la gloire du Cid est dorénavant certaine, et elle appartient à l'histoire.

Tout d'abord, il semble étrange que ce soient les Arabes qui aient sauvé la vérité de l'oubli, quand il s'agit d'une gloire espagnole, mais en y réfléchissant la chose s'explique : Les Arabes, à qui le Cid avait fait tant de mal, s'en sont toujours souvenus, et les Espagnols, auxquels il avait fait tant de bien, l'avaient presque oublié. On reconnaît là la nature humaine avec ses travers peu honorables.

Il s'est pourtant rencontré des Espagnols qui ont pris soin de transmettre à la postérité un témoignage de la grandeur du Cid : Ce sont les Pères d'un concile tenu en Espagne, en 1160, c'est-à-dire soixante ans environ après la mort du Cid.

Les actes de ce concile constatent " que le grand Rodrigue d'Idaz, surnommé le Cid Campéador, a bâti une église aux portes de Burgos, dans le fossé où il avait rencontré saint Lazare sous la figure d'un lêpreux, au retour d'une de ses glorieuses expéditions. "

Depuis vingt-cinq ans, les Espagnols sont revenus au culte un peu négligé de certaines gloires d'autrefois, le Cid, Fernand Cortez, Christophe Colomb et Cervantes.

En tout ce qui concerne le Cid, il est bien difficile de dégager l'histoire de la légende. Cependant je crois qu'on peut considérer comme historiques les faits que je vais rapporter.

Le Cid vécut sous le règne d'Alphonse VI, et ce fut lui qui fit jurer au roi qu'il n'avait eu aucune part à la mort imprévue de son frère, le roi de Castille. Sans ce serment, le Cid n'aurait pas consenti à ce que la couronne de Castille passât sur la tête d'Alphonse VI.

Ce roi lui en garda rancune, et comme le Cid était d'ailleurs un héros assez incommode, et rebelle à l'obéissance, il l'éloigna de lui le plus souvent possible. Mais dans les grands dangers il avait soin de le rappeler parce qu'il en avait besoin.

Il y a sur les confins de l'Aragon et d'Abaracin un rocher escarpé qu'on appelle encore la roche du Cid (*Peña del Cid*). Le célèbre paladin s'y était construit un château d'où il faisait d'incessantes incursions dans les provinces des rois maures, à la tête d'une petite armée qui lui était entièrement dévouée.

Un jour, il poussa même son expédition jusqu'à Valence, en fit le siège, et s'en empara. Ce fut une grande perte pour les Maures, et longtemps ils la déplorèrent ; mais tant que le Cid vécut ils ne tentèrent même pas de la reprendre.

En l'an 1099 le grand soldat de Dieu mourut, et dès qu'ils en furent informés, les Maures organisèrent une armée qui vint mettre le siège devant Valence.

Les vieux soldats du Cid, commandés par dona Chimène, sa veuve, résistèrent énergiquement. Le siège fut levé, puis repris l'année suivante. Enfin, le roi de Castille décida qu'il valait mieux abandonner la ville, et les chrétiens se préparèrent à en sortir.

Les anciens camarades du Cid, qui avaient conservé son corps embaumé, le revêtirent de son armure, l'assîrent sur son fameux cheval de bataille Babiéca, lui mirent dans la main droite Tisona, sa valeureuse épée, et le firent marcher en avant comme il avait coutume de faire dans les batailles.

Les Maures crurent à une sortie en masse, et livrèrent le passage sans engager le combat.

Le corps du Cid fut enterré dans l'église de Saint-Pierre de Cardeña. Chimène mourut deux ans après et fut ensevelie dans le même tombeau. Le vaillant Babiéca fut lui-même enterré à la porte de l'église, avec honneur.

Dans le siècle qui suivit la mort du Cid, les chrétiens ne firent guère de progrès dans l'œuvre d'expulsion des Musulmans, à cause de leurs divisions intestines. Heureusement pour eux les Maures étaient encore moins unis, et ne se maintenaient plus que par des renforts qui leur arrivaient constamment d'Afrique.

Enfin, en 1212, sous Alphonse VIII de Castille, surnommé le Noble, eut lieu la fameuse bataille de Tolosa, qui porta un coup fatal à l'Islamisme.

D'un côté combattaient toutes les forces musulmanes de l'Andalousie, et 160,000 Arabes accourus d'Afrique sous les ordres de Mahommed Al-Nassr, et de l'autre étaient rangés les Castillans, ayant à leur tête Alphonse le Noble, les Navarrais et leur roi Sancho le Fort, les Aragonnais commandés par don Pedro le Catholique.

La bataille fut des plus meurtrières pour les Musulmans, et l'on prétend que 200,000 furent tués.

Alphonse VIII fut un des hommes les plus remarquables de cette époque. Non seulement il sut remporter des victoires ; mais il encouragea les Lettres, et fit un code de lois qui mériterait encore aujourd'hui d'être étudié.

Du reste, les lois de l'Espagne à cette époque et dans les deux siècles précédents étaient bien supérieures à celles des autres peuples de l'Europe. On en retrouve des vestiges qui remontent aux onzième et dixième siècles, et qui sont remarquables par leur sagesse. La *magna charta* dont l'Angleterre est si fière parait avoir été copiée des anciens *fueros* espagnols.

A mesure que les Musulmans s'affaiblissaient par les défaites et par les luttes intérieures, Dieu suscitait parmi les peuples chrétiens de la Péninsule de grands hommes de guerre et de grands rois.

Ce fut d'abord don Jayme, roi d'Aragon, qui s'empara des îles Baléares, de Valence et d'autres contrées. Puis, vint Ferdinand III, ou saint Ferdinand, qui fit la conquête de Séville et des territoires voisins.

Les temps qui suivirent malheureusement furent troublés par des dissensions, et, comme les émirs, les princes chrétiens donnèrent souvent le spectacle de luttes fratricides.

Il faut descendre jusqu'à la fin du quinzième siècle pour trouver un règne vraiment glorieux, et des rois en tous points dignes du nom chrétien, dans Ferdinand d'Aragon et Isabelle de Castille.

C'est alors que les Maures furent enfin chassés de l'Espagne pour jamais, et que le Nouveau-Monde fut découvert par Christophe Colomb C'est sous le règne de ces rois que l'Espagne devint la première puissance du monde ; et elle grandit encore sous Charles-Quint et sous Philippe II.

Elle embrassait sous ce dernier roi " toute la péninsule ibérique, les Baléares, les Pityuses, la Sicile, la Sardaigne, Naples et presque toute l'Italie, le Roussillon, la Franche-Comté, les Pays-Bas, une grande partie d la côte septentrionale de l'Afrique, les deux Amériques, les Açores, les Canaries, les Philippines"; et l'on disait : " quand l'Espagne se meut, le monde tremble."

En même temps, les Lettres et les Arts y arrivaient à un état de perfection que l'on admire encore, et qui ont jeté un éclat extraordinaire dans toute l'Europe.

C'est après Philippe IV que la décadence commença; et, comme à dater de cette époque l'histoire de l'Espagne est assez généralement connue, nous n'étendrons pas au-delà notre esquisse historique.

XXVI

L'ANCIENNE LITTÉRATURE ESPAGNOLE

Les poètes latins de l'Espagne.—Formation de l'idiome national.—Le romancero.—Romance du roi Rodrigue.—Le serment que le Cid fit prêter au roi Alphonse VI.—Un tour pendable de Roland.—Gaïferos et Melicenda.—Le marinier.

La littérature de l'Espagne est la plus nationale de toute l'Europe.

Elle est née sous la domination romaine, et elle fut, en conséquence, latine et païenne à son origine.

Fille de la tradition greco-latine, elle subit néanmoins, même dans ses commencements, l'impulsion du génie national. Mais ses gloires, dans ces temps reculés, ne sont pas considérées comme espagnoles ; elles sont romaines. Ce sont les Sénéque, Lucain, Martial, Horus et Quintilien.

Quand elle devient chrétienne, elle produit des poètes tels que Juvencus et Prudence ; et elle range, à côté des Pères de l'Eglise latine, trois de ses enfants glorieux, Paul Orose, saint Léandre et saint Isidore.

Saint Isidore fut remarquable par ses vers d'abord, mais surtout par ses œuvres historiques et théologiques. Ces dernières devinrent même l'autorité par excellence, et la règle de l'enseignement en Espagne.

Aux quatrième et cinquième siècles, l'Eglise d'Espagne est déjà florissante, et les conciles se succèdent à Tolède avec un grand éclat.

Saint Augustin fait l'éloge de ses évêques, qui entretenaient des relations constantes avec Rome, et avec l'Eglise d'Afrique, laquelle comptait alors plus de trois cents évêques.

Quand les Visigoths envahirent l'Espagne, ils trouvèrent l'Eglise toute préparée à les convertir, et ils ne se montrèrent pas trop récalcitrants. C'est cette influence puissante de l'Eglise, en Espagne, qui explique la large part du latin dans la formation de la langue espagnole.

Sous la domination des Goths paraissent saint Hildephonse, dont la mémoire est encore vénérée à Tolède, et qui composa un grand poème en l'honneur de la virginité de Marie, puis saint Eugène qui écrivit un savant ouvrage sur la Sainte Trinité.

A cette époque on écrivait encore en latin. Mais un double courant se manifestait, et la littérature s'engageait graduellement dans une voie originale, nationale, espagnole enfin. Elle entrait dans ce travail d'assimilation des éléments barbares, d'où devait sortir la langue moderne.

Cette transformation fut cependant bien lente, et exigea des siècles. Car après le latin, dont l'influence survécut même à la domination des Maures, l'arabe, importé par ces derniers, se répandit dans les classes éclairées, qui, tout en restant chrétiennes, se prirent à admirer la science et la poésie orientales.

Enfin, c'est vers le onzième siècle que l'idiome national prévaut, et c'est vers le même temps que le Cid accomplit ses merveilleux exploits, et remplit de sa gloire toute l'histoire de cette époque.

Deux siècles après, la légende et la poésie s'emparèrent de cette gloire et firent du fameux paladin un héros beaucoup plus grand que nature.

Alors règnait le roi castillan, qui est resté fameux sous le nom d'Alphonse le Sage, et qui prétendait avoir trouvé la pierre philosophale.

Sous son règne, la langue nationale progresse, et dans les siècles suivants paraissent toutes ces romances ou chansons de geste, qui ont formé le romancero espagnol. Il va sans dire qu'une grande partie de ces chants est consacrée à célébrer les exploits du Cid.

Cette poésie primitive de l'Espagne révèle toujours une inspiration élevée. Elle ne se dégrade jamais à peindre sous des couleurs chatoyantes les infirmités morales de la société. Comme toute poésie véritable, elle plane entre ciel et terre, et n'aspire qu'à établir des communications entre l'humanité et Dieu.

Comme la littérature de tous les peuples enfants, elle est d'abord légendaire, et il ne faudrait pas confondre la légende des romances avec l'histoire. Mais il ne faut pas non plus s'imaginer que tout soit fabuleux dans ces romances. Le fond est vrai, et beaucoup de ses personnages sont historiques. Mais pour célébrer dignement leurs hauts faits, les romances les enveloppent de voiles mystérieux et de merveilles ; car le merveilleux est l'élément essentiel de toute poésie

L'histoire d'Espagne offrait à ses poètes une mine abondante d'événements prodigieux, de luttes épiques, et de personnages chevaleresques. Romains et Visigoths, Juifs, Maures, et Chrétiens, se sont entrechoqués sous le ciel azuré de la Péninsule Ibérique. Tous y ont laissé des traces ineffaçables de leur passage, et des souvenirs de leur gloire.

Que de héros légendaires chantés par les poètes, depuis Rodrigue, le roi Visigoth détroné par Islam, jusqu'au Cid Campeador ! Quel monde de poésie évoquent les seuls noms de Tolède, de Cordoue et de Grenade ! Qne de fantômes l'imagination voit voltiger autour de l'Alhambra et du Généralife, ou dans les *patios* des alcazars !

A côté des rois maures et des Zambras voluptueuses, que de chevaliers chrétiens on voit surgir ! Quelle lutte de géants s'engage alors entre les enfants du Christ, et les fils du Prophète ! Lutte unique dans l'histoire, qui a duré huit siècles, qui commence avec Pélage et qui finit avec le grand capitaine Gonzalve de Cordoue !

Le souffle qui anime le romancero espagnol est surtout patriotique, et l'on peut dire que tous ses chants sont essentiellement nationaux.

La plus ancienne peut-être des romances espagnoles est celle du roi Rodrigue, le dernier roi Goth. Elle chante sa défaite qui entraina la chute de sa dynastie, et qui fit passer l'Espagne sous le joug des Arabes. Naturellement elle est profondément triste, et après avoir raconté la dernière bataille, elle finit ainsi :

" Rodrigue quitte ses tentes et fuit de son camp.

“ Le malheureux est seul. Son cheval harassé peut à peine se soutenir, il marche au hazard, et n'est plus dirigé.

“ Le roi est si abattu qu'il perd quasi le sentiment ; il meurt de soif et de faim, et c'est une douleur de le voir ; il est si rouge de sang qu'il semble un charbon ardent.

“ Ses armes d'un grand prix sont bossuées ; les coups qu'il a portés ont rendu son épée comme une scie, son casque déformé est enfoncé dans sa tête, son visage est enflé par la souffrance.

“ Il monte au sommet d'une colline la plus haute qu'il aperçoit. De là, il contemple la défaite de son armée, il voit ses bannières et ses étendards tellement foulés aux pieds que la boue les recouvre ; il cherche des yeux ses capitaines, et aucun ne paraît, il regarde la plaine où le sang coule en ruisseau.

“ A cette vue, Rodrigue éprouve une grande douleur et, pleurant de ses yeux, il parle ainsi :

“ Hier, j'étais roi d'Espagne, aujourd'hui je ne le suis pas d'un seul village. Hier, j'avais des cités et des châteaux, aujourd'hui je ne possède plus rien.

“ Hier, j'avais des serviteurs, tout un peuple prêt à m'obéir ; aujourd'hui il n'y a pas un créneau que je puisse dire à moi.

“ Malheureuse fut l'heure, malheureux fut le jour où je naquis, et où j'héritai de cette grande seigneurie, puisque je devais la perdre toute entière en un instant. O mort, pourquoi ne viens-tu pas enlever mon âme à ce triste corps, je te recevrais avec tant de joie.”

Les romances consacrées au Cid sont postérieures à celle que nous venons de citer. Le style en est naïf et rude, mais elles n'offrent guère d'intérêt, quoiqu'elles ne soient pas dénuées de simplicité et de grandeur. Le paladin y apparait comme une espèce de barbare, qui ne reconnaît d'autre droit que la force brutale, et devant lequel le roi lui-même tremble.

La plus originale est celle où le Cid fait jurer au roi qu'il n'a participé en rien à la mort de son frère.

Voici les paroles que le terrible chevalier adresse au roi:

"Que les vilains te tuent, Alphonse, les vilains et non les gentilshommes ; qu'ils ne soient point des Castillans mais des Asturies d'Oviedo ; qu'ils te tuent avec des aiguillons, et non avec des lances et des dards, avec des couteaux à manche de corne, et non avec des poignards dorés ; qu'ils portent des chaussures grossières et non des souliers avec lacets ; qu'ils aient des capes pour la pluie, et non de drap de Courtray ou frisé ; qu'ils aient de grosses chemises d'étoupe, et non de Hollande ni travaillées ; qu'ils montent des ânesses, et non des mules ni des chevaux, qu'ils se servent de brides de corde, et non de cuir passé au feu ; qu'ils te tuent dans des champs labourés et non dans un bourg ni dans un village ; qu'ils t'arrachent le cœur par le côté gauche, si tu ne dis la vérité sur ce que je t'ai demandé."

On comprend qu'après avoir prêté un tel serment sur une serrure de fer, et sur une arbalète de bois, le roi ait pu dire au Cid : "Va-t-en, Rodrigo, va-t-en au diable ; tu as le visage d'un homme et les manières d'un lion sauvage ; ne reviens pas de ce jour en un an. " " Tu me bannis pour un an, reprend le bon Cid, mais je m'exile pour quatre ; et il s'en va avec trois cents cavaliers, tous gentilshommes, tous jeunes et la lance au poing. "

Les poètes espagnols de cette époque n'ont pas célébré seulement les preux chevaliers de leur pays ; ils ont aussi chanté les paladins de France, et surtout Roland, Renaud de Montauban, Olivier, et les autres guerriers fameux de Charlemagne.

L'un d'eux a raconté un exploit assez bizarre et comique de Roland. A l'occasion d'une fête, les douze pairs de France s'étaient réunis auprès de l'empereur Charles. Renaud seul était absent, et les chevaliers poussés par Ganelon l'accusèrent alors de trahison. Roland prit sa défense, et parla si durement à l'empereur que ce dernier lui donna un soufflet. Don Roland irrité jura de tirer vengeance des douze pairs, et il partit seul avec un petit page pour l'Espagne. A la frontière, il rencontra un Maure vaillant qui gardait un pont, et qui refusa de les laisser passer. Roland tua le Maure, prit ses armes, ses vêtements, et il quitta les siennes pour en revêtir le Maure. Il envoya le corps en France par son petit page auquel il dit de le porter à la belle Aude, et de lui dire que c'était son fiancé, et qu'elle eût à le faire enterrer. On imagine avec quelle douleur la belle Aude reçut ce triste message, et quelle fut la tristesse de toute la France. L'empereur et les douze pairs pleurèrent amèrement, et les archevêques et prélats firent de pompeuses funérailles au regretté paladin.

Pendant ce temps-là, don Roland, couvert des armes et des habits du guerrier maure, se rendit jusqu'auprès du roi musulman, raconta qu'il avait tué Roland, fut reçu avec beaucoup d'honneur, et demanda des guerriers pour aller combattre les douze pairs de France. Le roi lui accorda ce qu'il demandait, et Roland revint avec eux jusqu'aux portes de Paris, où il provoqua les douze pairs. Un jour fut fixé pour le combat, et la bataille fut terrible ; mais les maures étaient nombreux et les douze pairs furent faits prisonniers.

Du haut de son palais l'empereur a tout vu, et il est accablé du déshonneur des douze. Il se rappelle alors don Renaud, le meilleur des bons, qui est resté à l'écart dans Montauban parce qu'on l'a accusé injustement. L'empereur envoie vers lui, et lui mande de venir défendre la majesté royale parce qu'en France personne ne lui est supérieur. Renaud accourt, et va combattre le vaillant Sarrasin. Aux premières rencontres les cousins se sont reconnus à leur façon de combattre, ils ont laissé tomber leurs armes et se sont embrassés avec grande affection. Alors Roland réunit ses guerriers maures, et leur dit qu'il serait honteux de combattre tous ensemble un homme seul, et il leur propose de combattre lui-même du côté de Renaud. La chose est acceptée, et les deux paladins français tuent tant de Maures que c'est merveille à voir. Les douze pairs sont délivrés, et Roland va retrouver sa fiancée, qui pleure de joie. L'empereur va à sa rencontre avec toute sa chevalerie, et les *réjouissances que l'on fit ne se pourraient raconter.*

Une autre romance qui appartient également au sycle carlovingien, chante un neveu de Roland nommé Gaïferos, et qui est sans doute le Gaiferus des chroniques de l'archevêque Turpin. Le style en est original et soigné.

Gaïferos joue au tric-trac dans le palais royal lorsque l'empereur Charles s'approchant, lui dit : " Si vous étiez aussi disposé, Gaïferos, à prendre les armes qu'à tenir les dés, votre épouse, qui est ma fille, ne resterait pas prisonnière chez les Maures. Elle fut beaucoup demandée, et ne voulut prendre personne puisqu'elle vous a épousé par amour ; l'amour devrait la délivrer. Si elle eut épousé un autre que vous, elle ne serait plus en captivité."

Gaïferos se leva de table plein de dépit, et chercha son oncle Roland qu'il trouva dans la cour avec d'autres chevaliers.

" Au nom de Dieu, mon oncle, je viens vous prier de me prêter vos armes et votre cheval ; car l'empereur m'a fort mal traité disant que je suis bon pour jouer et non pour prendre les armes. Vous savez bien, vous, mon oncle, qu'on ne peut pas m'accuser puisque j'ai été à la recherche de ma femme. Trois ans j'ai couru par monts et par vaux, mangeant la chair crue, buvant le sang rouge, trainant mes pieds déchaussés et les ongles sanglants ; je ne pus jamais la trouver. A présent je sais qu'elle est à Sansuena, à Sansuena, cette ville. Mais vous savez que je suis sans cheval et sans armes ; Montesinos les a dans les tournois en Hongrie, c'est pourquoi je vous prie mon oncle, que vous me prêtiez les vôtres.

Don Roland répondit : " Taisez-vous, neveu Gaïferos, il y a sept ans que votre femme est en captivité, je vous ai toujours vu un cheval et des armes, et maintenant que vous n'en avez plus, vous voulez la chercher ; j'ai fait serment à Saint-Jean-de-Latran de ne prêter mes armes à personne pour qu'on ne me les rende pas lâches. Mon cheval est bien dressé. Je ne voudrais pas qu'on le gâtât."

Gaïferos irrité tire son épée, et veut se battre avec son oncle. Les grands s'interposent, et Roland lui dit qu'il le châtie parce qu'il l'aime bien, et qu'il le sait bon chevalier. Non seulement il lui prête ses armes et son cheval, mais il offre de l'accompagner. Gaïferos refuse, et part, seul, après avoir été armé par Don Roland qui lui remet même son épée en lui disant : " Quand même viendraient deux milles Maures, ne tournez jamais la tête. Rendez la bride à mon cheval, et qu'il fasse à sa volonté ; il saura vous aider et vous sortir de danger."

" Gaïferos chevauche dans le pays des Maures ; un voyage de quinze jours il l'a fait en huit. Par les montagnes de Sansuena il s'en va très irrité ; les clameurs qu'il poussait arrivaient jusqu'au ciel. Il allait maudissant le vin ; il allait maudissant le pain, le pain que mangent les Maures et non celui de la chrétienté. Il allait maudissant la femme qui n'a qu'un fils, car si les ennemis le tuent personne ne le vengera. Il allait maudissant le chevalier qui chevauche sans page, car si son éperon se détache il n'a personne pour le lui chausser. Il allait maudissant l'arbre qui nait seul dans un champ, parce que tous les oiseaux du monde viennent y becqueter, et qu'ils ne le laissent jouir ni d'une branche ni d'une feuille. "

Gaïferos arrive à Sansuena, cette ville, pendant que le roi Almanzor est à prier dans la mosquée avec ses chevaliers. Sur le chemin de ronde il aperçoit un captif, et l'interroge. Il apprend que parmi les captives chrétiennes il en est une qui est française, et que beaucoup de rois Maures voudraient épouser. Il s'en va sur la grande place faisant face au palais royal, et il aperçoit Melicenda, son épouse, à une grande fenêtre.

" Chevalier, lui crie-t-elle, si vous vous en allez en France, informez-vous de don Gaïferos, et dites-lui que son épouse se recommande bien à lui, et qu'il est temps qu'il vienne la délivrer. S'il n'a pas peur de combattre les Maures, c'est qu'il a d'autres amours qui m'ont fait oublier. S'il ne reçoit pas ce message avec plaisir, remplissez-le près d'Olivier, remplissez-le près de Roland. Transmettez-le à mon père l'empereur. On veut ici que j'épouse un roi Maure ; un roi d'au-delà de la mer, et de cet autre roi Maure on veut me couronner la reine. Ces rois me tourmentent tant qu'enfin ils me rendront mauresque, mais l'amour de Gaïferos je ne puis ainsi l'oublier. "

"Ne pleurez pas ainsi, madame, répond Gaïferos ; toutes vos commissions vous les pouvez faire vous-même ; quand je suis en France, on m'appelle Gaïferos, et c'est mon amour pour Mélicenda qui m'a conduit ici."

" A ces mots Mélicenda accourt sur la place et vient embrasser Gaïferos. Un chien de Maure qui gardait des chrétiens pousse alors des cris qui montent jusqu'au ciel. On ferme les portes de la ville, et Gaïferos en fait sept fois le tour sans trouver par où s'échapper. Le roi Almanzor sort de la mosquée, des trompettes sonnent, et tant de Maures s'arment que c'est chose merveilleuse à voir.

“ Plût au Dieu du ciel, dit Mélicenda, et à sainte Marie sa mère, que votre cheval fût tel que celui de don Roland ! Souvent je lui ai entendu dire dans le palais de l'empereur que lorsqu'il se trouvait entouré par les Maures, il n'avait qu'à serrer la sangle, dégager le poitrail, attaquer sans pitié des éperons, et que le cheval était forcé de sauter pardessus tous les obstacles.

“ Gaïferos met aussitôt pied à terre, serre la sangle, et dégage le poitrail ; prend en croupe Mélicenda qui tient son corps embrassé par la ceinture, et comme les Maures l'entouraient en poussant des clameurs il attaque le cheval des éperons et lui rend les rènes. Le cheval bondit, et saute pardessus les Maures et les remparts.

“ Mais bientôt sept bataillons de Maures se mettent à sa poursuite, et finissent par l'entourer, parce que le cheval ne voulait pas marcher quand il fuyait les Maures ; mais quand il revenait contre eux il allait avec une telle fureur, que de l'emportement qu'il y mettait il semblait que la terre tremblait. Si le chevalier combattait bien, le cheval se battait mieux encore. Il tuait tellement de Maures que la terre était toute couverte de sang.

“ Le roi Almanzor dit : ce doit être le paladin Roland qui est enchanté, et il renonça à la poursuite.

“ Mélicenda chevauche à côté de Gaïferos sur un cheval alezan pris aux Maures. Ils s'en vont devisant d'amour, d'amour et non pas d'autre chose. Ils n'ont aucune peur des Maures, et ne se soucient point d'eux. Heureux tous deux ils ne cessent de marcher, de nuit par les chemins, de jour par les halliers ; se nourrissant d'herbe verte et d'eau quand ils en peuvent trouver, jusqu'à ce qu'ils rentrent en France, la gentille, et en terre de chrétienté.

“ Au bas d'une montagne, ils voient venir de loin un chevalier portant des armes blanches. Gaïferos s'apprête à le combattre, mais les chevaux se sont reconnus et commencent à hennir. C'est Montésinos qui vient au devant de son cousin Gaïferos avec son cheval et ses armes.

“ Les deux cousins se font grand accueil, et les deux époux reprennent leur route, devisant d'amour et ne voulant pas parler d'autre chose. Tous les chevaliers qu'ils rencontrent veulent les accompagner. A sept lieues de Paris, l'empereur vient pour les recevoir ; avec lui vient Olivier, avec lui vient Roland, avec lui vient l'infant Guarinos, l'amiral de la mer, avec lui vient don Belmudèz, et le bon vieux don Beltram avec beaucoup des douze pairs qui mangent le pain à la même table.

“ Avec lui vient la belle Aude, la fiancée de Roland, avec lui vient Julianna, la fille du roi Julian ; duègnes, dames et damoiselles du plus haut lignage. L'empereur embrasse sa fille en ne cessant point de pleurer.

“ Toutes les fêtes qu'ils firent ne se peuvent raconter.”

Il y a bien d'autres romances appartenant soit à l'histoire d'Espagne, soit au cycle carlovingien qui mériteraient d'être citées. Je ne puis que mentionner celles des *sept infants de Lara* et du *Maure Calenos.*

Mais il y a un autre recueil désigné sous le titre de *romances chevaleresques détachées*, dont l'inspiration appartient à la poésie populaire, et dont la lecture est pleine de charmes. J'en veux détacher une qui fera juger du genre.

LE MARINIER.

Au bord de la mer il y a une jeune fille qui brode d'un mouchoir la fleur la plus belle. Quand il fut à moitié brodé la soie lui manqua. Elle vit venir un brigantin et dit : Holà ! la voile, marinier, bon marinier, avez-vous de la soie ?—De quelle couleur la voulez-vous ? Blanche ou Rouge ?—Rouge je la veux parce qu'elle est plus fine, rouge je la veux parce que c'est pour la Reine.—Entrez dans mon vaisseau. Quand elle fut dans le navire, le navire mit à la voile. Le marinier commença à chanter une chanson nouvelle. Au chant du marinier, elle s'est endormie. Au mouvement de la mer, elle s'est éveillée. Quand elle se réveille elle se trouve loin de la terre.—Marinier, bon marinier, conduisez-moi à terre, car les vagues de la mer me font mal. —C'est ce que je ne ferai pas, vous resterez avec moi.— De trois sœurs que nous sommes, je suis la plus belle. L'une est mariée à un duc, l'autre est comtesse, et, moi malheureuse, je serais marinière. L'une se revêt d'or, l'autre se revêt de soie, et moi malheureuse je n'aurais que de l'étamine.—Vous n'aurez pas d'étamine, pas plus que de soie. Vous ne serez pas marinière, non : vous serez reine, car je suis le fils du roi d'Angleterre, et il y a sept ans que je cours le monde pour vous, damoiselle.

XXVII

L'ANCIEN THÉATRE ESPAGNOL

Le mystère de la Passion.—Les premiers essais dramatiques.—Luis Velez de Guevara.—Francisco de Rojas.—Juan Ruiz Alarcon y Mendoza.—Agostino Moreto.

En Espagne, comme en Allemagne et en France, le drame est né dans l'église, et ses débuts avaient pour objet de représenter sur la scène les mystères chrétiens. Même aujourd'hui on joue encore dans certains théâtres espagnols la Passion de Notre Seigneur, et ces représentations produisent encore un immense effet.

Ce mystère formait un drame en cinq actes avec un grand nombre de tableaux. Il y avait dans le premier acte une très belle scène, dans laquelle Jésus avant de rentrer dans Jérusalem où la mort l'attendait, venait demander à sa mère la permission de se sacrifier pour l'humanité. La mère refusait, et Madeleine joignait ses supplications aux siennes pour le retenir. Mais Jésus désobéissait en pleurant, et dans la scène suivante les spectateurs assistaient à son entrée triomphale dans Jérusalem.

M. Habeneck, qui assista à l'une de ses représentations, raconte qu'elle obtenait un grand succès. Le rôle du Christ était joué avec une foi profonde, et quant à Judas, le parterre était tellement irrité contre lui qu'il l'aurait tué s'il ne s'était pas suicidé.

Les scènes du Prétoire, de la Flagellation, du Couronnement d'épines, de la montée au Calvaire étaient représentées avec un réalisme effrayant.

“ Je n'ai jamais assisté, dit M. Habeneck, à un spectacle plus émotionnant, plus déchirant : l'acteur ne faisait grâce ni d'un soupir, ni d'une larme, ni d'un cri ; Jésus fut lentement cloué sur la croix, et chaque coup de marteau retentissait lugubrement dans l'âme des spectateurs, frappés d'épouvante. Enfin la croix fut dressée, Jésus respira l'éponge imbibée de vinaigre, parla avec les larrons. Les soldats jouèrent aux dés son manteau, pendant que les saintes femmes pleuraient. Puis lorsque le Christ s'écria : Elie ! Elie ! lama sabacthani ! laissa tomber sa tête, et rendit l'âme, toutes les lumières s'éteignirent dans la salle, une lueur effrayante éclaira la scène, un coup de grosse caisse retentit, les tombes s'entrouvrirent, et tous les spectateurs tombèrent à genoux, se frappèrent lourdement la poitrine en s'écriant : Jésus ! Jésus ! ”

Il va sans dire qu'en Espagne comme ailleurs le théâtre, en se dévevelopant, a bientôt abandonné les sujets exclusivement religieux, et a représenté des scènes historiques et mondaines, et des études de mœurs.

Mais il est bien remarquable qu'en sortant de l'église le théâtre espagnol n'est pas devenu impie ni païen. La forme a été souvent libre, parfois même licencieuse, mais le fond est resté catholique.

Les titres mêmes de certains drames montrent qu'on y traite souvent des questions de casuistique et de dogme. Ainsi Tirso de Molina, dans le *Damné pour manque de foi*, s'efforce de démontrer que celui qui vivrait dans le désert et la pénitence, mais qui ne croirait pas, serait damné, tandis que celui qui aurait des faiblesses et qui croirait serait sauvé.

Un auteur espagnol contemporain a traité le même sujet sous ce titre : *le méchant apôtre et le bon larron.*

Nous retrouverons dans la suite de cette étude d'autres drames sacrés traitant des sujets théologiques ; et la chose s'explique quand on sait que les plus grands dramaturges de l'Espagne ont été des prêtres et des religieux.

Il faut remonter à la fin du quinzième siècle pour trouver les premiers essais du théâtre profane en Espagne. Encore faut-il ajouter que la première pièce dramatique, connue sous le nom de *Célestine*, n'a jamais été jouée.

Elle est de 1480, et contient vingt et un actes bien dialogués. Les critiques affirment qu'elle est pleine d'intrigue et de mouvement, et supérieure à tout ce qui se publiait alors dans les autres pays.

En 1492, des compagnies d'acteurs s'étaient formées, et représentaient dans les palais et les châteaux des pièces dont l'auteur était Juan de la Enzina.

Les représentations publiques ne paraissent avoir commencé qu'après 1544, avec les comédies de Lope de Receda, qui était lui-même acteur.

L'Eglise mit des entraves à l'introduction du théâtre, et vers 1568 il fut règlé à Madrid que les acteurs ne pourraient jouer dans cette ville que dans deux endroits désignés par deux confréries religieuses, et moyennant une redevance qui serait payée à ces confréries.

Ces représentations avaient lieu le jour, dans des cours sans toiture, et les femmes y avaient une place séparée des hommes.

Les auteurs dont les pièces furent ainsi représentées étaient Argensola, Alonzo de la Vega, et de Cisneros. Puis vinrent Juan de la Ceneva, Romero de Zepeda, Christoval de Viruès et Cervantès dont les comédies ne paraissent pas avoir obtenu un très grand succès.

Les dramatistes qui suivirent méritent que nous leur consacrions quelques pages.

Luis Velez de Guevara né vers 1570 dans l'Andalousie, et dont la vie est très peu connue, a écrit quatre cents comédies et drames qui obtinrent beaucoup de succès.

Un très petit nombre sont venus jusqu'à nous. *Le roi est plus qu'un fils*, est un de ses drames émouvants dans lequel un chef militaire préfère sacrifier son fils que de rendre aux Maures la ville de Tarifa.

C'est le même auteur qui a dramatisé la touchante histoire d'Inez de Castro dans la *Reine morte.*

Inez a épousé secrètement le prince héritier du royaume de Portugal, mais elle n'est pas de sang royal, et les intérêts du royaume exigent que le prince épouse dona Blanca, infante de Navarre. Il ne l'aime pas, et il adore Inez ; mais le roi et ses conseillers sont inflexibles et ont décidé que le prince épousera Blanca. Ce mariage n'est possible que par la mort d'Inez, et les conseillers du roi ont prononcé sa mort. Le sort de la malheureuse femme se décide dans le troisième acte, et ses paroles au roi sont des plus touchantes. Quand l'un des conseillers lui ordonne de descendre devant le roi, elle va se jeter à ses pieds en disant : Se mettre aux pieds du roi ce n'est pas descendre, c'est s'élever.

Suivant la mode du temps, le poète a mis en scène un bouffon, et il lui fait tenir le langage le plus extravagant. Brito (c'est le nom du bouffon) rendrait des points à Molière dans le style des précieuses.

Ecoutez plutôt ce langage figuré dans lequel Brito, chargé d'un message pour Inez, rend compte au prince de sa visite : " Je dirigeai mes pas vers le domaine du Mondego qui tient en gage la beauté souveraine de ta maitresse. J'y entrai lorsque le soleil rendant l'aurore jalouse, semble s'ennamourer de cet orient divin qui a nom Inez, soleil d'un soleil plus voyageur...... Sur le lit doré, théâtre de votre amour, j'admire s'éveillant avec le matin, et perdant d'amour les bronzes et les marbres, j'admire les yeux, splendides étoiles, le visage de neige et de nacre, la bouche, cet œillet ! le front et les mains en cristal de roche, les cheveux, véritables rayons de soleil d'Inez de Castro,entourée d'Alonso et de Dionis, suspendus dans un accès de tendresse au cou d'albâtre de leur mère, Inez de Castro, cette aurore en chair humaine, cet avril tissé de matin, ce ciel abrégé et illuminé du feu des étoiles. Je demeurai attendri et hésitant ; contemplant cet arbre généreux d'où pendaient ces deux enfants en guise de grappe de diamant...

En ce moment Alonzo et Dionis se réveillèrent, et tous deux d'un même cri demandèrent leur père. Inez s'attendrit en les entendant. Soit amour, soit jalousie elle obscurcit ses deux ciels par des larmes. Au milieu de cette pluie étrangère ses cils devinrent des chapelets de perles ; dans ses beaux yeux les perles se changèrent en papillons, qui s'enflammant se transformèrent sur les paupières en une grèle d'étoiles. ”......

Abrégeons ce récit pittoresque de Brito, et disons, qu'après avoir lu la lettre de son prince Inez lui répondit, et que pendant qu'elle écrivait, *une âme tombait avec chacun de ses pleurs.*

Comme on le voit c'est le genre des “ Précieuses ” mais c'est au bouffon que le poète prête ce langage, et nous devons reconnaître qu'il fait preuve d'une imagination riche et brillante.

Le goût du maniéré était alors très répandu, et les sentiments des chevaliers espagnols étaient sujets à l'exaltation. En réalité, c'est donc une espèce de parodie des sentiments et du langage de son maître que nous venons d'entendre de la bouche du bouffon, et comme critique du genre cette page nous semble fort réussie.

Francisco de Rojas a été l'un des grands dramaturges de l'Espagne. Il vécut au commencement du dix-septième siècle et plusieurs poétes dramatiques de la France, Rotrou, Thomas Corneille, et Scaron l'ont imité.

Don Garcia est son plus beau drame, et Victor Hugo, dans Hernani, parait en avoir eu des réminiscences. Il y a analogie dans les situations, dans les personnages et même dans les idées

Juan Ruiz Alarcon y Mendoza était né au Mexique, et l'on ne connait presque rien de sa vie. On ne parait pas avoir rendu justice à son génie pendant qu'il vivait. Le succès tient à si peu de chose que c'est peut-être parcequ'il était bossu et de petite taille.

Il écrivit plus de vingt comédies dont les principales sont : le *tisserand de Ségovie* la *vérité suspecte*, l'*examen des maris*, et *les murs entendent*.

Alarcon a été non seulement imité, mais plagié par Corneille, qui avait pourtant assez de génie pour créer de lui-même. Il y a des scènes du *Menteur* qui ne sont que des traductions de la *Vérité suspecte*.

Mais d'autres que Corneille se sont aussi inspirés du poète espagnol, et je soupçonne fort M. de Villemessant de lui avoir emprunté une aventure galante qu'il raconte dans ses *Mémoires d'un journaliste*.

Alarcon a écrit aussi un *Don Juan ;* mais ce n'est pas un séducteur de femme comme celui de Tirso de Molina et de Molière. C'est un modèle d'honneur, de véracité, de constance, et c'est à force de vertu qu'il réussit à se faire aimer de dona Anna.

Toute sa comédie *Les murs entendent* est charmante. C'est une étude de mœurs et de caractères d'une grande fidélité, d'une moralité irréprochable, et pleine d'esprit. Molière et Beaumarchais n'ont fait guère mieux comme comédie, et ils ont fait plus mal comme morale.

Nous cueillons ces traits au hazard ; " un régidor de la ville a fait construire un hôpital pour les pauvres :

Il avait d'abord fait les pauvres." A combien de riches philanthropes ce mot s'applique! Combien qui à la fin de leur vie soulagent des misères qu'ils ont eux-mêmes créées.

Ecoutez ce conseil aux jeunes filles : " il ne faut pas voir dans un homme seulement sa beauté et sa grâce. La noblesse, voilà la beauté, le savoir, voilà la grâce d'un homme. L'extérieur n'est que le trésor des filles sans cervelle. Aussi le plus souvent s'éprennent-elles d'un âne d'or."

Lisez cette autre à l'adresse des femmes mariées : " un mari laboureur honore plus qu'un amant royal." Je reconnais toute la supériorité du duc, mais si je suis trop petite pour être sa femme, je suis trop grande pour être sa maitresse."

Don Agostino Moreto vint après Alarcon, quoiqu'on ne sache pas exactement l'époque de sa naissance.

En 1657, il était prêtre, et habitait la maison du cardinal Moscoso à Tolède. C'est là qu'il se lia avec Lope de Vega, Calderon et d'autres poètes, tous protégés par le cardinal. Quelle belle société possédait alors cette admirable ville de Tolède !

Les plus remarquables pièces de Moreto sont : le *beau don Diego*, le *Vaillant Justicier*, le *Riche homme d'Alcala*, et *Dédain pour dédain*.

La trame de cette dernière comédie est assez originale, quoique le sujet en soit vieux comme le monde. Car depuis la première scène jusqu'à la dernière tous les personnages ne sont mus que par un sentiment, l'amour, et ils ne parlent pas d'autre chose Qu'est-ce que l'amour ? Comment nait l'amour ? Quelles épreuves engendre l'amour ? Quels biens et quels maux résultent de l'amour ? Toujours, partout, et pour tous l'amour !

L'héroïne principale, Diana, est une espèce de bas-bleu philosophe, qui prétend s'affranchir de ce sentiment, et qui répond par le dédain à toutes les preuves d'amour qu'on lui donne.

Un des admirateurs dédaignés de cette belle insensible, don Carlos, a un domestique qui est une espèce de bouffon fort spirituel ; ce bouffon conseille à son maître de simuler dédain pour dédain. Cette feinte blesse dans sa vanité Diana qui se croyait irrésistible, et finalement c'est à force de froideur toujours simulée que don Carlos réussit à enflammer cette coquette *ignifuge*.

Comme étude du cœur féminin c'est assez conforme à la nature ; et, quoiqu'un peu trop longue, la pièce abonde en traits piquants, en fines reparties, et en observations philosophiques souvent profondes.

On me saura gré d'en reproduire quelques-unes.

" Pour celui qui dans l'obscurité voyage dans un mauvais chemin, il n'y a pas de meilleure lumière qu'une chûte. "

" Les femmes sont comme des artichaux dont les feuilles grossissent la marchandise, mais dont on ne mange que le cœur. "

" On estime toujours plus ce dont on est privé que ce que l'on obtient. "

Le bouffon dit en parlant de l'amour : " C'est une angoisse, une trahison, une lâche tyrannie, c'est un quitte-raison, un quitte-sommeil, un quitte-fortune, un quitte-cheveux. Il rendrait chauve un frère lai. Celles qu'il oblige à aimer ne portent-elles pas des noms qui tous finissent en *quitte* : Franscisquitta, Mariquitta, etc. ? En effet, toutes nous font quitter quelque chose ".

Molière paraît avoir apprécié beaucoup cette comédie de Moreto, car il n'a fait que la parodier dans la *princesse d'Elide.*

Nous sommes arrivés aux trois grands poètes dramatiques qui ont fait la gloire de l'Espagne, Tirso de Molina, Lope de Vega, Calderon de la Barca ; nous croyons devoir consacrer à chacun d'eux quelque chose de plus qu'une esquisse en quelques lignes.

Mais ce que nous en dirons sera encore trop peu. Car ce sont trois génies de premier ordre, qui ont précédé les grands poètes de la France du dix-septième siècle, et qui ne leur ont rien emprunté. Leurs créations sont originales, et imprégnées d'une sève vraiment nationale. Elles sont remarquables par la noblesse des sentiments et des caractères, et par la poésie toujours luxuriante d'images et de fleurs.

Leurs œuvres sont une mine que la France et l'Italie ont exploitée, mais qui contient encore bien des richesses ignorées.

XXVIII

TIRSO DE MOLINA

Gabriel Tellez.—Ses qualités littéraires.—Ses principales comédies.—Don Juan. —La paysanne de Vallecas.

Le grand poète connu sous le nom de Tirso de Molina avait pour nom véritable Gabriel Tellez. On croit qu'il naquit à Madrid vers l'année 1570. Il passa sa jeunesse à l'Université d'Alcala d'Hénarès qui était alors célèbre dans toute l'Europe, et qui comptait plus de dix mille étudiants.

Il apprit la théologie et la philosophie, et quand il eut pris ses degrés il revint à Madrid pour tenter la fortune du théatre. Mais il ne fut pas un de ces heureux auquels la fortune sourit dès le début ; la carrière dramatique lui apporta de nombreux déboires. L'une de ses pièces intitulée : *Le timide à la Cour* fut mal accueillie par le public, et lui attira des critiques amères. On suppose que le découragement s'empara alors de lui, et qu'il renonça à la carrière dramatique et aux luttes qu'elle lui imposait. Car il se réfugia au couvent de la Merci à Tolède vers 1613.

Il est probable qu'il cessa alors de travailler pour le théâtre ; mais il ne publia ses drames et comédies que postérieurement. Il prétend lui-même avoir composé trois cents pièces, toutes en vers ; mais on n'en connait que soixante-dix-sept.

Quelques lettrés assignent le second rang à Tirso de Molina parmi les anciens dramatistes de l'Espagne ; mais la plupart des critiques placent au-dessus de lui Lope de Véga et Calderon. Ce qui est certain c'est qu'il est original, et que son génie est essentiellement national. Il n'a imité personne, mais il a été imité et même plagié par des poètes dont la réputation a dépassé la sienne. C'est ainsi que Calderon lui a emprunté le sujet du *Jaloux prudent* dans son drame *A outrage secret vengeance secrète.* Molière lui a pris *Don Juan.* Moreto a plagié la *Paysanne de Vallecas.* Montalvan et Fragoso l'ont aussi plus ou moins copié.

Tirso de Molina s'est essayé dans tous les genres, depuis le drame sacré jusqu'au simple intermède.

Il est à la fois tragique, lyrique et comique ; peu de poètes ont plus de verve et plus d'esprit.

Son style, "dit M. Alphonse Royer," est peut-être son plus beau titre de gloire, nerveux, enjoué, rapide, varié selon les circonstances, et toujours d'une irréprochable pureté. Sa phrase poétique est aussi étincelante que celle de Lope ; mais tous les critiques se plaisent à reconnaître qu'elle est plus correcte. Les rimes ont une ampleur et une abondance rares. Il a enrichi la langue espagnole d'une foule d'expressions nouvelles et de tours de phrases inconnus avant lui. Beaucoup de ses vers sont devenus des proverbes."

M. Philarète Chasles l'a appelé un *Beaumarchais en soutane ;* et il est certain qu'il a des points de contact avec l'auteur du *Barbier de Séville.* Sa verve, son esprit brillant, sa liberté d'allures qui pousse quelquefois la plaisanterie jusqu'à la licence, le font ressembler au dramaturge français. Mais il a le fond sérieux d'un penseur.

Il faut reconnaître que le langage galant qu'il prête à ses personnages amoureux est souvent maniéré et excessif. Mais il a de l'originalité et de la saveur.

Tirso n'a pas inventé la légende de Don Juan, mais il est le premier qui l'ait transportée de la chronique au théâtre ; et la forme saisissante qu'il lui a donnée ont rendu son héros célèbre dans toute l'Europe. Molière et Thomas Corneille s'en sont emparé, et l'on sait que Mozart en a fait le plus beau des opéras. Le Don Juan espagnol que Tirso appelle le *Séducteur de Séville* est un grand débauché, mais il n'est pas un impie. Malgré ses fautes, et au milieu même de ses désordres, il reste croyant. Son dernier mot, quand la statue du Commandeur l'entraine en enfer, est celui-ci : " laisse moi appeler un prêtre qui me confesse et m'absolve." La statue lui répond : " tu y songes trop tard."

Suivant une autre tradition qui a cours en Espagne, Don Juan dont on fait un personnage historique se serait converti, et il aurait fondé la *Caridad*, grand hospice de charité que j'ai visité à Séville.

Le drame de Tirso est l'un des plus décousus de tout son théâtre, mais il contient des scènes magnifiques.

La plus charmante comédie qu'il ait écrite peut-être, est la *Paysanne de Vallecas* que l'on joue encore en Espagne avec quelques modifications.

Pour donner une idée de cette pièce et du style de l'auteur, je ne crois pas pouvoir mieux faire que d'en reproduire toute une scène :

Don Juan, Dona Violante

Déguisée en fille de boulanger et portant du pain.

Don Juan.

Vous êtes bienvenue comme la pluie en mai, comme le soleil en janvier, comme la lune dans son croissant qui réjouit le voyageur, lui montre son chemin et lui fait éviter les périls.

Dona Violante.

Votre Grâce était là ? Vous vous êtes donc levé bien matin ?

Don Juan.

Le corps oui, mais l'âme depuis hier, est à votre recherche.

Dona Violante.

Vous avez une âme chercheuse !

Don Juan.

Et si elle trouve ce que je désire, je me flatte qu'elle sera bien récompensée.

Dona Violante.

Qu'avez-vous perdu ?

Don Juan.

Des choses précieuses : la liberté qui s'en est allée de ma maison, et qui, comme un petit enfant, pleure sans retrouver son chemin.

Dona Violante.

Eh bien, placez-lui un écriteau sur le dos, ou donnez un réal au crieur, il la trouvera, fût-elle mince comme une aiguille ; et, après, vous lui mettrez les entraves pour qu'elle ne se sauve plus.

Don Juan.

Je crains qu'une gitana qui vint hier ne me l'ait dérobée.

Dona Violante.

Les gitanas sont méchantes.

Don Juan.

Et si c'était vous ?

Dona Violante.

Eh ! arri, parlez avec mesure ; j'entends peu aux lignes et ne suis pas sorcière.

Don Juan.

C'est votre beauté qui l'est, et vous êtes la gitana qui pouvez me dire ma bonne aventure.

Dona Violante.

Je serais bien sotte de vous la dire ; comment pourais-je vous prédire du bonheur, moi qui n'en ai pas ?

Don Juan.

Vous êtes charmante.

Dona Violante.

Va-t-on descendre pour le pain ?

Don Juan.

Est-il blanc ?

Dona Violante.

Comme du sucre.

Don Juan.

Est-il savoureux ?

Dona Violante.

Comme des noix.

Don Juan.

Frais ?

Dona Violante.

Il fume encore.

Don Juan.

Tout ce que vous portez brûle.

Dona Violante.

Je serais la fièvre ?

Don Juan.

L'avez-vous pétri vous-même ?

Dona Violante.

Non, c'est le curé !

Don Juan.

Coupez-le pour voir s'il est blanc.

Dona Violante.

C'est un caprice.

Don Juan.

Sans doute.

Dona Violante.

(Lui offrant un morceau qu'elle a coupé)

Prenez.

Don Juan.

Vous ne le coupez pas avec les dents ?

Dona Violante.

De ma bourrique ? Voulez-vous aussi que je vous le mâche ? Arri ! Vous vous moquez.

Don Juan.

Du pain mordu par votre jolie bouche est une saine nourriture pour l'amour. Vous savez bien que je vous adore.

Dona Violante.

Je sais que vous voulez rire de moi. Celui qui a des truites à la ville ne pêche pas des grenouilles dans une mare.

Don Juan.

Vous vous trompez ; les meilleurs mets sont aux champs : le lapin dans la feuillée, le lièvre dans la plaine, et sur le sable fin la perdrix et la colombe. Près des sources claires on tend des filets aux oiseaux, et les alguazils de leur plume les arrêtent avec des baguettes engluées de sorte qu'il n'y a pas de régal sur la table d'un gourmand qui ne soit produit par les champs. Vous vivez aux champs, je suis chasseur, les oiseaux carnassiers m'importunent, et je chasse les perdrix dans les champs.

Doña Violante.

Pardieu ! vous avez bien trouvé ; les oiseaux de Madrid sont des perroquets, belles plumes et chair dure. Qui ne les voit se pavanant, foulant aux pieds leur taffetas, portant plus de joyaux qu'une relique, et plus de tentures qu'une église ! A pied, c'est de la neige sous du linge, la honte de la peinture ; elles marchent dans la boue avec des chaussures d'argent. En carrosse, elles ont quatre roues et la fortune sur l'une d'elles, parcequ'elles sont trois fois plus inconstantes que la fortune. Déplumez-les, et vous verrez comme le curé a peu profité quand il les a salées à l'église, pour mieux les conserver. Ceux qui les mangent ont coutume de dire que les perdrix et les femmes se servent ainsi.

Don Juan.

A-t-on plus de grâce ? Donnez-moi cette main.

Dona Violante.

Qu'en voulez-vous faire ?

Don Juan.

La neige de sa blancheur apaisera peut-être le feu qui me brûle.

Dona Violante.

Ma main est-elle une main de Judas avec laquelle on éteint les cièrges à l'église ?

Don Juan.

Donnez-la moi ; ne soyez pas cruelle

Dona Violante.

Ne vous en occupez pas, elle a son maître,

Don Juan.

Vraiment ?

Dona Violante.

Ne vous ai-je pas dit que quelqu'un a des droits sur elle ?

Don Juan.

Des droits ! vous aimez ?

Dona Violante.

Un peu.

Don Juan.

D'amour ?

Dona Violante.

Une pointe.

Don Juan.

Etes-vous mariée ?

Dona Violante.

Je m'y dispose.

Don Juan.

Vous êtes donc une demoiselle ?

Dona Violante.

En mue.

Don Juan.

Vous êtes promise ?

Dona Violante.

Je l'étais.

Don Juan.

Et maintenant ?

Dona Violante.

J'ai des scrupules.

Don Juan.

Qu'attendez-vous ?

Dona Violante.

Qu'on me les enlève.

Don Juan.

Qui ?

Dona Violante.

Un prêtre.

Don Juan.

Pour vous marier ?

Dona Violante.

Plus tard.

Don Juan.

Qui vous en empêche ?

Dona Violante.

Ma destinée.

Don Juan.

Vous êtes jalouse ?

Dona Violante.

Immensément.

Don Juan.

Vous avez des motifs ?

Dona Violante.

Très justes.

Don Juan.

Je vous vengerai !

Dona Violante.

Le pouvez-vous ?

Don Juan.

Pourquoi pas ?

Dona Violante.

Mon amoureux est un homme robuste.

Don Juan.

C'est un vilain ?

Dona Violante.

En actions.

Don Juan.

Il mourra.

Dona Violante.

Qui le condamne ?

Don Jnan.

L'affront qu'il vous fait.

Dona Violante.

Il peut s'amender.

Don Juan.

Alors c'est moi qu'il offense.

Dona Violante.

En quoi ?

Don Juan.

En vous aimant.

Dona Violante.

Plût à Dieu !

Don Juan.

Il est inconstant ?

Dona Violante.

Comme la lune.

Don Juan.

Méprisez-le.

Dona Violante.

Pour qui ?

Don Juan.

Pour moi.

Dona Violante.

Arri ! Vous vous moquez.

Don Juan.

Auteur de mes peines, qui, en me racontant les vôtres, découragez mon espoir, si vous vous mariez, et me laissez là, l'amour célèbrera du même coup votre bonheur et ma mort.

Dona Violante.

Il y aura *Requiem* et *Alleluia.* Votre Grâce croit-elle que les paysannes se contentent d'un amour sans honneur ?

Don Juan.

Mon amour est pur.

Don Violante.

Oui, si on le lave, se mariera-t-il avec moi comme mon Antoine ?

Don Juan.

Ce sera un grand bonheur que le ciel m'enverra.

Don Violante.

Il est bien grand, et mon sort est bien petit.

Don Juan.

L'amour égalise tout.

Don Violante.

Je ne saurais pas me planchéier, ni m'enfler de quatre lieues d'étoffe comme un berceau d'enfant. Il ferait beau voir une fille du peuple pour avoir voulu faire figure, souffrir devant le monde, les attaques des mauvaises langues ! L'amour demande l'égalité de condition. Il n'y a pas de laboureur qui attelle au joug s'il veut labourer également une mule et un chameau. Cela dit, ou prenez mon pain ou adieu !

Don Juan.

Écoute, fille simple et sage. Si des paroles sont une assurance, si des serments obligent, si des gages donnés peuvent enlever le doute, par la lumière de ces deux soleils qui éclairent mes ténèbres, par le printemps de ce visage que l'hiver n'attriste jamais, si la renommée répond à ta beauté, sans regarder à la condition (l'amour n'y prend jamais garde) je partagerai avec toi, en devenant ton époux, mes biens qui donnent deux milles ducats de rente.

Dona Violante.

Je ne sais quel diable me remue dans le cœur depuis que je vous ai vu ; j'y sens plus de mille aiguilles. Enfin vous vous marieriez avec moi ?

Don Juan.

Sans aucun doute.

Dona Violante.

Ne vous ennuieriez-vous pas bien vite ?

Don Juan.

L'amour vrai dure toujours.

Dona Violante.

On se lasse vite de mets sucrés, et comme l'amour est un fruit, on le mange volontiers dans sa primeur, et quand il est trop mûr il dégoûte.

Don Juan.

Ne craignez pas cela.

Dona Violante

Vraiment ?

Don Juan.

Par votre vie.

Dona Violante.

Et par la vôtre ?

Don Juan.

C'est tout un.

Dona Violante.

Enfin je vous plais ?

Don Juan.

Infiniment.

Dona Violante.

Je puis être tranquille ?

Don Juan.

Je suis gentilhomme.

Dona Violante.

Vous m'aimerez bien ?

Don Juan.

Je vous adorerai.

Dona Violante.

Pour rire ?

Don Juan.

Véritablement.

Dona Violante.

J'aurai des cadeaux ?

Don Juan.

Dignes d'une reine.

Dona Violante.

Vous ferez des folies ?

Don Juan.

En vous aimant.

Dona Violante.

Etes-vous passionné ?

Don Juan.

Plus qu'un Portugais.

Dona Violante.

Vous roucoulez ?

Don Juan.

Comme une colombe.

Dona Violante.

Etes-vous querelleur ?

Don Juan.

En aucune façon.

Dona Violante.

Grondeur ?

Don Juan.

Rarement.

Dona Violante.

Etes-vous joueur ?

Don Juan.

Je vous aime.

Dona Violante.

Vous levez-vous matin ?

Don Juan.

Non.

Dona Violante.

Rentrez-vous tard ?

Don Juan.

Comme le soleil.

Dona Violante.

Quelle sagesse ! Comment m'appellerez-vous ?

Don Juan.

Mon ciel.

Dona Violante.

Quoi de plus ?

Don Juan.

Mon soleil.

Dona Violante.

Avec des griffes ?

Don Juan.

Ma reine !

Dona Violante.

Vous me vêtirez bien ?

Don Juan.

Comme un printemps.

Dona Violante.

Vous ne me querellerez pas ?

Don Juan.

De ma vie.

Dona Violante.

Irai-je en coche ?

Don Juan.

Et en carosse.

Dona Violante.

Aurai-je des dentelles ?

Don Juan.

De Flandre.

Dona Violante.

Et des pierres bleues ?

Don Juan.

Aussi.

Dona Violante.

Je sortirai quelquefois ?

Don Juan.

Souvent.

Dona Violante.

Pour faire des visites ?

Don Juan.

Oui.

Dona Violante.

J'irai aux courses de taureaux ?

Don Juan.

Sur un balcon.

Je mangerai des confitures ?

Don Juan.

Tant que vous voudrez.

Dona Violante.

S'il y a comédie ?

Don Juan.

Vous n'en perdrez rien.

Dona Violante.

Je les verrai toutes ?

Don Juan.

Toutes.

Dona Violante.

Irai-je au Prado ?

Don Juan.

Les jours de soleil.

Dona Violante.

Et le soir, à la lune ?

Don Juan.

Au printemps.

Dona Violante

Que me donnerez-vous ?

Don Juan.

Mon âme.

Dona Violante.

Arri ! vous vous moquez !
Polonia !.........

Don Juan achète le pain de Dona Violante qui lui dit :

Dona Violante.

Payez-moi.

Don Juan.

Lui donnant sa bague.

Avec ce diamant.

Dona Violante.

Voyez comme il reluit !

Don Juan.

Comme vos yeux.

Dona Violante.

Est-il faux ?

Don Juan.

Il n'y a rien de faux en moi.

Dona Violante.

Que me donnerez-vous encore ?

Don Juan.

Cette chaîne.

Dona Violante.

De cuivre ?

Don Juan.

De vingt-quatre carats, comme votre beauté.

Dona Violante.

Comme il vend bien ses aiguilles !

Don Juan.

(Donnant sa bourse)

Et encore cette bourse.

Dona Violante.

C'est de la même monnaie ?

Don Juan.

Elle est même comparée à vos mérites qui valent toutes les richesses de San-Lucar.

Dona Violante.

Vous êtes généreux !

Don Juan.

Soyez aussi généreuse.

Dona Violante.

Comment ?

Don Juan.

En me donnant une main.

Dona Violante.

Une seule ?

Don Juan.

Cela suffit.

Dona Violante.

Regardez-les toutes les deux.

Don Juan.

Donnez-les moi.

Dona Violante.

Arri ! vous vous moquez.

Pour juger du mérite littéraire de ce dialogue, il ne faut pas oublier que la scène se passe en Espagne, au seizième siècle, et que l'art dramatique alors est à peine sorti de l'enfance.

Même aujourd'hui, avec tous les perfectionnements du métier on ne fait rien de plus léger, de plus vif et de plus spirituel. Mais je reconnais qu'on réussit mieux la plaisanterie grivoise ou obscène.

XXIX

LOPE DE VÉGA.

Son enfance.—Sa vie aventureuse.—Ses deux mariages.—Ses enfants.—Jours d'épreuves.—Deux sonnets.— Son théâtre.—Comédies et drames.

C'est dans un vallon des Asturies que Lope de Véga paraît être né, le 25 novembre 1562. Son père était noble, mais pauvre, et il se livrait au culte des Muses, qui ne lui apportèrent ni la fortune ni la célébrité.

Le fils fut plus heureux, et la gloire couronna ses travaux. Enfant prodige, comme Pic de la Mirandole, il comprenait le latin et faisait des vers espagnols à l'âge de cinq ans. A douze ans il avait fait de petites comédies en quatre actes.

" Je savais à peine parler, écrit-il lui-même dans une épitre, quand, inspiré par les Muses sœurs d'Apollon, j'essayai ma plume, et gazouillai des vers dans mon nid."

A quinze ans, il s'éprit du métier des armes, fit quelques campagnes, se montra très brave, mais revint dégouté de l'art militaire.

Sa jeunesse fut orageuse, et l'histoire de ses nombreuses amours est racontée dans une de ses comédies intitulée : " Dorothée. " Quand il aimait, il en arrivait à un degré d'exaltation voisin de la folie.

Un jour que Dorothée, toute en larmes vient lui dire adieu et s'évanouit, il s'écrie : " Je suis mort ; ma vie est terminée. Ah ! Señora ! Oh ! ma Dorothée, oh ! mon dernier espoir ! Amour, tes flèches se brisent ; soleil, ta lumière s'éclipse ; printemps, tes fleurs se flétrissent ; le monde est dans l'obscurité. "

Et quand Dorothée est partie, il dit à son ami Julio, resté près de lui : " ferme toutes les fenêtres ; que la lumière ne frappe pas mes yeux, puisqu'ils viennent de voir partir celle qui fut la lumière de mon âme. Ote cette dague d'auprès de moi ; car l'intimité est un démon, l'habitude un enfer, et l'amour une folie, qui tous me conseillent de m'en servir pour me tuer......"

Mais la réclusion n'est pas de longue durée. L'amoureux veut bientôt revoir au moins la maison de celle qu'il adore. Il va le soir errer à sa porte, espérant qu'elle l'invitera à entrer ; et quand Julio lui dit : " Je ne vois que des ombres qui passent d'un côté à l'autre de la fenêtre, " l'amoureux reprend : " ce doit être mon bonheur qui passe ; il n'a jamais été qu'une ombre dans cette maison. "

Et pendant ce temps-là il fait des élégies, des idylles, des sonnets et des ballades. " Aimer et faire des vers, c'est tout un, dit-il.... et toutes les perfections de Dorothée m'ont coûté plus de deux mille vers. "

Et que de larmes il répand ! " Ne pouvant couvrir ses mains de diamants je les baignais de larmes ; et elle les recevait comme si elles eussent été des pierres précieuses plus belles que toutes celles qu'elle avait vendues et dédaignées. " Dans son désespoir de l'avoir quittée, il est allé un jour aux bords des flots et il dit à la mer : “ Je voudrais te boire pour pouvoir recommencer à pleurer ! ”

O folle jeunesse !

En 1584, l'amour qui n'avait été jusque-là qu'une débauche pour notre poète, fut remplacé par un sentiment sérieux et honorable, et Lope épousa Isabelle, fille de don Diego d'Urbino, attaché à la cour en qualité de roi d'armes.

Mais ce mariage lui occasionna des épreuves de diverse nature ; la chose arrivait déjà dans ce temps-là.

Par suite de ses folles équipées de jeunesse, il eut un duel, fut emprisonné, puis exilé de Madrid. On retrouve dans une de ses élégies les adieux touchants qu'il fit alors à sa femme et à sa patrie :

“ Oh ! ma douce et tendre épouse, le voilà donc arrivé le jour amer de notre séparation déjà tant pleurée ; je livre aux vents ma voile et mes espérances ; je me sépare de vous.... mais je reste près de vous si je puis partir en vous laissant mon âme.

“ Adieu douce et chère Espagne, marâtre de tes enfants véritables, et mère tendre et hospitalière des étrangers ! L'envie me chasse de ton sein. Hélas toute patrie est donc ingrate ?......”

Valence où il se retira se montra hospitalière et généreuse pour l'exilé. Sa femme était allée l'y rejoindre lorsqu'elle mourut.

Il y avait alors comme aujourd'hui des veufs inconsolables : Lope de Véga fut de ceux-là, et dans l'espoir de se consoler il rentra dans la carrière militaire.

Philippe II préparait alors sa fameuse expédition contre l'Angleterre ; Lope voulut y prendre part et il s'embarqua sur *l'invincible Armada.* On sait le dénoûment de cette funeste entreprise.

A son retour il voyagea en Italie, comme secrétaire de certains grands seigneurs espagnols.

Puis, il revint à Madrid, et comme il était toujours inconsolable il convola en secondes noces. Il n'avait alors que trente ans, et il entra dans la carrière dramatique, la seule carrière littéraire qui rapportât quelque argent.

Le goût du théâtre était alors très répandu en Espagne, où l'on comptait quarante troupes de comédiens. Les comédies ne se vendaient pas cher, et Lope de Véga en vendit lui-même pour 200 francs ; mais le célèbre auteur pouvait faire une pièce en vingt-quatre heures. Le succès qu'il obtint fut énorme.

Cervantès, son contemporain et son émule dans les lettres, en parle avec enthousiasme. " Alors, dit-il, parut le prodige de la nature, le grand Lope de Véga qui s'empara du sceptre de la monarchie comique, assujettit et réduisit sous sa domination tous les comédiens, et remplit le monde de comédies heureuses, convenables, bien conduites, et en si grand nombre qu'elles ne sont pas contenues dans dix mille feuilles."

Sa renommée devint universelle, et ses pièces furent jouées à Naples, à Milan, à Constantinople, à Vienne, à Bruxelles et jusqu'en Amérique.

A ses succès littéraires se joignit un bonheur domestique très rare, et qui dura vingt ans.

Mais alors vinrent les épreuves qui finissent toujours par atteindre même les plus heureux de ce monde. Il perdit d'abord son fils qu'il aimait éperdûment, puis sa femme, et ses chagrins réveillèrent ses premières velléités de vocation religieuse. Il avait quarante-sept ans quand il fut ordonné prêtre.

On serait porté à croire qu'il abandonna dès lors la carrière du théâtre. Mais non. Il continua de faire des comédies, des poèmes épiques et d'autres poésies. On a calculé qu'il a fait environ vingt-et-un millions cinq cent mille vers. C'est une fécondité qui laisse bien loin derrière elle celle de tous les poètes connus.

Tout en travaillant pour le théâtre, avec des succès constants, Lope vivait loin du monde et dans un intérieur paisible. Il écrivait alors :

“ Avec deux fleurs dans mon jardin, six tableaux et quelques livres, je vis sans désir, sans crainte et sans espérance, vainqueur de la mauvaise fortune, désabusé de la grandeur, vivant dans la retraite au milieu même de la foule, gai dans la médiocrité, et, tout incertain que je suis de l'heure de ma mort, ne m'effrayant pas de ce qu'elle est certaine. ”

Outre ses deux fleurs dans son jardin, il avait encore deux enfants qu'il adorait, un fils et une fille

Mais ses épreuves n'étaient pas finies. Son fils, qui s'était fait soldat, périt sur mer dans une expédition contre les Turcs, et sa fille entra dans un monastère. Il a raconté lui-même la prise de voile de sa fille, et nous extrayons de son récit quelques passages :

“ Un soir ma fille me nomma celui qu'elle désirait pour époux......

“ Cet époux est beau, il est riche, il est sage et d’une illustre naissance, et son père n’est pas moins que tout-puissant.

“ Je vous jure que, du côté de sa mère, il est du sang royal, et qu’elle est si bonne qu’il n’y a pas d’attraits ni de vertus qui ne soient en elle.

“ C’est une mère pleine de tant de grâces, que c’est par ses mains que Dieu les dispense au monde. Elle est à la fois rose et lys, cyprès et palmier................... ”

Puis il raconte la cérémonie des fiançailles en présence des grandes dames et des seigneurs de la cour, et il ajoute :

“ Le ciel fermait la porte à mon cœur plein d’amour paternel ; il m’enlevait la meilleure part de mon âme ; et j’étais le seul à plaindre dans cette foule de spectateurs.........

“ Nous retournâmes à l’église ; la fiancée avait quitté ses habits de fêtes et ses bijoux pour revêtir la bure grossière. La chevelure fut coupée ; car, ainsi que les autres vierges dont le chœur était rempli, elle ne devait plus avoir pour être belle que sa seule beauté.

....

“ Et celle que j’aimais si tendrement qu’un amant en eût été jaloux, celle que je couvrais de soie et d’or, courba son front comme une rose pâlie, et effeuilla, ce soir là même, la couronne de ses pétales pourprés.

“ Elle dormait sur la paille froide et dure ; elle marchait les pieds nus ; son corps était caché sous un vêtement de pauvre ; ses yeux seuls exprimaient son âme !

....

“ Quand elle fut prosternée sur le pavé du temple, on chanta la dernière prière des morts, et le monde était aussi triste que le ciel était joyeux.

“ Toutes l’embrassèrent l’une après l’autre, puis l’accompagnèrent vers son époux, et la firent asseoir à la table de l’enfant divin.

“ Et maintenant Marcelle vit là...... et loin de ce monde insensé, loin de ses vaines illusions elle suit la voie du ciel.

“ O bienheureux désenchantement des choses de la terre ! cette vierge si belle, si chaste et si pure, a consacré à Dieu ses dix-sept ans ! ”

A dater de ce jour, la vie du grand poète s’assombrit.

Il n’est plus le temps où il chantait l’amour dans des sonnets charmants comme celui-ci :

Parfois l’enfant naïf, étourdi sans cervelle,
Qui tient un jeune oiseau par la patte attaché,
Laisse filer la corde ; et, se croyant lâché,
L’oiseau va dans les airs essayer sa jeune aile ;

—

Mais au plus beau moment de ce jeu, la ficelle
Se casse, et le geôlier, tout surpris et fâché,
Voit au loin dans les bois s’échapper le rebelle,
Et, les larmes aux yeux, le regarde perché.

—

Ainsi fis-je avec toi, cher amour ! Ma folie
A laissé s’envoler le bonheur de ma vie,
Suspendu par un fil aussi fin qu’un cheveu ;

—

Puis l’amour envolé, qui ne veut plus descendre,
Me laisse un bout de corde à la main. C’est bien peu,
Mais cependant assez encore pour me pendre.

Non, ce n'est plus sur ce ton que le poète chante. Il est devenu vieux, il est resté seul au monde, et enfin il est prêtre. Ecoutez cette voix grave et plaintive :

Quand mes coupables mains vous portent, ô Seigneur,
Quand je lève à l'autel l'innocente victime,
De ma témérité je me ferais un crime,
Et m'étonne de voir votre insigne douceur.

—

Parfois mon âme tremble et frissonne de peur,
Parfois je m'abandonne à votre amour sublime,
Et plein de repentir, au bord de cet abîme,
Je flotte entre l'espoir, la crainte et la douleur.

—

Seigneur, tournez vers moi vos yeux pleins de tendresse !
Car, hélas ! trop souvent le monde et son ivresse
M'ont déjà de l'erreur fait suivre les chemins.

—

Seigneur, quels maux seraient comparables aux nôtres.
Si quand nous vous portons dans nos indignes mains,
Vous nous laissiez tomber en écartant les vôtres ?

Je reproduis ce sonnet en espagnol pour que le lecteur puisse admirer la richesse de la rime et l'harmonie de la langue :

« Cuando en mis manos, rey eterno, os miro,
Y la candida victima levanto.
De mi atrevida indignidad me espanto,
Y la piedad de vuestra pecho admiro.

—

Tal vez el alma con tenor retiro,
Tal vez la doy al amoroso llanto ;
Que arrepentido de ofenderos tanto,
Con ansias temo, y con dolor suspiro.

—

Volved los ojos à mirarme hermanos
Que por las sendas de mi error siniestras
Me despeñaron pensamientos vanos.

—

No sean tantas las miserias nuestras
Que à quien os tuvo en sus indignas manos
Vos le dejeis de las divinas vuestras.

C'est ainsi qu'après sa vie orageuse l'autel est devenu le refuge de Lope, et sa consolation. Mais la poésie resta son occupation favorite, et sa fécondité fut inépuisable. Poèmes épiques, poésies lyriques, pastorales, sonnets et chansons, il a cultivé tous les genres, et le nombre de ses pièces de théâtre s'élève au chiffre fabuleux de quinze cents !

Quel que fut son génie merveilleux, on comprend facilement qu'il n'a pu accomplir une œuvre aussi colossale sans négliger la forme et sans fouler aux pieds les règles de l'art. Il le reconnaît lui-même, et voici comment il s'en excuse :

“ Les étrangers sauront qu'en Espagne les comédies ne suivent pas les règles de l'art. Je les ai faites comme je les ai trouvées ; autrement elles n'auraient pas été comprises. Ce n'est pas, grâce à Dieu, que j'ignore les préceptes de l'art ; mais celui qui les suivrait serait sûr de mourir sans gloire et *sans profit*... J'ai parfois écrit selon l'art, que fort peu connaissent ; mais quand d'autre part, je vois les monstruosités où courent le vulgaire et les femmes, je me fais barbare pour leur usage.... En conséquence lorsque je dois écrire une comédie, j'enferme les règles sous six clefs, et je mets dehors Plaute et

Térence, afin que leur voix ne s'élève pas contre moi... Je compose pour le public, et puisqu'il paye, il est juste de lui parler la langue des sots qui lui plaît. ”

Comme on le voit, Lope de Vega tenait au succès avant tout, et il ne dédaignait pas l'argent. Sans doute, il avait tort ; mais qui lui jettera à ce sujet la première pierre ? Sera-ce le dramaturge contemporain, ou l'homme politique de nos jours ?

Malgré toute l'imperfection de la forme et les négligences du style, il faut lui reconnaître d'ailleurs des qualités éminentes et nombreuses.

Aucun poète n'a reçu du ciel, à un plus haut degré, la faculté créatrice. Il inventait toute une comédie dans un instant ; il imaginait les intrigues dramatiques et les dénouait en se jouant.

Ses pièces sont généralement remarquables par l'action, le mouvement et la vie. Mais il excelle surtout dans les peintures de mœurs et de caractères. Avec cela des pensées souvent élevées, de la verve, et de l'esprit. C'était assez pour réussir.

Mais on se lasse de tout, même du succès, et l'on finit souvent par se dégouter des choses mêmes qui ont fait sa gloire. C'est ce qui arriva au grand poète. Un jour il fut pris de lassitude et de dégout, et comme son second fils allait choisir un état il lui dédia une pastorale, et dans sa dédicace il lui dit : “ Si le malheur ou vos dispositions naturelles voulaient que vous fissiez des vers (ce dont Dieu vous préserve !) que du moins la poésie ne soit pas votre unique occupation.... La gloire, dites-vous, me dédommagera ! Ne le croyez point ; rappelez-vous cet emblême adopté par un savant de notre temps, et consistant en un miroir suspendu à un arbre, contre lequel des enfants lancent des pierres : *periculosum splendor !* ......Je me suis attiré des ennemis, des censures, des jalousies, du blâme et des soucis ; j'ai perdu un temps précieux, et j'ai atteint la vieillesse sans pouvoir vous laisser autre chose que ces avis inutiles...."

Ces avis attristés dénotaient la vieillesse ; mais les vieillards de ce temps-là avaient encore autant de sève que les jeunes gens d'aujourd'hui ; et pour vous le prouver, je veux vous citer un tour de force que fit encore Lope de Vega à l'âge de 70 ans.

Il voulut faire une dernière comédie, qui serait ses adieux au théâtre, en collaboration avec son jeune élève Montalvan. Le premier jour ils firent chacun un acte, et comme la pièce devait avoir trois actes, ils convinrent qu'ils feraient le lendemain chacun une moitié du troisième acte. Montalvan voulut devancer son vieux maitre ; il se leva à deux heures du matin, et à dix heures il courut chez lui pour lui annoncer qu'il avait fini. Il le trouva dans son jardin émondant ses arbres.

" Eh ! bien, dit Montalvan tout triomphant, j'ai fini. —Et moi aussi dit le vieux poète : je me suis levé à cinq heures, j'ai fait mon demi-acte et comme il était encore de bonne heure, j'ai écrit une épitre en cinquante tercets ; puis j'ai déjeuné de friture, et je suis venu arroser mon jardin. "

Je connais des journalistes de trente et quarante ans qui n'en feraient pas plus dans toute une semaine, ce qui ne les empêche pas de diriger l'opinion publique et la politique.

Pour vous donner une idée de son théâtre, il est nécessaire de vous en citer quelque chose. Voici d'abord comment s'ouvre une de ses meilleures comédies intitulée " *Le meilleur alcade est le roi ;* " c'est une pastorale charmante quoique le style en soit un peu précieux.

Un berger est seul au bord d'un ruisseau qui serpente dans une vallée. Il aime une bergère, nommée Elvire, et il confie son amour aux flots qui murmurent, aux fleurs qui embaument, aux oiseaux qui gazouillent. Puis il s'adresse à sa bien-aimée comme si elle était devant lui :

" Hier, tandis que sous tes pieds de lis tu foulais le sable sur lequel coule ce ruisseau, les grains s'en changeaient en perles...... Le linge que tu lavais te causait une peine inutile, car dans tes mains il paraissait n'avoir jamais de blancheur...

Elvire survient, et le surprend contemplant le ruisseau où il l'a vue la veille : —Que viens-tu donc chercher dans le cristal de ce ruisseau ? Sont-ce les coraux que j'ai perdus sur ses bords ?

—Non pas, je me cherche moi-même, car hier je me perdis en ce lieu. Mais je me retrouve enfin puisque je te vois et que je vis tout en toi.

—Je croyais que tu venais m'aider à chercher mes coraux.

—...Eh ! bien donne-moi ma récompense, je les ai trouvés.

—Où cela ?

—Sur ta bouche, où ils servent de cadre à des perles... Je t'ai dit hier tout ce qu'il y a dans mon cœur, et tu ne m'as pas répondu.

—Est-ce que mon silence ne répondait pas pour moi ? Nous autres femmes, nous parlons en nous taisant, et nous accordons en refusant... Il faut toujours croire le contraire de ce que l'on fait paraître...

Comme vous voyez, ce langage est du dernier galant. Les bergers et les bergères d'aujourd'hui ne diraient pas mieux... et ils feraient pire.

Une autre comédie plus agréable encore a pour titre : "oh ! si les femmes ne voyaient pas ! " Ce titre ne signifie pas que le poète voudrait voir les femmes aveugles ; et les hommes seraient les premiers à se plaindre si les femmes n'avaient pas d'yeux. Mais il est d'avis qu'elles sont trop curieuses, et qu'elles font souvent un mauvais usage de leurs yeux.

Isabelle, fille du duc Octavio, vit avec son père dans un château entouré de forêts. Frédéric, favori de l'empereur Othon, l'aime et en est aimé. Il vient souvent la voir, mais il a soin de ne révéler à personne la solitude qu'elle habite.

Un jour, l'empereur décide qu'il ira faire la chasse dans la forêt, et Frédéric a peur qu'il ne découvre son trésor caché. Il va en prévenir Isabelle, et la prie de se tenir renfermée.

Il la trouve portant un chapeau à plumes et un fusil à la main, prête à partir elle-même pour la chasse. En le voyant venir elle se cache derrière un arbre, puis se montrant soudain elle lui crie :

Rendez-vous tous !

FRÉDÉRIC

A qui ? déesse !

ISABELLE

A l'amour

FRÉDÉRIC.

O Vénus traîtresse !
Si tu prétends au voyageur
Dérober son or et son cœur,
Pourquoi te donner tant de peine ?
Qu'as-tu besoin d'être inhumaine ?
Retiens, retiens pour tes beaux yeux,
Ce feu qui leur convient bien mieux ;
Désarme-toi je t'en supplie,
Je t'ai déjà donné ma vie,
Veux-tu faire deux fois mourir
Celui que rien ne peut guérir ?

....

Quand le bandit est en vedette,
Et laisse voir son escopette,
Le passant demande humblement
La vie en donnant son argent.
Charmant bandit, moi je te donne
Aussi mon âme et ma personne ;
Mais je veux vivre, accorde moi
La vie, elle est toute pour toi.
Je tiens à mes bras pour te prendre,
A mes oreilles pour t'entendre,
A mes deux yeux pour t'admirer,
A tout mon cœur pour t'adorer.

....

Othon, notre grand empereur
Chasse aujourd'hui dans ce parage,
Et logera dans ce village.
Je crains qu'il ne vous voie ici ;

....

Je veux dérober votre vue
A toute rencontre imprévue.
Cachez vous ! mon amour a peur
Que ce tout puissant empereur
Ne vous voie !... Il a l'humeur tendre
Et le cœur si facile à prendre !

....

Vou êtes si jeune et si belle,
Que je tremble, chère Isabelle !
Cachez-vous donc à tous les yeux ;
Quand la femme aime bien, le mieux
C'est de ne pas donner entrée
A la jalousie effarée ;
Fermez la porte, à double tour,
A l'ennemi de notre amour ! "

Ce Frédéric est un naïf, et quand il est parti, Flora, sa suivante, reste avec Isabelle.

FLORA.

Tu réfléchis.

ISABELLE.

J'ai senti naître......

FLORA.

Certain désir ?

ISABELLE.

Oui.

FLORA.

Mais de quoi ?

ISABELLE.

De ce que tu sais mieux que moi.

FLORA.

C'est de voir l'empereur, peut-être ?

ISABELLE.

Flora, qui n'aurait ce désir !
Voir ce César incomparable
Quand l'occasion vient s'offrir !

FLORA.

Sot de Frédéric !

ISABELLE.

Le coupable,
C'est lui ; car je n'y pensais pas ;

Mais je sens un remords de faire,
Flora, ce qui peut lui déplaire.

FLORA.

Pourquoi fait-il tant d'embarras,
Quand la chose est si naturelle ?
La question n'est pas nouvelle,
Au reste.... elle nous vient d'Adam,
Et notre désobéissance
Vient de la première défense
Que Dieu fit à l'homme en naissant.
Voyez un peu quel grand outrage
Tu pourrais faire à ce jaloux,
Qui n'est pas même ton époux,
En allant voir, à son passage,
Le plus puissant héros du jour ?
Il peut, parce qu'il est aimable,
Prendre pour nous un peu d'amour......
Oh ! ruse......

ISABELLE.

Il est déraisonnable !
Il a mon cœur qui vaut bien mieux,
Mais qu'il me laisse au moins les yeux !
Est-il une femme qui puisse,
Avec un mari qui plus est,
Consentir un tel sacrifice......
De ne pas voir quand il lui plait !
L'aveugle voit par la pensée
Et moi, j'ai mes deux yeux... J'irai
Voir cet empereur......

FLORA.

Chose aisée !

ISABELLE.

Pourtant je me déguiserai ;

FLORA.

On vient.

ISABELLE.

Plutôt n'être pas femme,
Que d'être femme et ne pas voir !
Mon père vit dans un manoir ;
Jamais on n'y rencontre une âme,
Toujours ces bois et ce ruisseau,
Qui plus loin dans la mer dévale !
Et quand, par un hazard nouveau,
Je puis voir l'aigle impériale,
Avec son bec en diamant,
Frédéric veut que je me cache !
L'ordre est au moins d'un ignorant !
Il n'est de femme que je sache,
Qui pour le seul plaisir de voir,
Ne voudrait voir la fin du monde !

Isabelle, vêtue en paysanne, s'en va donc errer dans la forêt pour apercevoir l'empereur *défendu*, et probablement aussi pour être vue par lui.

Il va sans dire qu'elle le rencontre, et qu'il en résulte une série de tribulations et de peines de jalousie pour ce pauvre Frédéric. Non seulement l'empereur, mais un grand seigneur de sa suite, font un peu la cour à Isabelle ; et voici comment ce grand seigneur raconte à Frédéric lui-même son entrevue avec Isabelle ;

Près de ce ruisseau, je la vis un soir
Un moment s'asseoir
Sur le gazon vert de la rive ;
Sa douce présence éveilla les fleurs,
Qui voulant lutter avec ses couleurs,
Prirent une teinte plus vive.
Avec la ligne qu'elle avait,
De quelque pêcheur empruntée,
Chaque poisson qu'elle prenait
Semblait une étoile argentée,
Mais toujours se débattait !

J'osai lui dire alors : Madame,
Vous ne pêchez que des ingrats ;
Si ces poissons avaient une âme
Bien vite ils seraient dans vos bras....

Fort heureusement pour Frédéric toutes ses craintes sont chimériques. Isabelle lui reste fidèle, l'empereur ne fait que s'amuser d'une manière fort innocente, et quand Frédéric se décide enfin à lui avouer son amour, le gracieux souverain met sa main dans la main de la charmante Isabelle.

Suivant la coutume du théâtre d'alors, la comédie se termine par quelques mots adressés à l'auditoire. C'est un des personnages de la pièce qui vient dire sur le devant de la scène :

" Ecoutez, mesdames, bien que l'auteur ait donné à notre pièce le titre de : " *Ah ! si les femmes ne voyaient pas !* il souhaite que beaucoup d'entre vous viennent la voir et la revoir ; et qu'en outre elles voient tout ce qui se passe dans le monde : beaucoup de fêtes, beaucoup de noces, de combats de taureaux, de jeux de cannes et de roseaux, les filles beaucoup d'amoureux, les femmes mariées beaucoup de fils, toutes beaucoup de santé, de joie et d'années, enfin tout ce qu'elles aiment, et voilà la fin de notre comédie."

Il ne faudrait pas s'imaginer que le grand poète traite toujours des sujets aussi légèrs. Il en aborde souvent d'une grande élévation. C'est ainsi qu'il a tiré une très belle comédie d'un des plus grands événements de l'histoire d'Espagne—la découverte du Nouveau Monde.

Je ne puis qu'en résumer une scène qui me paraît d'une grande beauté.

Christophe Colomb a touché la terre d'un nouveau monde. Il l'embrasse, et se faisant apporter une croix il la plante au sommet d'une colline afin qu'elle serve, dit-il, de phare au nouveau continent. Sur son ordre tous ses marins tombent à genoux sur le rivage où va croître cette plante sacrée, et chacun adresse à la croix une invocation :

—C'est à moi, dit Colomb, de parler le premier : Illustre et sainte couche sur laquelle Dieu est mort étendu. Tu es la noble bannière qu'il leva contre le péché, et je crois voir sur ton bois la trace de son sang glorieux.

—*Frère Buyl* : Indestructible mât du vaisseau de l'Eglise qui montes jusqu'au ciel comme l'échelle mystérieuse de Jacob, tu as pour voile le linceul qui enveloppa la dépouille de Dieu fait homme, et nul pilote n'égala jamais le grand prêtre qui te conduit.

—*Barthélemy Colomb* : Verge divine de Moïse qui partageas la mer Rouge ; phare lumineux et brillant qui guides l'homme dans sa marche, je te plante sur cette terre qui ne connaît pas le vrai Dieu, mais qui deviendra une nouvelle terre promise.

—*Pinzon :* Verdoyant laurier de victoire sur lequel se posa la tête du Christ, purifie ce pays des souillures de l'idolâtrie, puisque le sang dont tu es teint a coulé pour tous les hommes ; croîs en ce lieu où t'a planté notre audace chrétienne.

—*Arana :* Harpe mélodieuse de David, sur laquelle fut fixé douloureusement celui dont tu as prophétisé la venue... convertis à la foi par tes accents tout ce pôle barbare.

—*Terrazas :* Navire sur lequel la vie a traversé la mer de la mort... linceul encore rougi du sang innocent... linceul glorieux et vénéré, sois notre guide et notre bannière parmi les peuples sauvages.

Cette scène qui devait être d'un grand effet au théâtre, a un pendant non moins admirable à la fin de la pièce.

Les Indiens se sont battus contre les compagnons de Colomb ; ils en ont tué un grand nombre, et en poursuivant les fuyards ils sont arrivés au pied de la croix.

Dulcan, le chef, ordonne de l'arracher et de la jeter à la mer. Mais à peine la croix a-t-elle été renversée, qu'au son d'une musique mélodieuse une autre croix surgit du sol et va peu à peu grandissant.

—Le tronc a repoussé, s'écrie le chef, c'est un arbre divin.

—Voyez comme il s'élève et grandit, dit un indien.

—C'est prodigieux. dit un autre ; d'aujourd'hui je commence à trembler.

—Bois sacré, dit un troisième, dès aujourd'hui tu dois régner sur ces contrées.

Au milieu de ces tableaux grandioses, le poète dramatique ne néglige pas les peintures de mœurs, et les fines critiques.

Ainsi, il n'oublie pas de faire voir que les deux grandes fautes des compagnons de Colomb, et des autres Espagnols qui vinrent dans le nouveau monde, furent l'amour de l'or et la volupté.

De même il se moque aussi de l'engoûment des ses compatriotes pour les titres de noblesse. A une femme indienne qui l'interroge sur son nom, un Espagnol répond : Je me nomme Rodrigue.

—Es-tu noble ?

—Tous les Espagnols le sont.

Nous avons dit que Lope de Vega avait tenté tous les genres. Citons quelques pages d'une de ses comédies champêtres intitulée " Le campagnard dans son coin. " C'est Jean le laboureur qui parle :

Seigneur, si je bénis votre bonté divine,
Ce n'est pas pour les biens dont vous seul me comblez ;
Ni pour m'avoir donné cette ronde colline
Que couvrent mes troupeaux, mes vignes et mes blés ;
Ni pour avoir rempli mes jarres par douzaines,
De l'huile recueillie aux oliviers des plaines,
Pour baigner à loisir mes fromages épais ;
Sans compter, Dieu merci ! tant d'autres qui sont pleines,
Grâce aux vieux oliviers plantés sur les sommets.
Ce n'est pas quand je vois de mes ruches fécondes
Les innombrables nids où tant d'oiselets nains
De leur miel savoureux versent les gouttes blondes
Qu'ils dérobent aux fleurs sous vos regards sereins ;
Ni quand je vois ployer les solives serrées
De mes greniers nombreux, où votre puissant bras,
Ecartant de mes champs l'orage et les frimas,
Entasse de mes blés les montagnes dorées ;
Car, vous seul vous comptez les grains de nos moissons,
Seigneur, et je n'en suis que l'humble majordome ;
Mais malgré tous ces biens dont nous vous bénissons,
Je reste toujours simple et toujours économe......
Et ce n'est pas non plus en voyant maint pressoir
Regorger jusqu'au bord de grapes écumeuses
Ni mes tonneaux rangés et prêts à recevoir
Ce qu'octobre abandonne aux brunes vendangeuses ;

Non plus quand je vois paître aux flancs de nos côteaux,
Mes gras troupeaux pareils aux roches immobiles,
Et dont le nombre est tel que lorsqu'ils vont par files
Aux approches du soir, s'abreuver aux ruisseaux,
Après eux, mes bergers avec leurs chiens dociles,
Pourraient, presqu'à pied sec, en traverser les eaux.
Ce ne sont pas ces biens dont je vous remercie,
C'est plutôt......et tout haut j'en rends grâce à genoux,
De m'avoir fait, seigneur, par faveur infinie,
Un cœur content du sort que je ne dois qu'à vous !
Je ne ressemble pas au courtisan vulgaire
Et dont l'ambition ronge et froisse le cœur ;
Car je vis sans souci de ce vain mot honneur,
Et, pourtant honoré de mes égaux sur terre,
Je naquis au village et non loin de la cour ;
Mais j'ai bien soixante ans et ne l'ai jamais vue ;
Quelle que soit du temps la fortune imprévue,
Me préserve le ciel de la voir un seul jour ?......

Voilà comment ce campagnard apprécie son bonheur.

Mais le roi et sa cour vont passer près de sa demeure dans une partie de chasse, et son fils, Félicien, le sollicite vivement de venir voir le roi, et lui décrit avec enthousiasme le spectacle qu'il aura sous les yeux.

Le bon vieux paysan lui répond :

Assez ; tu m'assommes, tais-toi,
Sais-tu bien ce que c'est que d'aller voir le roi ?
Es-tu-fou ? Crois tu donc qu'il soit si nécessaire
Pour un bon villageois comme moi, d'aller voir
Son seigneur souverain qui, ma foi, n'y tient guère ;
De mes jours ici-bas je touche au dernier soir,
Je ne le vis jamais et n'en ai pas d'envie
Quand s'approche pour moi la fin de cette vie ;
Je mourrai sans le voir : hé ! qu'en ai-je besoin ?
Entends-moi bien d'ailleurs, je suis roi dans mon coin ;
Et rois sont tous ceux-là qui vivent dans l'aisance

Du travail de leurs mains, et rois sont encore ceux
Dont le cœur est loyal, sincère et généreux.
Des lois je reconnais la suprême puissance,
Et j'obéis au roi, comme à Dieu, sans le voir.
Il est, nous le savons, ici bas son image
Et je l'aime beaucoup ; mais, né dans ce village
Moi, montagnard, j'irais affronter ce pouvoir,
Ce vice-roi de Dieu ! Non, c'est une folie !
Le curé, l'autre jour, en prêchant, nous a dit :
Que deux anges du ciel le gardent jour et nuit
C'est son opinion......, sans compter, je vous prie,
Toute la garnison de son infanterie......

Et le brave laboureur continue, protestant de son dévoûment au roi, se déclarant prêt à lui donner tout ce qu'il a, mais refusant toujours d'aller le voir :

Nous ne regardons pas le soleil face à face,
Quand il répand sur nous ses rayons lumineux ;
Le roi, c'est le soleil, devant qui je m'efface ;
Le regarder de près c'est se brûler les yeux.

Mais Jean le Laboureur a beau se cacher, le roi a entendu parler de lui, et désire le voir.

Il quitte donc la chasse, et vêtu comme un simple gentilhomme, il vient seul frapper à la maison de Jean qui le reçoit très poliment, sans soupçonner un seul instant que c'est le roi :

JEAN.

Monsieur, prenez ce siège.

LE ROI.

Oh ! non pas, je vous prie.
Asseyez-vous d'abord.

JEAN.

Quelle cérémonie !
La chaise et la maison sont à moi, Dieu merci,

Vous n'avez pas le droit de commander ici,
Je suis maître céans, et je vous en avise ;
Oui, tant que vous serez, Monsieur, dans ma maison,
Sachez qu'il ne faudra ne faire qu'à ma guise.

LE ROI.

Procédé d'Hidalgo !

JEAN.

Procédé sans façon
D'un simple villagois qui dans son coin ordonne,
Et veut qu'on obéisse à sa seule personne.

LE ROI.

Mon cher ! si vous allez à Paris quelque jour
Je vous promets, d'honneur, que mon cœur et ma porte
Vous seront tout ouverts pour payer à mon tour,
Au prix de tout mon bien, l'amour que je vous porte.

JEAN.

A Paris, moi !

LE ROI.

Quoi donc ! n'irez-vous pas y voir
Les jardins, les palais, la cour, pour satisfaire
Au désir que j'aurais de vous y recevoir ?

JEAN.

Moi, dans Paris ?

LE ROI.

Où donc est l'extraordinaire ?

JEAN.

Si c'est là que jamais nous devons nous revoir,
Autant vaut renoncer de suite à cet espoir.

LE ROI.

Et pourquoi ce dédain ?

JEAN.

De cet humble village
Je ne sortis jamais depuis mon plus jeune âge ;

J'y cultive le bien dont Dieu me fait jouir,
Et dans ce petit coin, j'ai deux lits à ma guise ;
L'un est dans ma maison et l'autre dans l'église ;
Ils suffisent tous deux pour vivre et pour mourir.

LE ROI.

A vous en croire alors, jamais de votre vie,
Vous ne vîtes le Roi.........

JEAN.

Je n'en ai point d'envie.
Nul plus fidèlement ne lui garde sa foi,
Et ne l'a respecté comme je le fais, moi,
Qui ne le vis jamais.

LE ROI.

Et cependant il passe
Par ici mille fois pour aller à la chasse.

JEAN.

Moi, je me cache alors au fond de ma maison,
Et vous savez déjà quelle en est la raison :
Je l'honore de loin et sans voir son visage ;
Mais par réflexion je crois être, en petit,
Un roi comme le roi, même avec avantage,
Car je dors mieux et mange avec plus d'appétit.

LE ROI.

Ah ! vous avez raison.

JEAN.

Plus que lui, je suis riche,
Car je puis prodiguer le temps dont il est chiche,
Si je veux aller seul, je m'en vais seul sinon,
Je choisis à mon gré, quelque bon compagnon ;
Bref, de ma volonté je suis roi sans contrôle,
Sans souci, sans affaire, et c'est le meilleur rôle ;
Car le plus grand bonheur où tendent nos désirs
C'est bien, sans contredit, d'être riche en loisirs.

LE ROI, *à part.*

Philosophe des champs, ah ! combien plus encore
Je t'envie.........

JEAN.

En été, je me lève à l'aurore,
Car c'est mon bon plaisir ; et mon premier devoir
Est d'aller à l'église où j'entends une messe
Que nous dit le curé, qui veut bien recevoir
Mon aumône du jour, suffisante largesse
Pour que nos indigents puissent un peu dîner ;
Après quoi je reviens, tout joyeux, déjeûner.

LE ROI.

De quoi déjeûnez-vous ?

JEAN.

Oh ! d'une bagatelle ;
De deux morceaux de lard dont la graisse ruisselle ;
Au milieu l'on découvre un jeune et gras pigeon,
Ou même quelquefois un honnête chapon.
Si mes fils sont levés, nous causons de la grange,
Et selon la saison, de moisson, ou vendange,
Jusqu'à près de midi ; puis tous trois nous dînons.
....

Cette peinture du bonheur champêtre ravit le roi, et il fait entrer Jean dans tous les détails de sa vie journalière. Puis, il l'amène adroitement à lui exprimer ses sentiments à l'égard du roi :

JEAN.

Je suis roi dans mon coin...pourtant, si notre roi
Me demandait mes fils et ma maison...ma foi,
Comptez qu'ils sont à lui, n'importe où je le trouve ;
Je le dis et c'est vrai, qu'il vienne et qu'il m'éprouve ;
Il verra qui je suis.

LE ROI.

Vous m'étonnez vraiment.
Quoi ! Si le roi jamais avait besoin d'argent,
Vous le lui prêteriez ?

JEAN.

Oui, toute ma fortune,
M'eût-il fait mille torts ! Tout ce que nous avons
N'est-il pas bien à lui, si nous le lui devons ?
Il veille, tout armé, pour la cause commune,
Il nous garde, et son bras nous conserve la paix.

LE ROI.

Allez le voir, il peut vous anoblir.

JEAN.

Jamais.
Car je n'en suis pas digne, et sachez-le quand même,
Pour moi, ce petit coin est le bonheur suprême.

Le roi admire de plus en plus. Il prend le souper avec le laboureur, et fait la connaissance de toute sa famille.

Mais, après la chasse, une fois rentré dans son palais, il veut mettre à l'épreuve le dévouement de Jean, et lui envoie demander cent mille écus. Le laboureur s'exécute de bonne grâce.

Plus tard, il lui fait demander son fils pour un poste à la cour, et sa fille pour être dame d'honneur. C'est un sacrifice immense pour le vieux Jean, mais il s'y résigne en pleurant.

Enfin le roi lui envoie l'ordre de se rendre lui-même au palais, et l'on peut imaginer sa confusion et son embarras, quand il reconnait dans le roi le gentilhomme auquel il a donné l'hospitalité.

Le roi le fait manger à sa table, nomme son fils gouverneur de Paris, marie sa fille avec un grand seigneur, et pour punir le vieillard de n'avoir pas voulu le voir auparavant, il le condamne à le voir désormais tous les jours, en le faisant son majordome.

La comédie ne dit pas si le majordome fut heureux ; mais je suis bien sûr qu'il a dû regretter souvent ses champs couverts de moissons et la vie paisible de son village.

Une autre comédie, qui a aussi son côté champêtre et qui est tout à fait remarquable, met en scène les plus nobles et les plus fiers caractères qu'il soit possible de rencontrer parmi les paysans, les Tello de Meneses.

Il y a tant de beautés dans cette pièce que je ne puis résister à la tentation de l'analyser. Elle prouve d'ailleurs que l'on a eu bien tort de soutenir que Lopë de Véga ne savait pas dessiner des caractères.

Le roi de Léon a voulu marier sa fille, l'infante Elvire, au roi maure de Cordoue et de Tolède. Pour échapper à ce mariage odieux l'infante s'est enfuie, et pour échapper à la misère elle s'est mise en service chez des laboureurs puissamment riches, les Tello de Meneses. Elle a pris le nom de Juana, et personne ne connaît son origne.

Tello, le vieux, a un fils de vingt ans remarquable par son intelligence, par ses goûts distingués et ses hautes aspirations. Sous l'habit de la servante il a deviné la femme noble et distinguée, et il en devient éperdûment amoureux. L'orgueil de l'infante la protège quelque temps contre cet amour ; mais elle finit par s'éprendre elle-même du jeune Tello.

Le roi de Léon croit que sa fille est morte, et, un jour, il écrit au vieux Tello, qu'il sait riche et dévoué, de lui prêter vingt mille ducats, pour l'aider à soutenir la guerre contre le roi de Cordoue.

—Tu lui en porteras quarante mille, dit le vieillard à son fils, vingt que je lui prête et vingt que je lui donne.

Naturellement le roi est charmé. Il nomme le jeune Tello alcaïde, et le père, seigneur de haute et basse justice. Il promet même d'aller quelque jour faire visite au vieux Tello.

Il s'y rend en effet, reconnaît sa fille, qui lui avoue son amour pour Tello, fils, et consent à leur mariage.

Neuf ans après le roi meurt, laissant le trône à son fils Alphonse, qui ne parait pas disposé à conserver des relations amicales avec les Tello de Méneses. L'infante, qui a déjà un fils de huit ans, vient de mettre au monde un autre fils, et le roi, prié d'être le parrain de l'enfant, a refusé froidement.

Le vieux Tello en est profondément blessé et affligé. Il se rappelle son bonheur paisible d'autrefois, et il exhale sa plainte :

—Oh Tello ! comme tu vivais autrefois tranquille, toi seigneur de la montagne que la mer espagnole entoure et défend comme par un mur éternel ! Quelle destinée trompeuse est venue loger les chevaux des rois dans l'écurie de tes bœufs ! Toi-même ne te vantais-tu pas de te réveiller, chaque jour, avec la blanche aurore, pour voir le vert encadrement où court la fontaine sonore à la voix de cristal, les blés où murmurent les grillons, les forêts où chantent les petits oiseaux, peints de cent couleurs! Ne vantais-tu pas les nuits dont les heures sans horloge s'écoulaient si tranquilles? Vit-on jamais les carrosses circuler dans les ornières que creusent les humbles charrettes, quand leurs roues, en brisant les ardoises, imitent le bruit des cigales? Ne disais-tu pas que l'âme ne rencontrait la paix que dans la solitude? Qui donc a amené la cour dans ce désert, qui ressemblait à une thébaïde? Qui a greffé dans nos habitudes le titre de *seigneurie*? Tello, il faut pourtant se résigner; puisque tu as voulu, avec tant d'imprudence, trancher du grand seigneur, sache que l'inquiétude en est la première condition, et que la grandeur est une fatigue sous le voile de la courtoisie. "

Cependant, le baptême de l'enfant vient d'être célébré avec faste, lorsque le roi survient avec une escorte et emmène sa sœur à la cour, en déclarant qu'il va rompre son mariage.

Le vieux Tello proteste, l'infante résiste, mais le roi invoque la raison d'Etat. Il n'a pas d'enfants, et il ne veut pas qu'un Tello hérite de la couronne d'Espagne.

Il va donc consulter les évêques de Léon et d'Alviédo, et l'archevêque de Saint-Jacques; mais les évêques répondent qu'ils ne peuvent annuler le mariage, et la chose est référée à la cour de Rome.

Sur ces entrefaites, le vieux Tello va, avec son petit fils Garcia Tello, rendre visite au roi, et il lui adresse ce discours qui révèle toute la grandeur et la noblesse de ce caractère:

“ Ecoutez-moi, seigneur. Je ne vous dirai pas les projets de votre père, la fuite de votre sœur, sa présence dans notre maison, l’amour de mon fils, vous avez su tout cela ; vous avez su aussi la manière dont votre auguste père reconnut sa fille et autorisa son mariage avec mon fils ; vous étiez alors en Portugal ; votre père mourut, vous avez hérité et êtes revenu à Léon. Je vous ai envoyé mes félicitations et mes présents, vous les avez dédaignés parce que l’humble mariage de l’infante, votre sœur, vous a toujours déplu. Pourtant le comte de Castille, vive Dieu ! ne vaut pas mieux que Tello de Meneses ni aucun de ceux qui sont nés sur la terre dont la mer d’Espagne entoure les deux rives sous la voûte du firmament ; car je descends de ce Goth qui fut un prodige et un rayon, de ce Goth que le ciel engendra pour la destruction des Maures. Son sang coule dans mes veines, je suis une étincelle de cette foudre ! Si j’ai vécu parmi de rudes laboureurs, qu’ont perdu à cela mes écussons de noblesse ? Les blasons, les armoiries, les titres de mes aïeux ne redoutent pas le temps, et l’oubli ne peut les recouvrir. Les aïeux de Dieu ont été des pasteurs, et puisqu’il s’honore de cette condition, la plus ancienne et la plus noble du monde, l’homme peut bien honorer ce qu’estime Dieu lui-même ! Vous avez enlevé à l’infante son mari, contre la loi de Dieu, mais si vous avez quelque crainte, bien qu’elle soit injuste, rendez-nous l’infante et je vous donnerai mon petit fils ; élevez-le comme vous le trouverez bon, mais ayez une meilleure idée de ma fidélité ; nous ne sommes pas tous des rois, mais tous nous sommes les descendants des rois Goths. N'enlevez pas par crainte ou par suite de mauvais conseils une femme à son mari ; si vous voulez des vassaux honorez-les, car le vieux Tello a de l'argent, des armes et des chevaux ; faites attention que vous êtes maintenant un nouveau miroir dans lequel vos sujets vont se regarder ; ne le souillez pas, car il n'est pas d'un roi sage de commencer son règne par l'injustice et l'outrage."

Le Roi.

Assez, Tello ; je vous ai entendu ; si j'ai enlevé ma sœur à votre fils, c'était pour qu'elle pût devenir comtesse de Castille lorsque son mariage serait rompu ; aujourd'hui je cède à la crainte de Dieu et je la rends à son mari. Remmenez-la donc, votre bon droit est clair, mais c'est à deux conditions.

Tello.

Vous faites ce que j'attendais de votre cœur héroïque.

Le Roi.

D'abord mon neveu restera avec moi.

Tello.

C'est juste.

Le Roi.

Je vous écrirai plus tard l'autre condition."

Là-dessus le vieux Tello prend congé du roi, et peu de temps après on lui apporte une lettre qui lui fait connaître l'autre condition : " c'est que les Tello n'appelleront plus la sœur du roi infante, mais Elvire de Meneses."

—" Je tiens ce nom, dit alors fièrement dona Elvire, comme un plus grand honneur que celui de Léon."

Mais voilà que les Maures deviennent menaçants, et s'avancent contre le royaume de Léon. Mal conseillé et entretenu dans la haine des Tello par don Arias, le roi envoie contre les Maures Tello, le mari de l'infante, avec mille hommes seulement, bien convaincu qu'avec si peu de soldats il se fera tuer.

Mais Tello revient vainqueur, et il dit au roi : Seigneur, je ne dirai pas comme César, je suis venu, j'ai vu, j'ai vaincu ; je dois dire : je suis venu, j'ai vu, et Dieu a vaincu.

Enfin, cette victoire a réconcilié le roi avec les Tello, et il vient les visiter. Il embrasse l'enfant Tello et le fait grand d'Espagne.

Il se rend à l'église où sont suspendus les drapeaux conquis par Tello sur les Maures, et il le complimente sur la beauté de l'édifice :

Le Roi.

Cette église est splendide, Tello, que vous a-t-elle coûté ?

Tello, le vieux.

—Ce que je dépense pour l'honneur de Dieu, je ne le porte pas sur mes livres ; pour tout ce qu'il m'a donné, ce que je lui rends est bien peu de chose, et plus je paye et plus ma dette augmente.

Les serviteurs apportent alors un manteau, une couronne, une épée et des éperons, et le roi arme chevalier Garcia Tello, agenouillé devant lui :

Le Roi.

—Agenouillez-vous, Garcia Tello, aujourd'hui je vous arme chevalier.... Ecoutez avec attention à quoi ce titre vous oblige. Vous défendrez avant tout la loi de Dieu ; vous garderez la loyauté au roi et respect à la justice ; dans la guerre contre les Maures, jamais vous ne fuirez, parce que les hommes nobles reviennent vainqueurs ou meurent au champ de bataille ; vous combattrez en champ clos toutes les fois que vous y serez appelé pour vous défendre d'une accusation de trahison ; libre ou prisonnier vous garderez foi et hommage à votre souverain, et vous ne consentirez jamais à ce qu'on outrage une femme. Voilà, Garcia Tello, ce que vous devez jurer devant moi.

Garcia.

—Je le jure.

Le Roi.

—Eh bien, chevalier, recevez ces trois coups et relevez-vous.........

Ainsi finit la pièce qui est très dramatique, et qui est remplie des plus nobles sentiments.

Lope de Véga a fait aussi beaucoup de drames héroïques, dont les sujets sont empruntés tantôt à l'histoire d'Espagne, tantôt aux chroniques italiennes.

En voici un intitulé : " l'Argent fait la noblesse ", et qui s'ouvre par un tableau des plus saisissants.

Une révolution a renversé le roi de Naples, et Julia Laurencia est proclamée reine. Elle fait son entrée dans la ville au milieu d'une pompe extraordinaire.

Toutes les maisons sont pavoisées de mille couleurs, excepté une seule qui reste sombre et triste. C'est la demeure du comte Federico, qui a combattu pour le roi détrôné, et sacrifié toute sa fortune à son service.

Il est seul avec ses trois fils, Rufino, Luciano, Octavio, et il les fait ranger sur son balcon, en leur disant :

" Vous allez servir d'ornements à ces murs nus et délabrés, puisque je n'ai point d'autre étoffe à y suspendre ; vous êtes vous-mêmes l'étoffe vivante de mon âme, et je vous mets devant cette misérable maison tous les trois, pour que l'orgueilleuse qui va passer puisse voir, devant la plus pauvre demeure, la plus riche des tentures.

Rufino.

Seigneur.

Luciano.

Mon père.........

Octavio.

Vous pleurez.........

Le Comte Federico.

Couvrez, couvrez ce pauvre mur.

(Les trois fils se rangent le long des murailles.)

Rufino.

Serons-nous bien ainsi ?

Le Comte Federico.

Vous en couvrez bien peu, hélas ! Etendez aussi vos bras !

Rufino.

Sommes-nous bien ?

Le Comte Federico.

Oh ! brocards que je trouve plus beaux que tous ceux de soie et d'or ! On fait bien d'appeler la pauvreté une croix, puisque vous êtes crucifiés......... "

Mais la reine arrive au milieu des fanfares et des cris de la foule, elle s'arrête devant ce singulier spectacle, et interroge Federico qu'elle ne connait pas.

Le Comte Federico.

" J'ai voulu, madame, dépasser les merveilles que Naples déploie en votre honneur ; j'ai suspendu à ces murs les étoffes tissues par mes entrailles ; ce sont les morceaux de mon âme, ou plutôt ce sont des âmes entières, tentures vivantes que le sang de mon cœur a créées ; oui, ce sont des âmes qui servent d'ornements à mes pauvres murs ; je vous les offre, puisqu'il ne reste rien autre chose à vous offrir.

Julia.

Qui êtes-vous ?

Le Comte Federico.

Je suis celui que je n'étais pas.

Julia

Qui étiez-vous ?

Le Comte Federico.

Celui que je ne suis plus maintenant ; je suis tellement différent de celui que j'étais, que je ne me connais plus moi-même.

Julia.

Qui êtes-vous ?

Le Comte Federico.

Ce que vous voyez doit suffire à vous l'apprendre ; l'apparence le dit à haute voix.

Julia.

Enfin qui êtes-vous ?

Le Comte Federico.

Je fus l'homme le plus riche, le plus puissant et le plus heureux ; maintenant je suis le plus infortuné ; telle est la puissance de la pauvreté qui abaisse autant que la richesse élève. "

Ce début est tout-à-fait dans le genre de Shakespeare.

Mais je veux analyser un autre drame, qui a pour titre " l'Etoile de Séville " et que Corneille a dû étudier avant d'écrire le Cid.

La Estrella de Sevilla désigne une belle Sévillane qui a pour seul protecteur son frère Busto Tabera, et pour fiancé don Sancho Ortiz de las Roëlas, ami de son frère.

Le mariage est décidé et s'apprète.

Mais le roi don Sancho *el Bravo* a vu Estrella et s'est épris d'elle. Grâce à la complicité d'une esclave, gagnée à prix d'argent, il a pénétré dans la maison de Tabera pendant la nuit. Heureusement pour la belle Estrella son frère Busto était auprès d'elle. Il tire son épée, et veut forcer le roi à défendre sa vie. Le roi se nomme, mais Busto lui dit qu'il en a menti, qu'un roi ne se conduit pas de la sorte, et il le tuerait si les serviteurs ne réussissaient pas à le dérober.

Busto Tabera s'assure alors de la trahison de l'esclave, la tue, et va suspendre son cadavre à la grille du palais royal.

On imagine facilement la fureur du roi. Pour se venger il fait appeler Sancho Ortiz dont il connaît la bravoure et le dévouement, et il lui dit :

“ Quel châtiment mérite l'homme qui a tiré l'épée contre son roi ?

Don Sancho.

La mort.

Le Roi.

La donneras-tu au coupable ?

Don Sancho.

Oui, après l'avoir appelé en duel, car je ne suis pas un assassin.

Le Roi.

Pourvu qu'il meure, peu m'importe comment. A quelle récompense prétends-tu ?

Don Sancho.

Epouser celle que j'aime est toute mon ambition.

Le Roi.

J'y pourvoirai."

Le roi donne alors à don Sancho deux lettres scellées ; l'une est sa propre déclaration que c'est par son ordre que don Sancho a tué un homme coupable de lèse-majesté ; l'autre contient le nom de la victime désignée.

Don Sancho déchire la première, car la parole du roi lui suffit, et il emporte la seconde. Qu'on juge de sa douleur, quand il apprend en l'ouvrant que la victime désignée est son meilleur ami, le frère de sa fiancée.

Tabera vient le voir pour presser le mariage. Mais Sancho lui dit qu'il ne peut épouser sa sœur, le provoque en duel et le tue. Puis il se livre à la justice, et refuse de dire pourquoi il a tué Tabera.

En apprenant cette horrible nouvelle, Estrella va se jeter aux pieds du roi, et le supplie de lui livrer l'homicide. Elle veut être elle-même son juge.

Le roi lui accorde sa demande, et lui donne un anneau qui lui ouvrira la prison de don Sancho.

Elle y pénètre enveloppée dans une mante, et voilée de telle sorte que son fiancé ne la reconnaît pas.

Estrella.

"Je vous rends la liberté ; allez avec Dieu, Sancho Ortiz, sachez que j'use envers vous de clémence et de pitié ; allez avec Dieu : vous êtes libre.—Pourquoi vous arrêtez-vous ? que regardez-vous ? Pourquoi hésitez-vous ? Le temps s'use dans ce retard. Allez! un cheval vous attend sur lequel vous pourrez vous échapper ; un serviteur a tout l'argent nécessaire pour votre route.

Don Sancho.

Señora, laissez-moi baiser vos pieds.

Estrella.

Ce n'est pas le moment ; partez.

Don Sancho.

Je partirais plein d'un trop grand souci ; je veux savoir qui me délivre, pour savoir à qui je dois toute ma reconnaissance.

Estrella.

Je suis une femme qui ai pour vous de l'attachement ; j'ai votre liberté en mon pouvoir, et je vous la donne : allez avec Dieu.

Don Sancho.

Je ne sortirai pas de cette prison, si vous ne dites pas qui vous êtes, ou si vous ne vous découvrez pas le visage.

Estrella.

Je n'ai pas le temps de le faire.

Don Sancho.

Je veux vous payer ma vie et ma liberté : je veux savoir à qui j'ai une si grande obligation pour la reconnaître un jour.

Estrella.

Je suis une femme noble, et, à tout considérer, la femme qui vous aime le mieux, et que vous aimez le plus mal ; allez avec Dieu.

Don Sancho.

Je ne le ferai jamais si vous ne vous découvrez pas sur l'heure.

Estrella.

(Se dévoilant.)

Eh bien ! pour vous décider à partir c'est moi.

Don Sancho.

Quoi ! c'est vous, étoile de mon âme.

Estrella.

Je suis l'étoile qui te guide et qui te conduit à la vie ; va-t-en, l'amour a triomphé de la rigueur ; car je t'aime et je suis pour toi une étoile favorable.

Don Sancho.

Quoi ! tu n'as que des rayons de grâce pour ton plus grand ennemi ! Peux-tu avoir tant de pitié pour moi ? Non, traite-moi avec plus de cruauté ; car ici la rigueur sera de la pitié, puisque le châtiment est tout ce que j'implore ; ordonne donc qu'on me fasse mourir. Quoi ! tu donneras la liberté à celui qui a donné la mort à ton frère ; il n'est pas juste que je vive puisque c'est par moi qu'il a été tué. Il doit te perdre aussi, celui qui a perdu un tel ami ! si tu me donnes la liberté j'en profiterai pour me livrer à la mort ; en restant prisonnier qu'aurais-je besoin de la demander ?

Estrella.

Mon amour est plus ferme et plus fort que le tien ; je te donne la vie.

Don Sancho.

Hé bien, moi ! je me donne la mort puisque tu veux me délivrer ; si tu agis comme tu dois agir, j'agirai de mon côté comme je dois le faire.

Estrella.

Pourquoi veux-tu mourir ?

Don Sancho.

Pour te venger.

Estrella.

De quoi ?

Don Sancho.

De mon action déloyale.

Estrella.

C'est cruauté.

Don Sancho.

C'est justice...... Je ne vois que l'honneur ; ma vie t'offense."

Enfin Estrella ne peut le convaincre, et il reste prisonnier.

Son procès s'instruit. Il persiste à se taire quand on lui demande pourquoi il a tué son ami. Qu'un autre le dise !

Mais cet autre, qui est le roi, hésite à parler. Il s'efforce d'influencer les juges afin qu'ils ne condamnent don Sancho qu'à l'exil ; et cependant le malheureux est condamné à avoir la tête tranchée.

Alors don Sancho est amené devant le roi, entouré des juges, et en présence d'Estrella.

—Qui t'a commandé de donner la mort à Tabera, lui demande le roi.

—Un papier, répond don Sancho.

—Signé par qui ?

—Si le papier pouvait parler il le dirait. Mais moi, je ne le dirai pas.

Enfin, le roi déclare que c'est lui-même qui avait donné l'ordre.

—Si vous avez donné cet ordre, disent les juges, c'est que vous aviez un motif raisonnable.

Alors don Sancho rappelle au roi qu'il s'est engagé à lui donner pour femme celle qu'il aime, et le roi demande le consentement d'Estrella. Ecoutez la fin de cette scène :

Estrella.

Qu'il soit fait selon votre bon plaisir, il a mon cœur

Don Sancho.

Et elle a le mien.

Le Roi.

Alors que manque-t-il donc pour que le mariage se fasse ?

Don Sancho.

L'union des volontés.

Estrella.

Et celle-là ne pourra jamais exister entre nous, quand même nous serions mariés.

Don Sancho.

C'est vrai, et par cette raison, je te rends ta parole.

Estrella.

Moi aussi, je te rends ta parole. Car voir toujours le meurtrier de mon frère à ma table serait un tourment pour moi.

Don Sancho.

Et ce serait pour moi une torture de toujours voir la sœur de celui que j'ai injustement tué, et que j'aimais comme mon âme.

Estrella.

Hé bien ! nous sommes donc libres.

Don Sancho.

Oui.

Estrella.

Hé bien ! Adieu.

Don Sancho.

Adieu.

Le Roi.

Attendez.

Estrella.

Seigneur, celui-là ne sera pas mon époux qui a tué mon frère ; pourtant je l'aime et je l'adore.

Don Sancho.

Et moi j'ai beau l'aimer, la justice ne veut pas que je l'aie pour épouse.

Le Roi.

Quelle grandeur d'âme ! Tout ce monde m'étonne.

Le Juge.

C'est le caractère des gens de Séville."

On voit quelles ressemblances il y a entre ce drame et la tragédie de Corneille. Le dénouement diffère cependant, et j'avouerai que je préfère celui-ci. Il m'a toujours répugné que dona Chimène épousât le Cid qui avait tué son père.

XXX

CALDERON

Carrières diverses.—Succès au théâtre.—Critique des mœurs de son temps.—Les *Précieuses* espagnoles.—L'honneur des hidalgos.—*Le dernier duel en Espagne.* —*La vie est un songe.*—Jugements critiques.

La gloire artistique semble être un produit naturel de la grandeur militaire et politique d'une nation. C'est quand l'Espagne fut parvenue à l'apogée de sa puissance que les arts fleurirent chez elle avec un éclat extraordinaire.

Sur ce chemin couvert de lauriers et tout radieux de gloire que parcourt le monde civilisé pendant le seizième et le dix-septième siècle, l'Italie avait précédé l'Espagne, et l'Espagne précéda la France.

Cervantes, Lope de Vega, Tirso de Molina, et quelques autres génies espagnols parurent près d'un demi-siècle avant Corneille. Calderon naquit six ans seulement avant le grand tragique français.

Il y avait près de vingt ans que Lope de Véga travaillait pour le théâtre, et se couvrait de gloire, lorsque Calderon entra dans la même carrière. Il eut ainsi sur Lope l'avantage d'avoir un modèle, et il le surpassa.

Sa famille était d'ancienne noblesse, et son père, don Diego Calderon de la Barca, était secrétaire du conseil des finances.

Il fut presque aussi précoce que Lope de Véga, et il fit à l'âge de treize ans une comédie intitulée " Le char du ciel " *el Carro del Cielo.*

Il n'était pas mieux doué, mais il profita des œuvres de ses devanciers, et ses comédies sont plus parfaites de forme. Lope de Véga fut plus fécond ; car il fut un prodige, sous ce rapport. Mais Calderon a plus d'élévation dans les conceptions, plus de vigueur dans la création des caractères, et il n'a pas moins de verve et d'esprit.

Sa vie ne fut pas moins aventureuse que celle de son émule. Il fut d'abord avocat ; puis il entra dans l'armée, et finalement il devint prêtre. Mais dans chacune de ces trois carrières il fit des comédies, et les succès qu'il obtint furent immenses. Nul n'a mieux que lui mis en action le *castigat ridendo mores* des anciens. Tous les défauts des hommes, et en particulier ceux des Espagnols, ont trouvé en lui un censeur malin et spirituel. Mais sa critique n'est jamais acerbe, et ses épigrammes sont rarement blessantes. Le poète est bienveillant, mais perspicace et de joyeuse humeur.

Ecoutez ces traits satyriques dirigés contre l'hidalgo vaniteux qui regarde tout roturier avec un souverain mépris, et auquel le travail paraît avilissant.

Don Mendo—c'est son nom—est si pauvre qu'il dine bien rarement ; mais il ne veut pas admettre qu'il ait jamais faim. " Que la canaille éprouve ce besoin, dit-il, à la bonne heure ; mais nous ne sommes pas tous égaux : un homme de ma classe peut se passer de dîner."

Il aime une demoiselle très riche qui lui apporterait en dot de quoi dîner tous les jours de sa vie ; mais elle est fille d'un plébéien ! Fi !

Un jour, il frappe son valet et lui casse deux dents. Nuño, le valet, lui répond : " Vous avez très bien fait, ce sont des meubles inutiles quand on est à votre service "—Viens me donner mes armes, demande-t-il—Et Nuño reprend : " mais, mon maître, je ne vous en connais d'autres que celles qui sont sur la porte de votre maison."

Et, quel langage il parle ! La belle qui paraît le soir à son balcon, est pour lui, " le soleil, couronné de diamants qui recommence sa carrière, et qui se lève aujourd'hui à l'heure où il se couche ordinairement."

Elle lui dit des injures ; il lui répond que " ses rigueurs l'embellissent, et que sa colère est un ornement."

Du reste, les valets ont, comme les maîtres, leurs défauts, et le poète les stigmatise finement.

—" Faites-moi mon compte,dit l'un d'eux à son maître, je prends congé de vous. Vous avez commis une injustice criante à mon égard."

—Qu'est-ce qu'il y a donc ? demande le maître.

—Depuis un an vous êtes en amour, et vous ne m'avez pas même dit le nom de votre belle. Le nom de la Dame, ou je pars."

On questionne un domestique sur une aventure galante de son maître :

—" Je suis son valet, répond-il, je vous la dirais, même sans la savoir ! "

Voulez-vous savoir quelle est la religion d'une duègne ?—" C'est de parler, répond Calderon ; ce serait une apostasie si elle s'avisait de se taire.

" Plutôt que de faire ce que vous demandez, dit une de ses héroïnes, je perdrais la vie."—" Et moi, dit une autre, je resterais fille, ce qui est bien plus pénible encore."

Ce qui est à la fois curieux et intéressant dans les œuvres de Calderon c'est l'extrême variété des personnages, et les styles différents qui s'adaptent aux divers sujets qu'il traite.

Parfois sa manière a les fadeurs et les préciosités qui distinguaient ses prédécesseurs et les écrivains français de cette époque ; c'est ainsi qu'il fera le portrait d'une belle : " chaque tresse de sa blonde chevelure est un rayon de soleil ; sa peau blanche et fine a la fraicheur et l'éclat de la neige ; ses sourcils sont deux arcs-en-ciel, ses yeux des étoiles brillantes, ses joues des roses entourées de jasmin, ses dents des perles du plus bel orient, son cou un bloc d'ivoire gracieusement arrondi, sa taille celle d'une nymphe "....

D'autres fois, son style se rapproche plutôt du genre romantique, et, comme les dramaturges de nos jours, il associe la nature physique aux sentiments de ses héros. Ainsi, dans *l'Alcade de Zalaméa*, Isabelle s'écrie sur un ton lyrique : " O jour, ne viens plus éclairer le monde... O vous dont le règne ne dure qu'une nuit, fugitives étoiles, ne permettez pas que l'aurore vienne si tôt vous remplacer dans la plaine azurée du ciel ; son aimable sourire et ses larmes ne valent point vos douces clartés ; et s'il faut enfin que l'aurore se montre, qu'elle ne laisse voir que des larmes ! Et toi, soleil, prolonge ton séjour dans le sein des mers écumantes ; souffre pour cette fois du moins que l'empire douteux de la nuit dure quelques heures de plus. Soleil, sois sensible à ma prière ; fais en sorte qu'on puisse dire que tes faveurs sont volontaires, et non l'effet d'un ordre invariablement établi "....

Il est un sentiment qui domine dans toutes ses œuvres, et dont il ne se départit jamais ; c'est celui de l'honneur. Le noble et le roturier ne l'entendent pas de la même manière, mais tous proclament bien haut qu'ils le possèdent et sont fidèles à le défendre.

—" L'honneur ne s'achète pas, dit un noble hidalgo. Le routurier qui s'achète un titre de noblesse, ressemble à l'homme chauve qui porte une perruque. Je ne veux pas d'un honneur postiche. "

Un simple bourgeois lui dit : " Je saurai défendre mon honneur au péril de ma vie.

—L'honneur d'un vilain !

—Est le même que le vôtre, reprend le bourgeois ; nous devons sacrifier pour le roi nos biens, notre vie ; mais l'honneur, c'est notre âme : elle n'appartient qu'à Dieu ! "

Les brigands eux-mêmes parlent et agissent suivant les notions qu'ils ont de l'honneur. Il y avait jadis dans la Sierra Morena une bande de voleurs qui ne prenaient aux passants que la moitié de l'argent qu'ils avaient.

On sait que pendant plus de sept siècles les Castillans ont fait la *petite guerre* contre les Mores. Ils étaient organisées en bandes, et pratiquaient le brigandage contre les fils du Prophète, partout où ils les rencontraient. Ce genre de brigandage s'est souvent reproduit en Espagne depuis lors, et l'on a appelé ces bandes organisées *guerrillas*.

Les *guerrilleros* d'autrefois n'étaient pas toujours des saints, mais ils croyaient faire œuvre pie en pillant et dévastant, et ils faisaient dire des messes pour le succès de leurs entreprises.

Un des héros de Cervantes, dans son roman " Rinconnet et Cortadille " dit à un jeune homme :

" Vous êtes donc voleur ?

—Oui, pour servir Dieu et les honnêtes gens.

—Peut-on servir Dieu ainsi ?

—Seigneur, je ne me mêle point de théologie, mais chacun doit le servir dans l'état auquel il est appelé. "

Sans contredit, ces brigands valaient beaucoup mieux que bien des *honnêtes* gens de nos jours qui font fortune dans les intrigues politiques et dans l'agiotage.

Certes la politique d'alors était bien différente ; et parmi les gouvernants du jour il en est bien peu qui pourraient dire comme Charles-Quint : " Je veux que la récompense aille au-devant du mérite, et non que le mérite soit forcé de solliciter la récompense ! "

Un autre côté fort intéressant des mœurs de ce temps-là se trouve dans *le dernier duel en Espagne*, l'une des plus belles comédies de Calderon. Le poète y a mis en scène de curieux détails sur les usages de la chevalerie et les combats en champ clos.

Le duel était alors un combat singulier, autorisé par les lois pour de justes causes, et qu'on accompagnait des formalités les plus solennelles, et d'un cérémonial très imposant.

Tout d'abord, l'autorisation de se battre était demandée à l'empereur, et le différend lui était soumis. Dans le cas mis en scène par Calderon, il est référé au Connétable, chef de la justice et capitaine général des troupes.

Le Connétable par l'entremise des parrains, tente une réconciliation, et, quand il constate qu'elle est impossible, il accorde le combat. Il a lieu sur la place du palais de Valladolid, en présence de l'empereur Charles-Quint et d'un grand nombre de chevaliers. Les deux champions jurent sur l'Evangile qu'ils ne se battent pas par haine, rancune ou vengeance, mais seulement pour soutenir leur honneur et le défendre.

Ils jurent de plus de combattre à armes égales, sans ruse, avec franchise et loyauté, sans avantage l'un sur l'autre.

Charles-Quint est assis sur un trône à l'extrémité du champ clos. Les hérauts d'armes se placent aux angles de l'estrade du trône. Aux pieds du roi, le connétable dans un fauteuil, avec une table devant lui et un missel.

A l'autre extrémité du champ clos, deux tentes où sont les duellistes avec leurs parrains et leurs suites :

Le Connétable.

“ Que les quatre hérauts d'armes fassent faire silence. Que le premier publie le ban à haute voix.

Le premier hérault d'armes :

Ecoutez, écoutez tous.

De par le roi et son connétable, défense est faite, sous peine de la vie, à toute personne, sans exception, de franchir la barrière du champ. Défense est également faite, sous la même peine, et tant que le combat durera, d'élever la voix pour applaudir ou blâmer l'un ou l'autre des deux champions, quoi qu'il arrive, de faire des signes de la main, des yeux ou de telles manières que ce soit, enfin, de se permettre aucune action, parole ou mouvement quelconque qui puisse exciter l'ardeur ou affaiblir la confiance de l'un ou l'autre des combattants.

Les quatre hérauts d'armes à la fois.

Écoutez, écoutez tous : ainsi l'ordonnent le roi et son connétable.

(Les tambours battent au champ. Don Pèdre, armé de pied en cap, sort de la tente accompagné de son parrain et autres chevaliers. Le connétable s'avance vers lui pour le reconnaître.)

Le Connétable.

Quel est le chevalier armé de pied en cap qui se présente ? Chevalier, qui êtes-vous ?

L'amiral.

Celui qui vous demande l'entrée est don Pèdre de Torrellas.

Le Connétable.

S'il ne relève pas sa visière, je ne le reconnais pas.

L'amiral.

(Soulevant la visière de Don Pèdre.)

Le connaisssez-vous à présent ?

Le Connétable.

Oui ; qu'il entre : mais qu'il ne dépasse pas cette ligne, et que personne autre n'entre avec lui. Attendez ; on m'appelle de l'autre côté.

(Les tambours battent au champ, Don Jérôme sort de l'autre tente, armé de pied en cap avec son parrain et autres chevaliers. Le connétable s'avance vers lui.)

Le Connétable.

Chevalier, qui entrez ici armé de pied en cap, votre nom ?

Le marquis de Brandebourg.

C'est don Jérôme de Hansa.

Le Connétable.

Si je ne vois son visage, je ne puis l'attester.

Le marquis

(Soulevant la visière de Don Jérôme.)

A présent vous le reconnaissez.

Le Connétable.

Qu'il entre, et que sa suite n'aille pas plus loin. Chevaliers, le champ est ouvert ; jurez de nouveau que vous combattez pour l'honneur et non pour une vengeance particulière. Qu'on sonne l'*Ave Maria*.

(Tout le monde se met à genoux. La caisse retentit de neuf coups de baguette, de trois en trois roulements ; tout le monde se relève, et le connétable retourne à son siège.)

Chevaliers, baissez la visière, embrassez vos parrains. Au combat, chevaliers !

Tous.

Allons, chevaliers, que Dieu et votre bon droit vous favorisent.

(On sonne la charge. Le combat commence d'abord avec la hache d'armes, ensuite avec l'épée ; enfin ils se saisissent corps à corps. Le roi jette la verge d'or sur le champ de bataille : les parrains s'élancent sur eux pour les séparer. Les deux champions ne veulent pas céder et cherchent à continuer le combat. Le connétable relève la verge d'or, le roi se lève sur son trône et paraît irrité de leur obstination.)

Le Connétable.

Ils en sont venus à se prendre corps à corps. Le roi a jeté sur le champ du combat sa verge d'or : tout combat doit cesser à l'instant même. Parrains, séparez-les.

Charles V.

(Descendant de son trône)

Qu'est-ce donc ? J'ai déposé la verge d'or ; j'ai pris sur moi la cause de tous deux ; je les déclare bons chevaliers ; et leur fureur est telle qu'ils continuent encore ! Qu'on les arrête à l'instant.

L'Amiral.

Ah ! sire !

Le Marquis.

Ah ! sire !

Charles V.

C'est assez......c'est assez...... Rendez grâce à de tels parrains. Je veux bien pardonner ; qu'on détache leurs casques. Donnez-vous l'un à l'autre la main, en signe d'amitié. Vous avez fait vos preuves de valeur ; je veux que cette valeur me soit utile dans d'autres occasions plus glorieuses."

On voit dans quelles conditions le duel était permis et de quelles précautions on l'entourait pour éviter les malheurs qu'il pouvait causer. Mais ce n'est pas tout, et pour juger mieux encore les mœurs d'alors il faut connaître le dernier mot de la pièce.

Quand les deux champions se sont donné la main, et qu'ils se sont tous deux fiancés avec leurs belles, présentes au combat, Charles-Quint dit au Connétable :

" Connétable, écrivez sur le champ au pape Paul III, qui occupe aujourd'hui le Saint-Siège, que je le supplie de faire condamner par le concile de Trente, actuellement assemblé, cette coutume barbare que les idolâtres nous ont laissée. Je veux que l'abolition des duels date de mon règne, et que celui-ci soit le dernier."

Calderon mettait volontiers en scène les rois et les grands seigneurs, et leur donnait alors non seulement des leçons de morale, mais aussi des règles de gouvernement. C'est le but qu'il s'est proposé sans doute dans une de ses pièces les plus curieuses intitulée : " La vie est un songe."

Un roi de Pologne, très savant et surtout grand astrologue, a un fils qui a reçu en naissant le nom de Sigismond. Mais ce fils est né au moment d'une éclipse de soleil, et sa mère est morte en lui donnant le jour.

C'est un fâcheux pronostic pour le roi, et, en consultant ses livres et les astres, il croit découvrir que cet enfant sera le prince le plus cruel et le monarque le plus impie, qu'il renversera son père du trône, et gouvernera mal son peuple.

Alors il fait publier que son fils est mort en naissant, et il le relègue dans une tour solitaire bâtie sur un rocher, dans des montagnes inaccessibles. C'est au milieu de ce désert que l'enfant grandit, sans autre société qu'un vieillard qui lui enseigne les sciences et l'instruit dans la foi catholique.

Mais un jour le roi entend les cris de sa conscience qui lui reproche sa conduite, et réunissant sa cour il raconte tout, et décide de tenter une expérience. Il va faire transporter son fils pendant son sommeil, de sa tour solitaire au palais ; il va l'installer sur son trône et lui laisser croire quand il s'éveillera qu'il est le roi.

Si son fils se montre alors prudent, sage et bon, il le gardera près de lui et le fera bientôt roi légitime ; mais s'il se montre orgueilleux, intraitable et cruel, il le fera renfermer de nouveau pendant son sommeil dans la tour solitaire. Ce ne sera plus alors une cruauté, mais un châtiment.

Le projet du roi est mis à exécution, Un narcotique puissant est administré au prince qui s'endort d'un sommeil léthargique ; et quand il se réveille, il est dans un palais somptueux, dans le brocart et la soie, entouré de valets qui le servent. Son vieux professeur lui apprend alors qu'il est le prince héritier de la couronne, et pourquoi il a été tenu renfermé depuis son enfance.

En apprenant cette nouvelle le prince entre en fureur, et non seulement il condamne à mort son vieil ami,mais il veut le tuer de ses mains. Les valets s'interposent, mais il menace de les jeter par les fenêtres.

Les courtisans sont traités de la même manière, et quand on lui parle de justice, il répond qu'il n'y a de juste que son bon plaisir.

Un valet ose lui résister, il le saisit et le précipite du haut d'un balcon.

Enfin son père se présente, et il le repousse en lui disant : " Je me passerai de vos embrassements comme j'ai fait jusqu'à ce jour. Que m'importent après tout les caresses d'un père qui m'a traité avec tant de rigueur, qui m'a fait élever parmi les bêtes sauvages et m'a renfermé comme un monstre ! "

Vient une dame de la cour, remarquable par sa beauté. Le prince lui fait une déclaration d'amour,et comme elle veut se retirer, il lui commande brutalement de rester.

" Vous n'oseriez, ni ne pourriez manquer aux égards que vous me devez, dit-elle.

" —Ne serait-ce que pour vous montrer que je le puis, je suis capable de perdre le respect que je vous dois ; car je suis porté à faire tout ce qu'on me dit être au-delà de mon pouvoir...... J'ai jeté un homme par cette fenêtre, prenez garde que je n'y jette aussi votre honneur."

Enfin, le prince fait preuve d'un caractère tellement emporté et violent, qu'on l'endort de nouveau, et qu'on le reporte dans sa tour, où il se réveille bientôt, enchaîné et couvert de peaux de bêtes.

Alors, son vieux gouverneur, Clotaldo, lui dit que tout ce qu'il a vu et fait n'était qu'un rêve. " Mais même dans un rêve, ajoute-t-il, vous auriez dû, Sigismond, vous conduire autrement que vous avouez l'avoir fait. Même en rêve, il est beau et utile de faire le bien.

Sigismond.

Il dit vrai.—Réprimons donc ce naturel farouche, ces emportements, cette ambition pour le cas où je viendrais encore à rêver. Il le faut et je le ferai, puisque je suis dans un monde si étrange que vivre c'est rêver, et je sais par expérience que l'homme qui vit rêve ce qu'il est jusqu'au réveil.—Le roi rêve qu'il est roi, et il vit dans cette illusion, commandant, disposant et gouvernant, et les louanges mensongeuses qu'il reçoit, la mort les trace sur le sable et d'un souffle les emporte. Qui donc peut désirer de régner, en voyant qu'il lui faudra se réveiller dans la mort.........Il rêve, le riche, en sa richesse qui lui donne tant de soucis ;—il rêve, le pauvre, sa pauvreté, ses misères, ses souffrances ;—il rêve, celui qui s'agrandit et prospère ;—il rêve, celui qui s'inquiète et sollicite ;—il rêve, celui qui offense et outrage ;—et dans le monde, enfin, bien que personne ne s'en rende compte, tous rêvent ce qu'ils sont. Moi-même, je rêve que je suis ici chargé de fers, comme je rêvais naguère que je me voyais riche et puissant. Qu'est-ce que la vie ? Une illusion, une fiction. Et c'est pourquoi le plus grand bien est bien peu de chose, puisque la vie n'est qu'un rêve, et que les rêves ne sont que des rêves."

Mais une révolution éclate, et les rebelles, voulant secouer le joug du vieux roi, viennent offrir le sceptre et la couronne au malheureux prince.

Sigismond.

" Qu'est-ce donc, grand Dieu !.......Vous voulez encore que je rêve de grandeurs qui s'évanouiront le lendemain ! Vous voulez qu'une fois encore mes yeux aperçoivent je ne sais quelle vaine apparence de majesté et de pompe qui va disparaître au moindre souffle ! Vous voulez qu'une fois encore je m'expose à un pareil désenchantement et que je coure ces dangers inséparables du pouvoir ! Non, cela ne peut pas être, cela ne sera pas.....Regardez-moi désormais comme un homme soumis à sa fortune ; et puisque je sais maintenant que la vie n'est qu'un rêve, disparaissez, vains fantômes, qui pour m'abuser avez pris une voix et un corps, et qui n'avez en réalité ni voix ni corps ! Je ne veux point d'une Majesté fantastique, je ne veux point d'une pompe menteuse, je ne veux point de ces illusions qui tombent au premier souffle,—semblables à la fleur délicate de l'amandier, que le plus léger souffle emporte au loin, et qui laisse alors tristement dépouillées ces branches dont ses couleurs charmantes faisaient le gracieux ornement.—Je vous connais à présent, je vous connais et je sais que vous abusez de même tout homme qui vient à s'endormir. Vos mensonges ne peuvent plus m'égarer; et je me tiens sur mes gardes,—sachant bien que la vie n'est qu'un songe."

Les soldats veulent le convaincre qu'il ne rêve pas cette fois, et que, s'il a rêvé auparavant, c'était une annonce en rêve des évènements réels qui vont s'accomplir.

Sigismond.

"Vous avez raison ; c'était sans doute l'annonce de ce qui devait être ; et d'ailleurs, puisque la vie est si courte, ô mon âme, livrons-nous à un nouveau rêve. Mais que ce soit avec prudence, avec sagesse, et de manière à n'en sortir qu'au moment favorable. Le désenchantement sera moindre, dès que nous y serons préparés : car on se rit des inconvénients qu'on a prévus. C'est pourquoi, bien persuadés que même le pouvoir le plus réel n'est qu'un pouvoir emprunté, et doit revenir tôt où tard à celui à qui il appartient, jetons-nous hardiment dans l'entreprise.—Mes vassaux, je vous suis reconnaissant de votre fidélité, et vous aurez en moi un homme dont la prudence et le courage vous délivreront du joug étranger. Que l'on sonne l'alarme et marchons! je veux vous montrer au plus tôt ma valeur. Dès ce moment, je me soulève contre mon père, et je prétends que mon horoscope s'accomplisse en le mettant à mes pieds. (*à part*) Mais quoi ! si je m'éveille auparavant, pourquoi parler d'une chose qui ne sera point réalisée ? "

Mais, cette fois, le prince se contient. Il réprime les mouvement de sa nature mauvaise, et il suit les soldats en disant :

" Allons, Fortune, marchons vers le trône, et si je dors, ne me réveille pas, et si je veille, ne me replonge pas dans le sommeil ! Mais que tout cela soit une vérité ou un rêve, l'essentiel est de se bien conduire : si c'est la vérité à cause de cela même, et si c'est un rêve, afin de se faire des amis pour le réveil."

Plus il réfléchit, plus il comprend qu'il doit bien se conduire Convaincu que tout ce qu'il voit n'est qu'un rêve, il ne pense plus qu'aux biens invisibles et éternels.

Bientôt son armée triomphe, et le roi vaincu, son vieux père, vient se livrer entre ses mains.

Alors le prince adresse aux Polonais un discours plein de sagesse dans lequel il démontre que son père a mal agi à son égard, qu'il a été injuste et cruel pour son fils, que ce n'est pas ainsi qu'il aurait dû corriger son caractère farouche, et, tendant la main au vieillard agenouillé, il lui dit : " vous devez être convaincu maintenant que vous n'avez pas interprété comme il fallait la volonté du ciel. Pour moi, je m'humilie devant vous, mon père et mon roi, et sans essayer de me défendre, j'attends votre vengeance. "

Le vieux roi lui répond en le pressant sur son cœur, et en lui remettant son sceptre et sa couronne.

Et comme il faut que toute comédie finisse par le mariage, le prince épouse Estrella, dont le rôle dans cette pièce n'est que secondaire.

Schlegel, parlant des comédies de Calderon, dit: " elles finissent par le mariage comme celles des anciens. Mais combien tout ce qui précède ce mariage n'est-il pas différent! Dans les pièces anciennes on se sert de moyens très immoraux pour satisfaire des passions sensuelles ou remplir un but égoïste; les hommes épient leurs faiblesses mutuelles et se combattent avec leurs forces morales, comme s'ils luttaient avec leurs forces physiques.

" Dans les pièces espagnoles, au contraire, on voit régner cette ardeur passionnée qui ennoblit toujours les désirs de l'homme, parce qu'elle les met hors de proportion avec toute jouissance matérielle...... L'honneur, l'amonr et la jalousie sont les ressorts de ces comédies. Le jeu hardi des passions les plus généreuses forme le tissu de l'intrigue, et aucune fourberie vulgaire n'y vient mêler ses fils grossiers. L'honneur est toujours un principe idéal, car il repose sur cette morale élevée qui consacre les principes des actions, sans avoir égard aux conséquences...... Caldéron donne aussi aux femmes un sentiment d'honneur également prononcé, qui l'emporte sur l'amour ou tient sa place à côté de lui. Ne pouvoir aimer qu'un homme irréprochable, l'aimer avec une pureté parfaite, ne souffrir aucun hommage équivoque, aucune atteinte à la dignité la plus sévère, voilà en quoi le poète fait consister l'honneur des femmes. La jalousie n'a pas dans les mœurs que dépeint Calderon, comme dans celles de l'Orient, la possession pour objet, elle s'attache aux plus légères émotions du cœur et aux signes imperceptibles qui les trahissent ; c'est un genre de jalousie fait pour ennoblir un sentiment qui, dès qu'il n'est pas entièrement exclusif, est altéré dans son essence la plus noble et la plus intime."

Je ne suis pas prêt à adopter entièrement cette opinion du critique allemand qui me paraît un peu optimiste, et je crois devoir citer comme correction ce qu'ajoute un critique français :

" Il ne faut pas croire aveuglément M. Schlegel, lorsqu'il vante d'une manière absolue la pureté de sentiment des personnages de Calderon. Dans plus d'une occasion il met dans la bouche de ses amoureuses une formule qu'il avait adoptée : " Ici je me tais ; ma honte doit vous dire, ce que ma bouche ne peut vous répéter."

" Il y a mieux, ou, pour vous parler plus juste, il y a pire. Il fait quelquefois le spectateur, non pas témoin, grâce à l'opacité des décorations et des coulisses, mais confident immédiat d'événements dont le récit seul nous choquerait.

" On doit reconnaître pourtant qu'il a sur ce point un grand avantage sur Lope. Cela dut tenir au siècle où il vivait. La réunion de toute l'Espagne sous le même gouvernement, l'essor prodigieux qu'avaient pris la littérature et les arts, l'augmentation de l'aisance des citoyens, les connaissances rapportées par les militaires de leurs voyages en Italie, en Allemagne, en France, devaient avoir singulièrement avancé la civilisation dans l'intervalle qui s'est écoulé entre le règne de Philippe II et celui de son petit-fils. La décence de l'expression, non-seulement dans les pièces de Calderon, mais dans celles de ses contemporains, suffirait pour prouver combien la société avait reçu d'amélioration sous ce rapport. "

Quoiqu'il ait inventé et dénoué dans ses comédies beaucoup d'intrigues amoureuses, ce n'est pas dans ce genre que Calderon réussissait le mieux. Je crois même qu'en cultivant ce genre il a obéi moins à ses goûts qu'à ceux du public et aux mœurs de son époque.

" Je crois, avec Schlegel, que c'est dans les compositions religieuses que les sentiments de Calderon se déploient avec le plus d'abandon et d'énergie.

" Il n'a peint l'amour terrestre que sous des traits vagues et généraux. Il n'a parlé que la langue poétique de cette passion. La religion est son amour véritable, elle est l'âme de son âme, ce n'est que pour elle qu'il pénètre jusqu'au fond de nos cœurs, et l'on croirait qu'il a tenu en réserve pour cet objet unique nos plus fortes et nos plus intimes émotions. Ce mortel favorisé s'est échappé de l'obscur labyrinthe du doute, et a trouvé un refuge dans l'asile élevé de la foi.

" C'est de là qu'au sein d'une paix inaltérable il contemple et décrit le cours orageux de la vie. Éclairé de la lumière religieuse, il pénètre dans les mystères de la destinée humaine ; le but même de la douleur n'est plus une énigme pour lui, et chaque larme de l'infortune lui paraît semblable à la rosée des fleurs dont la moindre goutte réfléchit le ciel. Quel que soit le sujet de sa poésie, elle est un hymne de réjouissance sur la beauté de la création, et il célèbre avec une joie toujours nouvelle les merveilles de la nature et celles de l'art, comme si elles lui apparaissaient dans leur jeunesse primitive et dans leur plus éclatante splendeur."

Calderon se plait trop à raconter, et se complait dans les descriptions. Dans le dialogue il n'est pas aussi brillant que Lope. Il n'a pas sa verve et sa gaité. Mais il est plus philosophe, plus profond penseur, et son style est plus soigné.

XXXI

LA LITTÉRATURE ESPAGNOLE APRÈS CALDERON

Décadence littéraire.—Influence des lettres françaises, et leurs imitateurs en Espagne.—Ramon de la Cruz.—Ses Saynètes.—*L'Héritier extravagant.*

Après les esquisses et les analyses que j'ai cru devoir consacrer aux grands poètes dramatiques de l'Espagne, on me demandera sans doute ce qu'est devenue la littérature espagnole quand furent disparus les grands génies qui en avaient fait la gloire.

Pour répondre complètement à cette question, il faudrait posséder plus de connaissances que nous n'en avons. Mais nous croyons pouvoir affirmer, sans crainte de nous tromper, que la décadence littéraire a suivi de près la décadence nationale et politique.

Dans cette éclipse de la gloire espagnole qui correspond au règne de Charles II, la littérature est rentrée dans l'ombre comme la puissance de la nation ; et comme le roi lui-même les grands génies ne laissèrent pas d'héritiers directs et légitimes.

L'Espagne dut emprunter un roi à la France, et en important une dynastie de chez sa voisine, elle importa également les lettres françaises.

Singulier phénomène à observer que ces échanges internationaux ! Au dix-septième siècle, les écrivains français imitaient et même copiaient les auteurs espagnols, et au dix-huitième ce furent les Espagnols qui exploitèrent la littérature française.

Au reste, ils n'étaient pas les seuls. Les Anglais, les Allemands et les Italiens en faisaient autant. L'engouement fut tel que les beaux esprits en vinrent à ne plus goûter que Racine, Corneille et Molière, et mirent en oubli Calderon, Lope et Tirso.

Heureusement le peuple résista à cet entraînement, et ne voulut pas reconnaître la supériorité des gloires étrangères. Il garda le souvenir des ancêtres glorieux, et s'il ne put imposer le culte de l'originalité native, il en conserva l'admiration.

Mais cette résistance du peuple n'empêcha pas le triomphe des imitateurs de la littérature française.

Don Iñacio de Luzan, qui avait étudié en Italie, publia une poétique conforme aux traités de littérature acceptés en France, et Montiano fit jouer des tragédies composées suivant les règles établies par les grands dramatistes français. Mais on représentait surtout des pièces françaises traduites en espagnol.

Quelques écrivains se rendirent plus ou moins célèbres sous le règne de Charles III. Cadahalso publia des poèmes satiriques très spirituels. Yriarte fut un fabuliste qui imita Lafontaine. Moratin, père, fit quelques tragédies, et chanta les exploits de Fernand Cortez dans un poème épique.

Sous Charles IV, il y eut progrès, et l'on vante les poésies de Melendez et surtout les comédies de Moratin, fils. Ce dernier fut le meilleur dramatiste de l'Espagne au dix-huitième siècle, et Molière fut son modèle.

Sans doute, il n'égala pas les grands génies dont nous avons apprécié les œuvres. Mais il avait du goût, de l'esprit d'observation et de la verve comique. Ses principales comédies, *le Vieillard et la Jeune Fille* et le *Oui des Jeunes Filles* ont obtenu des succès dans toute l'Europe.

Quintana, Lista, Arriaza, Hermosilla fureut aussi des poètes remarquables de la fin du siècle dernier.

Mais toute la littérature de ce siècle manque d'originalité et de couleur nationale. On n'y retouve plus la vieille Espagne, avec ses mœurs rudes, ses fortes croyances, son orgueil de caste et son honneur intransigeant.

" L'Espagne se consola, dit un de ses critiques les plus érudits, Agustin Duran, en se disant que l'Europe après tout avait eu le même sort, et qu'à cette époque le théâtre anglais, le théâtre allemand, le théâtre italien, en proie au même fléau anti-national, ne présentaient aussi que de pâles reflets de l'école classique française. Les Espagnols, et les Italiens dont le carectère et les coutumes se rapprochent davantage des nôtres, eurent même cet avantage qu'ils eurent, les premiers un Moratin, les seconds un Alfieri.

" Quoi qu'il en soit, le drame ancien une fois oublié, et une fois admis le système classique, il fallut bien accepter toutes ses conséquences, et nous accommoder à ses formes, quelques restreintes, étroites et empiriques qu'elles fussent. Dans notre système dramatique étaient entrés tout le naturel, tout le caractère, tout le savoir de la nation. Il était pour nous ce qu'étaient la Bible pour les Hébreux, l'Iliade et l'Odyssée pour les Grecs, c'est-à-dire l'index et le résumé, où se trouvaient la science historique, politique, religieuse et morale du peuple, la carte de ses vicissitudes sociales, de sa gloire et de ses malheurs. En lui se réunissaient tous les tons, tous les degrés de la poésie se mêlaient et se confondaient : la tragédie, la comédie pure, le drame sentimental et romanesque, jusqu'à l'humble farce ; et le génie du poète y faisait entrer tous les caractères sociaux, depuis le plus élevé jusqu'au plus misérable, sans qu'il en résultât aucun inconvénient, aucune disproportion entre les parties qui le constituaient. C'était un portrait fidèle de la société espagnole, et qui, par cela même, ne pouvait choquer aucun des éléments dont elle était formée.

“ Mais dès que nous eûmes cessé d'être ce que nous étions, dès que les circonstances nous forcèrent d'être autres, dès que nous eûmes accepté au théâtre la littérature classique, il fallut bien admettre les formes de ce genre, la division et la subdivision qui constituaient son essence, avec les unités d'action, de temps et de lieu. De même donc que chez ceux qui nous servirent de modèle, la tragédie demeura exclusivement consacrée à représenter les catastrophes des rois, et des grands personnages qui, tombés du faîte de la prospérité dans l'abîme du malheur et de la misère, portaient héroïquement le joug de la fatalité, et excitaient la pitié parmi le peuple ou y répandaient la terreur ; la comédie proprement dite livra aux traits du ridicule et d'une satire polie et courtoise les vices et les mœurs des classes moyennes, et la comédie bâtarde et sentimentale eut pour mission de mettre sur la scène les infortunes ordinaires, les tendres amours, les passions romanesques, la vertu persécutée, la perversité châtiée, et autres actes privés qui ne s'accomplissent que dans le foyer domestique, et pour cela même ne peuvent être observés que là.

" Ces trois classes de compositions dramatiques ainsi divisées furent celles qui, avec plus ou moins de succès, se cultivèrent en Espagne, depuis le milieu à peu près du dix-huitième siècle jusques après les premières années du dix-neuvième. "

Parmi les poètes comiques de cette époque nous devons une mention spéciale à Ramon de la Cruz qui vint même avant Moratin, et dont les œuvres publiées vers 1789 forment dix volumes.

Sans doute, il n'a pas la brillante imagination des grands dramatistes dans l'invention des intrigues et le jeu des situations dramatiques ; mais il possède un grand esprit d'observation, de la verve, et beaucoup de vivacité dans le dialogue.

Ses tragédies et ses drames forment une collection plus volumineuse que remarquable. Mais ses saynètes le rapprochent de Molière. Ils sont piquants et pleins de vie, en même temps qu'ils sont une peinture fidèle des mœurs populaires.

M. Antoine de Latour, qui est un juge excellent des œuvres littéraires de l'Espagne, dit : " de même que la tragédie est à Corneille, la comédie à Molière, la fable à La Fontaine, la chanson à Béranger, le saynète appartient à Ramon de la Cruz. Il lui a donné sa forme dernière, et par l'observation, la verve et le sens moral, il lui a conquis, dans la littérature de son pays, une place que, sans s'appauvrir elle-même, elle ne pourra plus lui enlever. "

Ramon de la Cruz a trois genres de saynètes. Les uns sont une peinture des mœurs du peuple. Dans d'autres, il a mis en relief les caractères généraux de l'humanité. Dans un certain nombre, il a donné libre carrière à la fantaisie.

Une de ses compositions de ce dernier genre, intitulée " Les hommes devenus sensés, " est très curieuse et originale. L'auteur y représente les hommes s'éveillant un beau matin vraiment raisonnables, et ne parlant plus, n'agissant plus que suivant les règles de la droite raison. Jugez de l'embarras et de l'ennui des femmes qui sont complètement dépaysées, et qui ne reconnaissent plus leurs prétendus maîtres sous un pareil travestissement.

Elles s'opposent obstinément à l'introduction de cette étrange nouveauté, et finalement les deux partis transigent. Les femmes conviennent qu'un peu plus de jugement dans la conduite ordinaire de la vie ne gâterait rien, et les hommes reconnaissent que la raison ne saurait durer toujours, et que la vie ne serait pas gaie si tout le monde était toujours raisonnable.

Tout cela n'est-il pas bien nature ?

Un autre saynète, sous ce titre " Le Pique-nique " ridiculise une coutume vicieuse qui existe un peu partout, même en Canada. Il s'agit d'un jeune ouvrier qui va se marier, et qui veut dire un dernier adieu au plaisir, ou, comme on dit ici, enterrer sa vie de garçon ;

or, il en fait tant à la veille de ses noces, que sa fiancée avertie l'invite à rester dans le célibat dont il voulait sortir.

Parmi les saynètes de fantaisie, il y a les *Fioles de l'oubli* qui est une spirituelle boutade. Un charlatan vend de l'eau du fleuve Léthé, et les gens se battent pour en acheter ; les coquettes pour oublier leurs amours de la veille, les hommes d'Etat pour oublier leurs programmes, et les parvenus pour effacer de leur mémoire leur origine roturière et misérable.

Vraiment, l'eau du Léthé est-elle bien nécessaire pour rendre ces gens oublieux ?

Dans un saynète intitulé " l'Héritier extravagant " Ramon de la Cruz a mis en scène un paysan qui vient d'hériter de son frère, et qui veut dès lors changer son train de vie. Puisqu'il est devenu riche, il veut vivre comme un grand seigneur.

Il suffira d'en citer deux scènes pour donner l'idée du genre.

Diégo revient de Madrid, où son frère est mort, et où il a passé plus d'un mois. Marica, sa femme, l'attend depuis longtemps, lorsqu'il arrive enfin portant une belle perruque, et accompagné d'un laquais nommé Pedro, mis à la française :

Diego.

Voici ma maison, jeune homme, et celle que j'aperçois est ma femme, señora dona Marica ?

Marica.

C'est mon mari ! que signifie cela ? et quel scandale

à un homme marié de rester à Madrid un mois et demi, tout autant ; ah ! infâme.

Diego.

Et quel crime ai-je commis, puisque je n'y allais que pour voir mourir mon frère.

Marica.

Tous les jours il se meurt, et tu vas et viens inutilement.

Diego.

Console toi, c'est mon dernier voyage ; le pauvre garçon.........

Marica.

Il est mort ?

Diego.

Pire que mort.

Marica.

Comment ?

Diego.

Vu qu'il est enterré.

Marica.

Il était si vieux et d'une si pauvre santé !

Diego.

Tu as raison et je pense que s'il n'est pas mort plus tôt, ça été pour amasser plus d'argent : pauvre garçon !

Marica.

Mais laissons les morts, et occupons-nous des vivants. Toi qui es son seul héritier, qu'as-tu trouvé ?

Diego.

Ce que j'ai trouvé ? beaucoup et du bon ; vite une couple de piécettes pour donner aux cochers de quoi boire à la santé du défunt, je n'ai sur moi que des demi-onces.

Marica.

Comment es-tu venu, Diego ?

Diego.

Dans une voiture, comme un seigneur que je suis.

Marica.

Tu as perdu la tête ?

Diego.

Tais-toi, sotte, tu ne sais pas le *tu autem.* Tu as hérité de sept cent mille réaux et de cette perruque.

Marica.

Est-ce bien vrai ?

Diego.

Comment ! Et sans compter tout ce que je rapporte encore au bout du bec.

Marica.

Voyons.........

Diego.

Les sept cent mille réaux restent entre les mains d'un associé de mon frère, parce qu'il disait comme cela qu'avec le monopole ces réaux en engendrent beaucoup d'autres, qui, à leur tour, font d'autres petits réaux, dont l'assemblage forme peu à peu un beau capital qui fait de vous un homme d'importance. Et j'ai ici le petit papier du traité, contrat fait devant mon notaire et fondé de pouvoir, et qui me constitue maître du tout, intérêts et principal, pour en user à ma volonté.

Marica.

Ah ! mon mari ! tu me remues l'âme dans le corps avec toutes ces choses ! Mon pauvre beau-frère ! Je recommande son âme à Dieu et de bien bon cœur.

(Elle donne les piécettes aux cochers.)

Prenez, et faites qu'on apporte sur le champ tout le bagage à la maison.

Diego.

Le plus gros vient par les *arrieros.*

Pedro.

Si votre Seigneurie me le permet, je vais les aider à l'apporter.

Diego.

Vois déjà avec quel respect il te traite.

Marica.

Et qu'est celui-ci ?

Diego.

C'est un laquais, de ceux qui ont déjà l'habitude de servir des personnes de notre rang. Nous prendrons les autres à mesure qu'ils se présenteront ; et nous déciderons les livrées à ton gré.

Marica.

Prenons, décidons comme il te plaira, cher Diego.

Diego. (à Pedro)

Combien y a-t-il que tu es à Madrid ?

Pedro.

Plus de dix ans et demi, et toujours avec des grands seigneurs et derrière leur fauteuil.

Diego.

Je m'en réjouis, de cette manière, tu pourras nous apprendre, à nous autres et à nos enfants, toutes les manigances de la seigneurie.

Pedro.

Personne en Espagne pour vous enseigner comme moi. (*à part*) Ils sont encore plus sots que moi. Ça durera ce que ça pourra, profitons de l'occasion. Rapportez-vous en à moi. Je ne connais pas d'homme plus en état d'élever une jeune fille selon la mode. J'écris et je parle l'espagnol aussi parfaitement que le grec. Je sais danser à la française, je joue de dix intruments ; je chante, et ma voix vaut l'orgue d'un couvent. Je sais jouer, me griser, et porter des lettres au courrier.

Marica.

Vivat ! et dis-moi, comment t'appelles-tu ?

Pedro.

Pedro.

Diego.

Va maintenant à tes affaires, Pedro, et, pour l'amour de Dieu reviens vite, pour donner une leçon aux enfants."

Dans la scène suivante, Diego veut apprendre à sa femme comment on vit dans le beau monde, et comment on doit entendre l'honneur.

Diego.

Marica, en attendant que les enfants viennent, je tiens à te prévenir, entre nous, qu'il nous faut changer de vie. Nous voilà riches. Moi, qui depuis dix ans ne fais qu'aller et venir sur le chemin de Madrid, je connais le monde, et je prétends que nous vivions en gens raisonnables, en gens comme il faut, en gens à la mode.

Marica.

Rien de plus juste, et dès aujourd'hui je t'autorise à m'acheter une robe de soie et une parure de diamants.

Diego.

Cela va sans dire, et j'ai déjà commandé pour moi deux habits galonnés d'or et d'argent. Mais ceci est un brillant que les marchands et les tailleurs peuvent donner seulement aux corps. Je te parle, moi, de l'honneur qui doit nous mettre en crédit.

Marica.

L'honneur! J'en ai de reste......

Diego.

Mais c'est un honneur grossier, de l'honneur de paysan, ma chère. Celui-là garde-le bien au fond de ta conscience. Je parle d'un autre honneur qui, moins il se montre, plus il attire les applaudissements du peuple.

Marica.

Que je ne montre pas mon honneur à tout le monde, voilà une histoire !

Diego.

Quelle mule tu fais, Marica ! L'honneur en question est un honneur moderne, commode, et divertissant au possible ; un honneur enfin qui n'a rien de mauvais, qui n'est pas bon non plus, qui va comme il peut son chemin, droit ou tortu, qui aux uns paraît blanc, qui aux autres paraît noir, mais qui généralement attire l'admiration et l'estime. Comprends-tu ?

Marica.

Pas un traître mot.

Diego.

Ecoute, je vais prendre un exemple. Suppose que je ne suis pas ton mari, que je suis à cent lieues de l'être, et que tu es la femme d'un autre ; que nous nous rencontrons par hasard, que je te donne dans l'œil et te dise : quel grand air ! quels yeux si beaux ! qu'ils sont agréables ! et qu'ensuite je te dise : Madama, en vous voyant je me sens mourir. Ah ! que va-t-il advenir de ma vie ? et que je te conseille et te presse de payer mes galanteries......

Marica.

Eh bien ! suppose à ton tour qu'en écoutant cela je deviens toute rouge, que je me lève de mon siége et te réponds que tu es un homme ennuyeux et sans vergogne.

Diego.

Suppose alors que je me mets à rire parce que je crois que tu plaisantes, que je te prends par une de tes mains, par les deux si je peux......

Marica.

Et que moi alors j'empoigne une chaise et te casse la tête......

Diego.

Voilà, en effet, ce qui se fait ici. Mais c'est là un honneur tout d'une pièce et bon seulement pour un petit endroit comme le nôtre ; là-bas il ne vaut pas le diable et tous en le voyant diraient...que sais-je, moi ?

Marica.

Et que doit répondre une femme mariée ? Voyons, dis-le-moi, que dois-je faire ?

Diego.

Prendre un air aimable, t'asseoir avec grâce, te mettre à parler tranquillement de n'importe quoi, et donner au moins des espérances.

Marica.

Et que dira mon homme ?

Diego.

Moi ? Je ferai le mort : ce qui est d'usage n'a pas besoin d'excuse. Quand je verrais un régiment de galants autour de toi, il me faudrait leur faire la révérence, et aller tout droit mon chemin. Voilà ce qui s'appelle savoir vivre.

Marica.

Ce serait plaisant, nous aimant comme nous faisons.

Diego.

Marica, que dis-tu là ? Nous aimer, étant mari et femme ! Quelle folie !

Marica.

Mais alors, qui m'aimera ?

Diego.

Je ne sais pas, mais ce ne sera pas moi toujours ; je ne suis, Dieu merci, ni assez ridicule ni assez sot.

Marica.

Mais quand nous serons seuls, tu me détesteras ?

Diego.

Je ne crois pas que cela aille jusque là, mais je demanderai conseil......"

Après quelques autres extravagances, dans lesquelles les deux époux montrent bien leur sotte vanité et leurs ridicules prétentions, ils reçoivent de Madrid une lettre de leur agent les informant que le marchand auquel Diego avait confié son argent pour le faire valoir, a fait faillite et vient de s'enfuir.

La leçon est rude d'abord ; mais elle est d'autant meilleure qu'après être revenus au train de vie qui leur convient, le notaire qui leur a apporté et lu la lettre de Madrid, leur avoue que la lettre est fausse, et qu'il les a trompés pour corriger leur orgueil.

Ils pardonnent ce vilain tour au notaire, et tout est pour le mieux dans le meilleur des mondes.

XXXII.

LA LITTÉRATURE CONTEMPORAINE EN ESPAGNE.

Commencement du dix-neuvième siècle.—Poètes dramatiques et lyriques.—Romanciers.—Don José Zorilla.—Une légende.—Fabulistes et fables.—Don Antonio de Trueba.—Contes et chansons.

Le commencement de ce siècle a vu se continuer la lutte entre les héritiers des grands maîtres du seizième siècle et les imitateurs des deux écoles françaises, les classiques et les romantiques.

L'imitation des écrivains et des poètes anglais, surtout de Walter Scott, de Byron, de Young et d'Addison, devint aussi fort à la mode.

Il en est résulté une littérature mixte, qui n'est pas tout à fait sans originalité, parce que, tout en acceptant certains procédés étrangers, elle garde un cachet national.

Martinez de la Rosa a continué Moratin, comme dramaturge, et il a obtenu comme lui de grands succès, non seulement en Espagne, mais sur les théâtres de Paris et de Londres.

Breton de los Herreros, Hartzenbusch ont également réussi au théâtre, et le premier est surtout remarquable par sa fécondité. Mais les uns et les autres, tout en se distinguant par certaine originalité native dans le dialogue, sont des échos tantôt des classiques et tantôt des romantiques français.

D'autres ont plutôt subi l'influence de la littérature anglaise, et nous ne pouvons que nommer les plus remarquables : Pastor Diaz, Garcia Guttierrez, Castro y Arozco, Espronceda, Bermudez de Castro, et don Angel de Saavedra, duc de Rivas.

Ce dernier, tout en imitant quelquefois Walter Scott, n'a pas oublié les anciens maîtres espagnols, et il a écrit en vers des légendes qui rappellent, ou plutôt qui continuent le Romancero.

Le duc de Rivas a écrit aussi pour le théâtre avec beaucoup de succès, et son drame, *la Fuerza del Sino*, est peut-être le plus beau que l'Espagne ait produit dans ce siècle. Verdi en a tiré son bel opéra, *la Forza del Destino*, comme il a tiré *Il Travatore* d'un chef-d'œuvre espagnol, le *Trovador* de Garcia.

Nous n'en finirions pas si nous voulions faire pour la littérature espagnole contemporaine une étude même rapide des œuvres remarquables qu'elle a produites. Nous en serions d'ailleurs incapables puisque les traductions font défaut.

Disons seulement que depuis un demi-siècle le génie littéraire de l'Espagne s'est réveillé, et a enfanté des chefs-d'œuvre dans tous les genres.

Quel pays n'envierait pas à l'Espagne du dix-neuvième siècle un philosophe comme Balmès, des orateurs comme Donoso Cortès et Emilio Castelar, des poètes dramatiques comme le duc de Rivas, Tamayo, qui signe

Joaquin Estebanez, Ayala qu'on appelle l'héritier de Calderon, et Echegaray ?

Où trouverait-on des écrivains humoristiques supérieurs à Miñano, à Mesonero, et à Larra, l'infortuné jeune homme, qui, après avoir écrit tant de pages pleines de sarcasmes et de misanthropie, s'est livré au désespoir et s'est suicidé ?

Comment n'admirerait-on pas des romanciers comme Fernan Caballero, la Avellaneda, que l'on a comparée à George Sand, mais qui n'en a pas l'immoralité, Fernandez y Gonzalez, Miguel de los Santos Alvarez, Selgas, Antonio de Trueba, Antonio de Alarcon, et Valera ?

Don Juan Valera est né dans une petite ville de l'Andalousie. Son père était contre-amiral, et sa mère était marquise. Il eut une jeunesse un peu aventureuse, et fut attaché d'ambassade à Naples, à Dresde, à Petersbourg et même au Brésil.

En 1859, il entra dans la politique, fut élu député, et collabora au journal devenu fameux, *El Contemporaneo*. Depuis, il a été deux fois ministre, puis il a été envoyé comme plénipotentiaire à Francfort, et aujourd'hui il est sénateur, et professeur de littérature étrangère contemporaine à Madrid, dans une sorte d'université libre.

Deux de ses romans ont été traduits et publiés sous le titre "Récits andaloux". Ils sont très curieux et fort remarquables comme romans de mœurs andalouses et comme études psychologiques ; mais il a une teinte libérale assez prononcée, et ses principaux personnages n'ont pas toujours des mœurs édifiantes.

J'ai nommé quelques poètes dramatiques, mais il y en a d'autres.

Il y a Ventura de la Vega, Rubi, Equilaz, Serra, Nunez de Arce, et d'autres encore. Il y a aussi les poètes comiques, qui raillent et châtient les ridicules et les défauts de la société, et dont les principaux sont Eusebio Blasco, Ramos Carrion, Cano, Gaspar, et Ricardo de la Vega.

J'oubliais Zorilla, non pas l'homme politique, mais le poète qui est une des gloires de l'Espagne, et dont je viens de lire une poésie très belle.

Don José Zorilla est vraiment un grand poète, lyrique et dramatique. Il a eu la vie aventureuse, la précocité, et presque les succès des illustres ancêtres du seizième siècle.

Il est né en 1817, et il a étudié dans les universités de Valladolid et de Tolède. De 1837 à 1845, il a écrit trente pièces de théâtre, et plusieurs volumes de poésies lyriques, qui témoignent d'une inspiration élevée, et d'une verve inépuisable.

Malgré ses succès, il ne fit pas fortune, et son père ayant été ruiné par la guerre des Carlistes, il alla à Paris pour y publier une grande épopée, sous le titre de " Grenade ". Mais après deux années de travail et deux volumes publiés, il dut abandonner l'entreprise qui resta inachevée, et il partit pour le Mexique.

Les Mexicains l'accueillirent avec enthousiasme, et il passa douze ans au milieu d'eux. L'empereur Maximilien avait promis d'assurer son avenir ; mais l'avenir manqua au malheureux empereur, et Zorilla revint en Espagne pour y recommencer la vie.

Hélas ! il était devenu vieux et on l'avait un peu oublié. Mais après de nouveaux travaux, le gouvernement de son pays lui vint en aide, et le chargea d'une mission en Italie. Puis il écrivit dans quelques journaux, et publia ses *Souvenirs*. Enfin son ami, Emilio Castelar, réclama pour lui dans les Cortès, à titre de récompense nationale, une pension viagère qui lui a été accordée.

Son *Don Juan Tenorio* est, parmi ses œuvres dramatiques, celle qui lui a obtenu le plus de succès. Mais il ne travaille plus guère pour le théâtre, et il fait aujourd'hui des légendes qui rappellent le vieux *romancero.*

Nous en trouvons une charmante, traduite en quatrains par Boris de Tannenberg et publiée dans la *Revue Bleue.* Elle est intitulée " Le Christ de la Vega ".

La scène se passe à Tolède, au bon vieux temps des aïeux, alors que Don Pedro d'Alarcon, gouverneur, rendait la justice. Une femme, voilée de crêpe, vient se jeter à ses pieds et demande qu'on fasse droit à sa plainte. Un noble officier l'a séduite en jurant de l'épouser, et l'a depuis abandonnée.

L'officier, nommé Diego, est appelé, et interrogé. Mais il fait serment que cette femme en a menti.

—As-tu des témoins ? demande le juge à la malheureuse Inès.

—Hélas ! je n'en puis avoir, répond la pauvre femme ; et le juge est obligé de décharger don Diego, le traître.

L'officier tourne le dos
Et, son grand manteau flottant,
Fier, toisant tous les badauds,
Il s'éloigne en sifflottant !

Or, il était déjà loin
Quand Inès séchant ses pleurs
S'écria : “ J'ai mon témoin ;
Rappelez-le, messeigneurs !

“ On prend le témoin qu'on peut ;
Le mien ne fera défaut.
En penchant la tête un peu
Il nous regardait d'en haut.”

—D'en haut, dis-tu. Ton témoin
Etait donc sur quelque toit,
Sur une colline, loin ?
—Il était près, comme toi !

Son pauvre corps est pendu.
C'est d'un gibet qu'il nous vit.
—Femme, ai-je bien entendu ?
Ton témoin est mort ?—Il vit !

—Vrai Dieu, tu es folle !—Non.
—Cette femme divagua,
Seigneurs......Ton témoin, son nom ?
—C'est le Christ de la Vega,

Oui, le grand Christ qui, je crois,
Du serment se souviendra ;
Car c'est au pied de sa croix,
Là-bas, que Diego jura ! ”

Au nom sacré du Sauveur
Comme témoin assigné,
Les soldats, le gouverneur,
Tout le monde s'est signé......

“ Femme, femme, en vérité,
Ton témoin est le meilleur.
Mais il aurait mérité
Qu'on lui fît plus grand honneur.

Le seul tribunal de Dieu
Eut été digne de lui ;
Mais enfin, puisqu'en ce lieu
Tu l'assignes aujourd'hui,

Greffier, nous allons surseoir ;
Avec votre parchemin
Au soleil couchant, ce soir,
Vous vous mettrez en chemin.

A la Vega vous irez,
Et respectueusement
Au Christ vous demanderez
De témoigner sous serment ! "

Ainsi dit le justicier ;
Et vers la Vega, le soir,
On vit aller le greffier,
Solennel, vêtu de noir.

Puis pâle d'émotion,
Inès,—puis le gouverneur—
La foule, en procession,
Faisant sa sourde rumeur ;—

On voyait aussi marcher
Dans leur plus grand appareil,
Chacun suivi d'un archer,
Les juges du grand conseil ;—

Son grand feutre sur les yeux,
Frisant d'un air de dédain,
Sa moustache au poil soyeux
Du bout de son gant de daim,

Diégo venait le dernier.
Sitôt qu'on fut parvenu
Devant la croix, le greffier
Vint s'arrêter, le front nu.

Il lève les yeux, tremblant,
Vers le bois noir, recouvert
Par le corps du grand Christ blanc,
Du grand Christ au flanc ouvert,

Et dont le front, écorché
Par l'épine le ceignant,
A chaque pointe accroché
Laisse un clair rubis saignant.

Il dit, pliant les genoux :
" Jésus, plein de vérité,
Comme témoin devant nous,
Ce matin tu fus cité.

Fils de Marie et de Dieu,
Qui parmi les hommes vîns,
Fais-tu serment qu'on ce lieu
Un jour à tes pieds divins,

Ce don Diego Martinez
En échange d'un baiser
Prit pour fiancée Inès
Et jura de l'épouser..... ?

Mais un grand cri de stupeur
Monte,—car tous ont ouï,
Pris d'une indicible peur,
Une voix répondant ; Oui !...

Et le grand Christ brusquement
Tendant son bras décloué,
Afin de prêter serment
A levé son poing troué !......

Après Zorilla qui représente éminemment la poésie lyrique et dramatique, disons quelques mots des fabulistes de l'Espagne.

La fable est un genre littéraire que les Espagnols affectionnent beaucoup, et les écrivains qui le cultivent ne manquent pas.

C'est ainsi qu'ils possèdaient, il y a peu d'années, un fabuliste dans le Sénat, un autre au Congrès, et un troisième à l'Académie.

Celui dont je veux parler n'appartient à aucun de ces corps illustres, et il n'écrit que des fables ; mais il y réussit d'une façon remarquable, et il sait approprier ce genre de composition aux mœurs et aux idées de son temps et de son pays.

Il se nomme don Miguel Agustin Principe ; et, comme sa vie a été modeste, elle est très peu connue. Entré dans la carrière administrative, il a dû subir plus ou moins le mouvement des fluctuations de la politique espagnole ; mais son talent est resté noble, honnête, élevé.

Citons quelques-unes de ses fables :

LE PALMIER ET L'OLIVIER.

Vain, orgueilleux, hautain et fier, un beau palmier livrait au vent son panache pompeux et méprisait un humble olivier, parce qu'il n'avait pas son arrogante chevelure.

“—Regarde mes tresses, lui disait-il, et meurs d'envie, en voyant avec quelle ardeur l'homme les recherche, pour peu qu'il désire éterniser son nom. Pendant qu'avec tes feuilles et tes maigres rameaux, tu ne lui fournis que du bois pour son foyer, moi, rival du laurier d'Apollon, je survis aux rudes outrages du temps, et animant à l'épreuve les âmes ardentes du martyr, de la vierge, du guerrier, de tout ce que le monde entier renferme de héros, je leur donne à tous une récompense, une palme. "

"—J'en conviens, dit l'olivier, mais ce n'est pas une raison pour que tu mettes ta joie et ton orgueil à me mépriser. Car, si humble que je sois, je produis l'huile, et j'éclaire les autels du Dieu vivant. Qu'y fait-on alors de ce que tu appelles ta chevelure ? Pour t'apprendre ce que vaut ta présomptueuse vanité, sache, mon fils, que mon huile y brille le jour et la nuit, et qu'au rayon du jour naissant je vois le sacristain se servir de ces palmes que tu vantes si fort, pour balayer le temple."

N'ayez point d'orgueil ; c'est un vice que ma fable flétrit avec raison. Dieu, qui élève le mortel humble et modeste, confond l'insolent et le superbe.

LE MÉRITE ET LA FORTUNE.

Cheminant de jour et de nuit avec une impitoyable ardeur, le Mérite et la Fortune se rencontrèrent une fois. Et tous deux de dire alors en même temps :— " Qui donc a pu nous réunir ainsi dans une fraternelle étreinte ? "—Le Hasard les entendit, et en riant leur cria : C'est moi.

LE RÊVE DU ROI ET CELUI DU VILLAGEOIS.

Un villageois dormait, et pendant son sommeil rêvait qu'il était roi, et la joie que lui donnait ce rêve était si grande, qu'il se regardait comme l'homme le plus heureux du monde.

Le même jour, en un doux repos, certain roi rêvait qu'il était un simple villageois, et sa joie en était si grande qu'il se croyait l'homme le plus heureux du monde.

En se réveillant, tous les deux s'écrièrent :—“ Songe trompeur ! pourquoi faut-il que dans cette vie les peines soient des choses réelles, et que la félicité et le plaisir ne soient qu'un rêve ? ”

Ces trois fables font connaître l'homme, et la morale qu'il prêche. Nous est avis qu'il ressemble à l'olivier modeste qui, en produisant l'huile, fournit aux hommes une lumière douce et discrète.

Nous avons déjà cité une page d'un autre poète également modeste, don Antonio de Trueba

Il est le poète et le conteur des Biscayes, comme Fernan Caballero est le romancier de l'Andalousie. Tous deux affectionnent le genre pastoral, et décrivent les mœurs des campagnards dans des idylles charmantes. Tous deux ont le respect de la morale et de la religion.

Trueba fait aussi des fables et des chansons. C'est le vrai chanteur populaire, mais pas à la façon de Béranger qui a tant outragé la morale.

Il est né de simples laboureurs dans un hameau des Biscayes, et ce sont les vallées et les montagnes de son pays natal qu'il décrit toujours dans ses *nouvelles*.

A quinze ans, il fut envoyé à Madrid, pour servir de commis chez un parent quincailler ; mais tout en débitant de la quincaillerie derrière son comptoir, il lisait beaucoup ; puis il suivit les cours universitaires et prit ses degrés. Une nuit sur deux était consacrée à l'étude.

On comprend qu'il finit par abandonner le magasin, et par se livrer entièrement à ses chers travaux littéraires Il collabora à plusieurs journaux pour gagner le pain quotidien, et pendant ses nuits il faisait des chansons dont il a publié un volume, et des *nouvelles* qui ont pour titre “ Contes couleur de rose ”.

Les souvenirs du pays natal y abondent, et ses descriptions sont toujours des peintures naïves et charmantes des vallées et des collines où s'écoula son enfance.

Lisez cette description du hameau de Cabia, qui signifie nid en langue basque, et qui se compose de dix ou douze maisons blanches comme la neige et d'une modeste église, groupées dans un ravin, au bord d'un torrent que deux collines ombragent :

“ Le torrent court entre elles, se plaignant tout haut de l'âpreté du chemin, et roulant comme une pierre détachée de la pointe de Pico-Cinto ou Colisa, comme pour se hâter de franchir le mauvais pas ; mais, arrivé à la dernière pente des collines, son murmure est déjà moins haut, sa colère jette moins d'écume, et quand il arrive tout en bas, c'est à peine si on l'entend.

“ Au pied des collines, le torrent ne murmure plus ; il sourit et gazouille agréablement, parce que là il rencontre des noyers et des cerisiers dont l'ombre le repose de ses fatigues, des lèvres fraîches et souriantes qui l'effleurent, de beaux vergers parfumés de la fleur des arbres fruitiers, entre lesquels il va faire un tour pour se distraire et recevoir les ovations des pêchers et des pommiers qui lui jettent leurs fleurs à pleines mains.

“ La colline du midi se soulève légèrement à droite, et celle du nord à gauche, comme pour protéger des deux côtés le petit village de Cabia, et Cabia, ainsi abrité, vit content, tranquille et heureux. Les hommes l'oublient, mais Dieu se souvient de lui, et il n'en demande pas davantage ”.

Le conteur a gardé l'amour du clocher, et il se complait à rappeler les jours de son enfance.

Dans ses chansons, il a chanté ses jeunes amours avec une naïveté et une grâce charmantes. On en jugera par celle-ci :

“ Les jeunes filles au teint de neige, et à la blonde chevelure, sont de jolies petites fleurs, mais de petites fleurs sans parfum. Enfants glacés du Nord, aimez-les, rien de mieux, elles doivent vous plaire comme la neige de vos sierras ; mais, en Castille, nous aimons les jeunes filles aux brunes joues, nous voulons des âmes ardentes comme ce soleil qui nous brûle. On nous représente Jésus brun, et brune aussi Madeleine. Brunes ont été assurément Azulema la Grenadine, et Isabelle l'Aragonaise, et la Castillane Chimène, qui laissèrent une mémoire éternelle dans les annales de l'amour. Elles sont brunes aussi, les jeunes filles de mon pays, brune est la belle que j'adore ; vivent les brunes !

“ Ainsi demandant à l'histoire des arguments qu'elle leur refuse, les chansons du midi exaltent les brunes, ainsi le peuple de Castille prête la couleur de l'ébène à votre blonde chevelure, ô Jésus ! ô Madeleine ! Moi, Anton le chanteur, je naquis comme eux dans cette patrie bienheureuse, où l'amour c'est le paradis, où l'indifférence ce sont les limbes ; mais je ne demande pas à l'amour une joue basanée, je lui demande une joue de lis et de rose ! O jeune fille aux yeux bleus que je vis dans mon village, pleurant d'amour et de mélancolie, quand le triste soleil des morts dorait la crète de la sierra, j'aime ton amour et ta tristesse ".

Tel est l'accent qui domine dans les chansons du poète. Une douce mélancolie gonfle son cœur chaque fois que sa pensée revient au village où s'écoula son enfance.

Citons encore cette page :

" Bien des fois, rêvant de mon pays, car c'est mon rêve de tous les instants, je me représente le moment où Dieu permettra que je retourne à mon vallon natal. Quand ce moment sera venu, il y aura déjà des rides à mon front et des cheveux blancs sur ma tête.

" Je choisirai un jour de fête pour arriver à ma chère vallée, et, au détour de la colline, d'où on la découvre tout entière, j'entendrai sonner les cloches de la grand'-messe. Comme elles retentiront doucement à mon oreille, ces cloches, qui tant de fois me remplirent de joie dans mon enfance !

" J'avancerai dans le vallon, le cœur palpitant, la respiration haletante et les yeux remplis de larmes d'allégresse. Là, je verrai apparaître, avec son clocher blanc et sonore, l'église où sur le front de mes pères et sur le mien fut versée l'eau sainte du baptême...... la petite maison blanche où nous naquîmes tous, et mon aïeul et mon père, et mes frères et moi......

“ Mais où seront, mon Dieu ! tous ceux qui, les yeux pleins de larmes, me firent leurs adieux, il y a déjà tant d'années ? Je continuerai à avancer dans la vallée ; elle, je la reconnaîtrai, mais non ses habitants. Sera-t-il alors entre les douleurs une douleur plus grande que la mienne ? Les gens réunis sous le porche de l'église, pour attendre le moment d'entrer à la messe, s'approcheront de la rampe qui donne sur la chaussée, d'autres se mettront aux fenêtres, tous pour voir passer l'*étranger*, et ni eux ne me reconnaîtront, ni moi je ne les reconnaîtrai ; car ces enfants, ces jeunes gens, ces vieillards, ne seront ni les vieillards, ni les jeunes gens, ni les enfants que je laissai dans ma vallée natale ” !

Terminons par ce chant plaintif l'esquisse absolument incomplète que nous venons de faire de la littérature espagnole. Il nous semble imprégné du sentiment général qui la caractérise : l'amour du sol natal et de la religion.

VOYAGE

DANS

LE NORD DE L'AFRIQUE

A MA FILLE

C'est à toi, ma chère et intrépide compagne de voyage, que je dédie ces pages consacrées à un petit coin du continent mystérieux.

Partout tu m'as suivi dans mes courses aventureuses, non seulement à travers cette Espagne pittoresque que tu as admirée encore plus que moi, mais encore sur les flots bleus de la Méditerranée que nous avons sillonnés en tous sens, aux rives montagneuses du Maroc et de l'Algérie, dans les jardins et les bosquets de Blidah comme dans les gorges dénudées du Chabet-el-Akra, dans les bazars de Tunis et dans les ruines de Carthage, parmi les douars des tribus nomades, et jusqu'au milieu des oasis du Grand Désert.

Tu n'as redouté ni les traversées orageuses sous le souffle effréné du Levantin, ni les ascensions à dos d'âne dans les escarpements des montagnes, ni les courses de nuit en diligence dans les plaines désertes que sillonnent les caravannes, ni les courses de jour dans les sables sans bornes, sous un soleil de plomb.

Ces contrées barbares que tu avais entendu nommer si souvent par les Anglais, *Dark Continent*, ces populations Berbères, Arabes, Kabyles et Nègres, dont les habitations, les coutumes, les mœurs, le langage, la religion sont si étranges, cette vie orientale et primitive dont la description semble légendaire, tout cet horizon africain, que nous contemplions ensemble des hauteurs de Gibraltar, miroitait dans tes prunelles, et exerçait sur ta jeune imagination une attraction puissante.

“ Allons, me disais-tu, avec une impatience mal contenue, partons pour l’Afrique. J’ai vu l’Alhambra et les alcazars des rois Maures, je veux maintenant voir les Maures chez eux. J’ai vu Séville, Grenade, Cordoue et Tolède, les villes mauresques de l’Espagne, je veux voir maintenant les cités arabes du littoral africain. J’ai vu l’Atlantique et ses vagues profondes, je veux voir l’océan de sable et ses dunes mouvantes......”

Et, quand tu parlais ainsi, tes yeux étincelaient, comme s’ils eussent eu un reflet de ce qu’un poète a appelé l’âme arabe. A dix-sept ans, le nouveau, l’étrange, le mystérieux attiraient déjà tes instincts de femme.

Eh ! bien, nous l’avons fait ce voyage aux pays qu’habitent les fils du prophète, et ce sont tes impressions aussi bien que les miennes que tu retrouveras dans ce volume. Car jamais deux cœurs de voyageurs n’ont vibré plus à l’unisson.

J’ai été ému de tes émotions, joyeux de tes joies, heureux de tes bonheurs, enthousiaste de tes enthousiasmes. Toutes tes sensations ont eu leur écho en moi.

Plût à Dieu que mon esprit eut pu garder toute la jeunesse, la vivacité et les allégresses du tien !

VOYAGE

DANS

LE NORD DE L'AFRIQUE

I

DEUX JOURS A TANGER

La terre africaine.—Ses luttes contre la civilisation.—Tanger.—Le Zocco.—Le rhapsode.—Une procession. —Le pacha rendant la justice.—Les femmes arabes. —Leur genre de vie.—Leur mariage.—Aventure d'un Français et d'un Allemand.

Il est sous le soleil une terre qu'on dirait maudite et dont le sort est bien étrange. Très antique, l'une des premières que l'homme ait habitées, elle est cependant restée inconnue, et la civilisation l'appelle encore le continent mystérieux.

A certaines époques de l'histoire, on la met en oubli, on la perd de vue, le genre humain semble ignorer son existence. A d'autres époques, l'attention universelle se porte de son côté, et la civilisation, étonnée d'en avoir fait le tour, sans y pénéter, fait des efforts héroïques pour la conquérir.

Mais ses conquêtes n'ont toujours été que partielles, et elles n'ont pas duré. Après un temps plus ou moins long, la barbarie a reconquis le terrain perdu. N'y a-t-il pas là un singulier problême ?

Il fut un temps où les aigles romaines planaient sur une vaste étendue de ce continent, où les légions invincibles des Césars y construisaient de grandes voies militaires, y bâtissaient des villes florissantes, y érigeaient des temples, des amphithéâtres et d'admirables aqueducs. Tout cela est disparu, et l'Arabe errant dresse aujourd'hui sa tente au millieu des ruines.

Il fut un temps où les apôtres de l'Evangile, fécondant de leur sang les conquêtes romaines, y multipliaient les chrétiens, y bâtissaient de nombreuses églises, y créaient de vastes diocèses, et y comptaient plus de cent évêques. La barbarie a détruit tout cela ; et de la florissante Carthage où saint Cyprien réunissait deux Conciles, et de la chrétienne Hippone que saint Augustin illustrait par 35 années d'un admirable épiscopat, il n'est pas resté pierre sur pierre.

Des hommes vraiment grands, des conquérants à qui il semble que rien ne pouvait résister, un saint Louis, un Charles-Quint, un Bonaparte, ont tour à tour promené leurs armées victorieuses sur ces plages inhospitalières ; qu'en ont-ils rapporté ? A peine quelques lauriers douteux. Les Etats européens qui font aujourd'hui de nouvelles tentatives pour s'emparer de ces contrées barbares seront-ils plus heureux ? Peut-être ; mais s'ils réussissent jamais, soyez bien convaincus que ce sera au prix de grands sacrifices, et après bien des revers.

Il y a 50 ans que la France a conquis l'Algérie, et cette conquête n'est pas encore définitive. Elle a failli lui échapper en 1871, et quand la France se trouvera engagée dans quelque grande guerre sur le continent européen, les tribus Arabes accourront du désert et tenteront de lui ravir son magnifique joyau africain. L'Angleterre a aussi obtenu des succès sur le littoral de l'Egypte : mais ses heureux débuts on été suivis d'une compagne moins fortunée au Soudan. Ses chances seront-elles meilleures plus tard ? Espérons-le. Mais je ne viens pas vous parler de ces grandes questions, et je veux simplement vous communiquer des notes de voyage dans lesquelles je ne pourrai décrire qu'un petit coin du continent africain.

Comme beaucoup d'hommes — et il paraît qu'on peut en dire autant de beaucoup de femmes — je me sens attiré par les choses mystérieuses, et c'est avec une espèce de nostalgie que je contemplai l'Afrique, lorsqu'elle m'apparut, à quelques milles de distance, des sommets sourcilleux de la forteresse de Gibraltar. Je ne pus résister à la force d'attraction de cet inconnu, dont je sentais le voisinage, et comme j'avais des compagnes de voyage qui ne manquaient pas non plus de curiosité, nous ne fûmes pas lents à traverser le détroit. D'ailleurs, l'Espagne semble être une prolongation de l'Afrique, et l'étude de celle-ci aide à comprendre celle-là.

En quelques heures, le steamer *Manoubia* avait franchi le détroit, et jetait l'ancre devant Tanger, une des villes les plus importantes du Maroc, que l'Angleterre, la France et l'Espagne contemplent d'un œil d'envie !

Quel admirable panorama présente cette ville, vue de la mer, par un soleil radieux ! C'est un immense château de neige surmonté de minarets roses qui dominent toutes les terrasses, et qui s'élancent des blanches mosquées, comme les étamines sortent des calices des fleurs. La ville est bâtie en amphithéâtre sur le versant d'un superbe promontoire, et se mire dans une jolie baie d'azur bordée de sable d'or.

A peine l'ancre est-elle jetée que notre vaisseau est entouré d'une multitude de chaloupes, montées par des Arabes. Vous avez lu souvent les histoires peu flatteuses des pirates, leurs ancêtres ? Eh bien, tels pères, tels fils ! Ce sont bien encore des pirates, et ils en ont conservé toutes les allures. Il faut voir ces figures basanées, énergiques, où brillent des yeux de feux, ces bras et ces jambes nus dont les muscles se tendent comme des cordages, ces têtes généralement rasées, coiffées de fez rouges ou de turbans gris, ces corps robustes, drapés dans les burnous blancs ! Il faut entendre leur langage, leurs cris, voir leurs gestes, et l'on se trouve immédiatement transporté dans un autre monde, totalement différent de l'Europe.

Au bas de l'échelle du *steamer*, toute une escadre de ces pirates vous attend, et comme chacun d'eux veut vous avoir dans sa chaloupe, ils vous tiraillent, en sens contraires, et si vous n'y prenez bien garde vous courez la chance de prendre un bain entre deux chaloupes.

Enfin, nous abordons ; mais sur le rivage une autre multitude de forbans nous attend, plusieurs dans l'eau jusqu'à la ceinture, pour nous arracher nos bagages.

Nous finissons par tout lâcher, et nous suivons nos brigands à l'hôtel.

On nous y apprend que c'est un jour de marché d'esclaves, et nous courons au Zocco. Mais ce commerce va diminuant dans le Maroc, et deux esclaves seulement avaient été vendus ce jour-là, une vieille femme, et une jeune fille de 15 ans qui avait été donnée pour $30.00, malgré que le vendeur eût bien vanté sa marchandise, et montré qu'elle était saine, bien faite, robuste, et avait de belles dents.

Je renonce à vous décrire le versant de colline où se tient le Zocco. C'est un tohu-bohu incroyable où les hommes, les femmes, les enfants, les ânes, les mulets, les chèvres, les moutons, les chameaux, semblent vivre tous en famille dans une promiscuité indescriptible; et au milieu de tout cela sont entassés des denrées, des légumes, des fruits, du poisson, des armes, des étoffes et des marchandises de toutes sortes.

Ça et là, de curieux spectacles. Ici un charmeur de serpents entouré d'une bande de curieux. Au centre du cercle brule un petit feu, et le charmeur gambade autour en poussant des cris sauvages, et en tourmentant des serpents qu'il agite en l'air, qu'il enroule autour de son cou, ou qu'il enfouit dans sa chemise. Il a les yeux hagards et flamboyants, les cheveux longs et flottants, avec des anneaux de serpents qui lui font une tête de Méduse.

Tout-à-coup sa ronde frénétique s'arrête ; et après de nouveaux cris et de nouvelles gambades, il saisit par la tête le plus gros des serpents et lui donne sa langue à mordre. Puis, il reprend sa ronde avec le serpent suspendu à sa langue dont le sang jaillit. C'est horrible.

Plus loin, c'est un conteur, debout sur un tertre et déclamant avec force gestes et éclats de voix des histoires des *Mille et une Nuits.* Un auditoire assez nombreux, composé en majorité d'enfants, l'entoure et semble suspendu à ses lèvres.

Hier, ils étaient là. Le conte les captive ;
Ils tendent jeunes, vieux, leur figure attentive,
Comme autour d'une source un troupeau de chameaux.
Ils boivent la sagesse et le doux bruit des mots
Qui coulent de la lèvre aimable du rhapsode..........

....

Et l'étranger s'étonne, et le poète, heureux,
Voit le pouvoir des mots bien accouplés entre eux,
Et comment, en chantant l'épopée ou les drames,
La pensée et le rêve,—on possède les âmes.

Ailleurs ce sont des chanteurs, accompagnés de *tam-tams.*

Mais soudain des détonations retentissent, et nous attirent dans un autre quartier de la ville. C'est une procession qui conduit un enfant à la Mosquée pour être circoncis. En tête, s'avancent de jeunes garçons montés sur de petits ânes et portant des cocardes. A leur suite, viennent des piétons et des carabiniers marchant quatre de front, têtes et pieds nus, et brandissant de longues carabines incrustées d'ivoire et de cuivre doré.

Derrière eux, cheminent les musiciens qui n'ont pas d'autres instruments que des clarinettes et des tambours. L'air qu'ils jouent est toujours le même et se compose de 7 à 8 mesures ; c'est une espèce de ronde très bizarre et d'une monotonie désespérante.

Enfin, dans une chaise en maroquin rouge, solidement attachée sur un mulet, est assis le pauvre enfant qu'on va circoncire. Il paraît avoir deux ans, et sourit pendant que des marabouts marchant à ses côtés l'éventent avec des fichus et des voiles de couleurs voyantes.

De temps en temps, la procession fait halte, et les carabiniers nous donnent le spectacle d'un *fantasia.* Huit d'entre eux font quelques bonds en avant comme des chevaux qui prennent l'épouvante ; puis, tout-à-coup, les quatre premiers se retournent en faisant décrire un cercle à leurs carabines, et, faisant face aux quatre autres qui les suivent, ils rompent leurs lignes dans un chassé-croisé ressemblant au quadrille, mais avec des élans de tigres. Alors, poussant de grands cris, ils bondissent, et tournant brusquement le canon de leurs carabines vers le sol ils les déchargent dans le sable.

Cette *fantasia* est curieuse et terrible à voir. Elle suffit à faire deviner quels redoutables guerriers doivent être ces Arabes quand on a réussi à les fanatiser.

Ne pouvant suivre la procession jusque dans la mosquée, dont l'entrée est strictement interdite aux chrétiens, nous nous rendons au palais qui s'élève à côté.

Le gouvernement du Maroc est une monarchie absolue, la plus absolue qui existe, et l'empereur, qu'on nomme sultan et qui n'a pas même un Conseil de ministres, réside à Fez, qui est la capitale. Mais, à Tanger il y a une espèce de gouverneur auquel on donne les noms de khalife, de pacha ou de kaïd, et qui cumule les pouvoirs administratif et judiciaire.

Il y a des juges qu'on appelle *cadis* et qui n'ont qu'une juridiction limitée. Mais les sujets qui veulent recourir directement à la justice du pacha peuvent le faire. Cette administration de la justice est très expéditive. La chose s'explique : il n'y a pas d'avocats !

Quand le pacha vient rendre la justice, un jour fixé d'avance, il est accompagné d'un état-major. A son entrée dans la salle d'audience, le *bachamba* (huissier audiencier) crie : le pacha vous salue au nom du Prophète. Puis il monte s'asseoir sur un trône, et le bachambra crie de nouveau : " Le prince vous salue tous et va vous rendre justice ".

Alors entre le porte-pipe qui va présenter une pipe démesurément longue, ornée de diamants, au juge assis sous un soleil d'or ; et, tout en fumant et caressant sa barbe, le digne magistrat entend les plaideurs, et les juges.

Dans un district de la province de Québec, qui m'est bien connu, il y avait jadis un juge de la Cour Supérieure qui fumait ainsi à l'audience, et qui déposait son sac à tabac sur le banc, afin de permettre aux avocats d'y venir remplir leurs pipes. C'était le bon temps alors, mais le bon temps est passé dans ce district, et le juge d'aujourd'hui n'a pas les allures d'un pacha.

Donc le pacha fume et juge. Il ne motive pas ses jugements, ce qui doit être très commode, et il tranche les questions d'un mot ou d'un geste. Mais parmi ces gestes il y en a un qui est lugubre : il signifie l'ordre de trancher la tête. Or, comme le bourreau est dans la salle, il va immédiatement exécuter la sentence dans une cour du palais.

Ce procédé sommaire évite au gouvernement les ennuis d'une commutation de peine.

Sur un autre signe, le bachamba crie : " El Afia ! " La Paix ! et la séance est levée.

Lorsque nous avons vu le pacha de Tanger, il n'agissait pas comme juge, mais comme gouverneur, et il donnaît audience à ceux qui venaient lui apporter le tribut, et lui présenter des requêtes.

Sous un grand portique à colonnes de marbre, Son Excellence est étendue sur un divan, entourée des grands de sa cour ; et ceux qui ont des pétitions à présenter attendent à la porte qu'on leur fasse signe d'approcher. Au signal donné, ils ôtent leurs chaussures, et vont s'agenouiller sur une natte aux pieds du pacha. Celui-ci écoute leurs demandes qui sont toujours très brèves, et il répond d'un air ennuyé tantôt par quelques mots, et tantôt par un simple signe.

***

Cette cérémonie nous paraît bientôt manquer de variété, et nous nous acheminons vers le harem. Il va sans dire que je n'y fus pas admis, mais il fut permis à mes compagnes de voyage d'y pénétrer, et même d'y causer par signes avec celle des femmes du harem que l'on considère comme la femme légitime.

Pendant ce temps-là, mon compagnon de voyage et moi, que notre sexe condamne à rester à la porte, regardons de loin, du haut des murailles de la Kasbah, un grand nombre de femmes arabes montées sur les terrasses des maisons pour voir passer la procession, et qui s'y promènent comme de blancs fantômes.

C'est le moment de vous dire un mot des maisons et des femmes arabes.

Ces maisons n'ont pas de fenêtres sur la rue. Elles forment un carré, avec une cour intérieure comme un cloître, et c'est sur cette cour que s'ouvrent les fenêtres. Les rues des villes arabes ne sont donc en réalité que des couloirs, resserrés entre deux murailles blanchies à la chaux dans lesquelles sont percées de distance en distance des portes basses soigneusement verrouillées que le mari seul peut ouvrir.

Toutes ces habitations, vues du dehors, sont semblables et de pauvre apparence. Mais si vous pouvez y pénétrer, l'intérieur, chez les riches et les grands, vous causera de ravissantes surprises. Derrière ces murs blanchis, vous trouverez souvent des œuvres d'art remarquables, des promenoirs pavés en mosaïque, des colonnades de marbre imitées de l'Alhambra, des murs en stuc artistement sculptés, ciselés et peints des plus riches couleurs. Au milieu d'un *patio*, entouré d'arbustes en fleurs et d'orangers chargés de fruits, vous verrez un jet d'eau s'épanchant dans une vasque de marbre.

Vivant au milieu de gens cupides et sensuels, qui n'ont parfois d'autres lois que leurs passions, et qui disposent du pouvoir, l'Arabe cache sa richesse, son bien-être, son luxe, comme il cache ses femmes.

Elles ne sortent donc jamais de leurs maisons. Les seules que l'on rencontre dans la rue sont des femmes de mauvaise vie, ou celles que la pauvreté oblige de sortir pour aller gagner leur subsistance. Mais, alors, elles se couvrent la tête et le visage d'un double voile qui ne laisse voir que leurs yeux, et quand elles passent dans la ville elles ne parlent à aucun homme, et aucun homme ne leur parle. Le mari lui-même, qui rencontre sa femme dans la rue, ne lui adresse pas la parole, parce que ce serait compromettant pour elle et pour lui-même—le public ne pouvant pas savoir que c'est sa femme.

Quand ces pauvres recluses veulent prendre l'air, il faut donc qu'elles se contentent de sortir dans la cour intérieure de leurs maisons ; et s'il y a quelque spectacle inusité, ou quelque grande démonstration dans la rue, on leur permet de monter sur les toits qui sont plats et forment terrasse.

C'est de là seulement qu'enveloppées dans leurs burnous blancs, elles peuvent se pencher au bord des terrasses et risquer un œil dans la rue.

C'est ainsi qu'à la faveur de la procession nous avions pu voir un grand nombre de têtes de femmes émergeant des toits, et nous suivant des yeux avec curiosité.

C'est ainsi que, du haut de la Kasbah, nous les apercevions encore courant sur les toits, dévoilées et pieds nus. Cette coutume est, sans doute, très antique, puisque la Genèse dit en parlant de Joseph : " Il est d'une rare beauté, et les filles de l'Egypte ont couru *sur la muraille* pour le voir ".

Vous me demanderez peut-être pourquoi la femme Arabe est soumise à ce régime de réclusion. La réponse est facile : c'est le christianisme qui a émancipé la femme, et elle est esclave partout où il n'est pas.

M. de Maistre a dit : " Il faut à la femme ou quatre murs ou les quatre évangiles ". Les Musulmans repoussant les quatre évangiles ont recours aux quatre murs.

Il n'y a pas de doute que les quatre évangiles valent mieux, et que la femme chrétienne doit s'estimer heureuse d'avoir échappé aux quatre murs.

Mais qu'elle y prenne garde ! Les hommes seraient capables de l'y ramener, si elle s'affranchissait des quatre évangiles.

Au surplus, l'Arabe est jaloux, et n'a aucune confiance dans les femmes.

C'est le résultat naturel de la volupté, que le mahométisme favorise et développe. La polygamie démoralise et avilit la femme, et plus l'Arabe resserre les murs de sa prison, moins il doit compter sur sa fidélité.

Cet emprisonnement perpétuel qu'on lui impose l'irrite, et, quoiqu'elle n'en comprenne pas très clairement l'injustice, elle en tire deux conclusions également mauvaises : la première, c'est qu'elle est faite pour le seul plaisir de l'homme ; et la seconde, c'est que la morale consiste uniquement à ne pas franchir les murs de sa maison. Si donc, c'est un homme qui les franchit pour arriver jusqu'à elle, elle n'y voit pas de mal.

L'Arabe le plus civilisé, qui a visité l'Europe, et qui peut causer politique, littérature et beaux-arts, n'accorde pas plus de liberté aux femmes que les autres. Il donne des réceptions, des dîners dans son palais ; il y invite même les dames européennes, qui après le dîner peuvent être admises dans le harem. Mais il ne permet jamais à ses femmes de paraître devant ses invités du sexe fort ; et si par hasard nous pouvons les apercevoir au jardin, ou dans quelque galerie intérieure, il nous recommande de ne les pas regarder.

Tant qu'il reste musulman, il n'abandonne pas ces usages ; seulement la civilisation le fait renoncer graduellement à la polygamie ; et aujourd'hui il y a plusieurs musulmans haut placés qui n'ont qu'une femme, ou qui en ayant plusieurs, ne vivent qu'avec une seule. La polygamie subsistera plus longtemps parmi les pauvres que parmi les riches, pour l'excellente raison que la femme coûte cher au riche, tandis que par son travail elle rapporte au pauvre.

La grande dame musulmane vit dans l'oisiveté, et consacre tout son temps à s'habiller, se farder, se parfumer, se peindre les yeux avec du kohl, les ongles avec du henné, et se tatouer enfin de diverses manières.

Mais comment se font les mariages, me diront les jeunes filles, puisque les femmes ne sortent jamais, ne reçoivent jamais, ne laissent voir que leurs yeux quand elles sont obligées de sortir, et ne parlent jamais à un homme ?

Voilà l'étonnant, c'est que les jeunes filles arabes se marient tout de même, malgré les désavantages évidents de cet état de société.

Vous connaissez sans doute le proverbe oriental : la femme est comme votre ombre ; courez après, elle se sauve, fuyez-la, elle court après vous. Eh! bien, la femme arabe se sauve pour faire courir après elle. Plus elle se cache, plus on désire la voir. Je donne cette recette aux rares jeunes filles qui ont envie de se marier.

Il y a donc lieu de croire que, malgré toutes les précautions prises, les jeunes gens réussissent, de temps à autres, à apercevoir de loin quelques jeunes filles, ne fût-ce que sur les toits, ou dans les cimetières où elles vont prier le vendredi sur les tombeaux des marabouts.

En tout cas, ils connaissent les chefs de famille qui ont des filles à marier, et la position sociale et financière de ces familles ; ils s'adressent donc au père, et font leur demande. Le père répond par une autre demande : combien payez-vous ? Le prix est alors débattu entre le futur beau-père et le futur gendre ; et il est payé avant l'entrevue avec la jeune fille.

Ce prix varie dans la classe moyenne entre $100 et $500. La veille du jour fixé pour le mariage, le futur est admis à voir sa fiancée, et si elle ne lui convient pas il peut se retirer, mais il perd la somme payée.

Notre guide et interprète à Tanger, qui était un bel homme, très intelligent, avait lui-même épousé sa femme sans l'avoir jamais vue auparavant, et il avait payé à son beau-père $450.

Cette coutume remonte à la plus haute antiquité, et nous en lisons des exemples dans Homère, et dans l'ancien Testament. Jacob fut bien obligé de travailler pendant sept ans pour chacune des deux filles de Laban qu'il épousa ; et si vous évaluez les services d'un homme de confiance comme Jacob, vous conviendrez que le beau-père ne lui avait pas donné ses filles gratis.

Sous le régime de la civilisation, les rôles sont un peu changés, et il arrive assez souvent maintenant que ce sont les jeunes filles qui, au moyen d'une dot engageante, se paient le luxe d'un mari. On dit même, mais je ne le crois pas, qu'il se rencontre des jeunes gens qui se laissent volontiers acheter de cette manière.

Pendant que nous discourons sur les femmes arabes, nos compagnes de voyage sont sorties du harem ; et après avoir vu de nouveau défiler la procession de la circoncision, nous revenons à notre hôtel par des rues indescriptibles. A Tanger, la voierie est confiée aux chiens et aux oiseaux de proie, et naturellement ils n'enlèvent que ce qui est mangeable. C'est là que l'on apprend à apprécier notre régime municipal et notre comité des chemins.

Mais, dans ces rues malpropres, il y a des bazars pleins d'intérêt, des boutiques remplies de riches étoffes, de broderies et de dentelles magnifiques, d'ouvrages en cuir marocain, de vieilles faïences, d'armures antiques, et des mille objets que produit l'art oriental. C'est une grande tentation pour les femmes, et nous avons quelque peine à en arracher nos compagnes de voyage.

Je vous ai dit que plus la femme arabe se cache, et plus on désire la voir. Naturellement, ce désir est la grande tentation des touristes européens, et il en résulte toutes espèces d'aventures.

Il y avait parmi nos compagnons de voyage à Tanger, un Français et un Allemand qui s'amusaient beaucoup ensemble. Le Français avait quarante ans, et l'Allemand, très distingué et très Parisien, n'en avait pas trente. Pendant notre course à la Kasbah, ils étaient allés faire une excursion à dos de mulet au cap Spartel, à quelques milles de Tanger. Quand je les retrouvai à l'hôtel, le Français me raconta une de leurs aventures :

" Nous étions en pleine campagne, me dit-il, chevauchant sur nos misérables montures, comme don Quichotte et Sancho. Avec mon âge et mon ventre rebondi, j'étais Sancho, et mon compagnon, avec ses grandes moustaches, était le chevalier de la Manche, moins la *triste figure*. Il faisait de l'esprit, et je parlais bon sens. Arrivés à un ruisseau, nous aperçûmes, de l'autre côté, des blanchisseuses arabes, sans voiles. Les unes battaient et tordaient de blancs burnous de leurs mains vigoureuses ; d'autres foulaient sous leurs pieds nus des tapis moëlleux repliés dans un creux de rocher et tout ruisselants d'écume ; celles-ci savonnaient des abayas et des kaïks, et celles-là activaient en chantant des feux où de grands chaudrons pendaient aux crémaillères, et préparaient le kouscouss pour le dîner.

Cette scène, vue d'un peu loin, était vraiment poétique, et mit en ébullition les sentiments chevaleresques de mon jeune ami.

— " Par le Prophète ! cria-t-il, je me sens léger comme une gazelle et je passe le ruisseau.

— " Prends garde, lui dis-je, il y a sans doute des *chaouchs* cachés dans le voisinage, et tu t'exposes à des coups de matraque ".

Mais il ne m'entendait déjà plus. Sourd à mes sages avis, il retroussa sa moustache, et s'élança dans le ruisseau. Mais sa monture tenait moins que lui à voir ces dames et bronchait. Criblé de coups, le pauvre mulet s'aventura cependant, enfonça peu à peu et finalement tomba dans le lit fangeux de la rivière. Cette chute refroidit mon chevalier, et il revint à moi couvert de boue.

— " Eh bien, lui dis-je, c'est maintenant qu'il te faut une blanchisseuse. Elle joindra l'utile à l'agréable ".

Il se mit donc à faire signe aux lavandières de traverser le ruisseau ; et pour les y engager davantage, il portait la main à son cœur, et leur envoyait des baisers du bout des doigts. Mais pas une ne bougeait. Plus pratique que mon jeune ami, je tirai de ma poche et je leur montrai une monnaie d'argent, puis une seconde et une troisième. J'allais sacrifier un quatrième franc, lorsqu'une des blanchisseuses s'engagea hardiment dans la rivière. Le chevalier était ravi, il se moquait du guide qui prétendait que nous nous exposions à des coups de sabre. Enfin, la blanchisseuse arriva. Elle annonçait soixante ans et n'avait qu'un œil !

II

ALGER

Le littoral.—Oran.—Blidah.—Les gorges de la Chiffa et les singes.—La rade d'Alger.—Son climat.—Les mosquées.—Dévotion des musulmans.—Les églises catholiques.—Notre-Dame d'Afrique.—L'absoute des naufragés.—Les Aïssaouas.—Les sacrifices de coqs.—La trappe de Staouéli.—Le jardin d'Essai.—Histoire.

Le steamer *Manoubia* semble avoir, comme nous, quelque peine à se détacher de l'Espagne ; car il revient de Tanger à Gibraltar et Malaga, et c'est de cette dernière ville qu'il dirige sa course vers la côte africaine.

Le temps est beau, et la mer clapote légèrement sur les flancs du navire, qui s'incline sous un souffle frais venant de l'Est. La nuit vient, et le ciel se couvre d'étoiles que je ne reconnais pas ; c'est que nous avons bien changé de latitude.

Dès l'aurore, nous arrivons à Melilla, prison espagnole perchée sur un rocher sauvage et entourée de fortifications. C'est le grand pénitencier de l'Espagne élevé, comme une menace, sur une côte déserte de l'ancien pays des corsaires.

Le vent est devenu violent, et la vague grossie nous force à lever l'ancre. Nous longeons le littoral africain dont l'aspect en cet endroit est désolé. C'est une chaîne de montagnes servant de barrière à la mer et à la civilisation, sans habitations, sans culture, sans gazon vert.

Des caps, des baies, des rochers nus et du sable ; de loin en loin, au sommet d'un promontoire, les débris d'une tour moresque : tel est le coup d'œil que présente cette côte inhospitalière jusqu'à Nemours.

Nemours—village fortifié au fond d'une anse de sable, peuplé d'Espagnols, de Français et d'Arabes. A la cîme d'un promontoire, du côté Est, un ancien château-fort qui s'écroule. Sur la grève, une caravane défile lentement : dix chameaux dessinent leurs silhouettes difformes sur le front vert d'un petit bois de palmiers.

Beni-Saf—tout petit port cerclé de montagnes géantes. Deux steamers y chargent du minerai de fer, que des trains apportent de l'intérieur et que des ascenseurs descendent au bord de la mer.

Oran—capitale de la province du même nom, ayant une population de 50,000 âmes et grandissant beaucoup.

Je ne connais pas au juste l'étymologie d'Oran ; mais ce nom doit lui venir de la teinte dorée dont est revêtu tout ce qui la compose. Le sol, les rochers, les murailles, les édifices, tout est jaune comme du vieil or ; et si les indigènes se lavaient plus souvent ils auraient également le teint doré.

Oran est une ville très pittoresque et accidentée. Ici, elle se prélasse sur la grève, au fond d'une baie d'azur ; là elle escalade une montagne ; ailleurs elle se cache dans la profondeur d'un ravin, plus loin elle s'étend à son aise sur de vastes plateaux. Ses rues sont tantôt larges comme des boulevards, tantôt étroites comme des corridors, tortueuses comme des impasses, et raides comme des échelles.

De quelque côté que vous vous dirigiez, vous arrivez toujours à des escarpements, et si vous levez les yeux vous apercevez soit un château-fort, soit une tour, soit un clocher qui dominent la ville. Santa-Cruz, avec ses bastions formidables et ses créneaux, s'élève à plus de mille pieds au-dessus de votre tête ; et sur un plateau, à côté du château-fort, une chapelle élancée porte à son sommet une statue de la sainte Vierge dont les bras tendus semblent bénir le port et la ville.

Je ne connais que Notre-Dame de la Garde, à Marseille, qui puisse être comparée comme point de vue à cette chapelle de Santa-Cruz.

Oran, dont l'origine ne remonte guère au-delà du dixième siècle a souvent changé de maîtres.

Les Maures,expulsés de l'Espagne au quinzième siècle, y trouvèrent un refuge. Mais les Espagnols les y poursuivirent, et le cardinal Ximénès les en chassa en 1509. Deux siècles après, l'Espagne perdit cette ville, la reprit en 1732, et l'évacua définitivement en 1792. Elle resta soumise à un Bey jusqu'en 1831, et fut alors conquise par la France.

Cinq ou six forts la protègent aujourd'hui, tant du côté de la mer que du côté de la terre, et lui forment une ceinture à la fois redoutable et pittoresque.

Il faut aller visiter sa promenade de l'Etang, sa cathédrale Saint-Louis, la grande mosquée et le quartier nègre.

Un chemin de fer relie maintenant Oran à Alger, et c'est par cette voie que nous nous dirigeons vers cette dernière ville. Mais nous ne pouvons résister à la tentation de nous arrêter à Blidah, la séduisante ville des orangers.

Elle est très agréablement située aux pieds de l'Atlas, entourée de jardins et d'immenses orangeries ; et elle possède un dépôt de remonte pour la cavalerie française où j'ai vu les plus beaux chevaux du monde.

Son *jardin Bizot* est délicieux, et son *Bois sacré* mérite une visite.

Une des grandes attractions de Blidah, ce sont les gorges de la Chiffa, déchirure étroite et profonde dans la chaîne de l'Atlas, où nous conduit une route des plus pittoresques, suspendue comme une corniche à mi-hauteur des rochers, au-dessus de l'abîme où gronde la rivière. C'est là que nous avons eu le plaisir de rencontrer une troupe de singes, qui ont bien voulu nous donner une représentation *gratis*. Ces sémillants quadrumanes, que Darwin et les évolutionnistes veulent nous donner pour ancêtres, étaient au nombre de quarante ou cinquante de toutes tailles, et paraissaient réunis en séance au bord du torrent comme une chambre de députés.

Sur une roche élevée, un vieil orang-outang solidement assis semblait présider, et je crois même que les débats de ses collègues l'avaient endormi. Au-dessous, une autre roche servait de tribune, où les préopinants se succèdaient rapidement, non sans lutte. Le débat était tumultueux et manquait un peu de décorum. Plusieurs faisaient des cabrioles que les politiciens les plus souples ne sauraient exécuter. Bien différents des conférenciers, ils se lassèrent de s'exhiber avant d'avoir cessé de nous amuser, et quoiqu'il ne fût qu'environ trois heures P. M., ils décidèrent qu'il était six heures et votèrent l'ajournement.

Alors le président piqua une tête en bas de son fauteuil, je veux dire de son rocher. Je crus qu'il allait se tuer ; mais l'habile acrobate, en tombant à travers les branches d'un arbre, s'y était crâmponné (est-ce bien cramponné ?) avec deux ou trois tours de queue ; et tous disparurent.

Au *Ruisseau des Singes*, nous en trouvons d'autres ; mais ce sont des intransigeants farouches qui en veulent à la société. Car ils se sont enfuis à notre approche en secouant violemment les arbres.

J'ai pu constater ici que tous les singes raffolent des noix, tandis qu'il est constant que le père de l'humanité aimait les pommes. Je soumets cette objection aux évolutionistes.

A mon grand regret, nous arrivons à Alger de nuit, et ce n'est que le lendemain que nous pouvons admirer cette ville superbe, cette perle rose, enchassée d'émeraudes et de saphirs, étincelante de reflets lumineux, et pittoresque comme une féerie.

Au saut du lit, je cours à ma fenêtre (hôtel de l'Oasis), et j'ai sous les yeux un coin de la ville, une mosquée, le port, et la mer miroitant au soleil. J'ai vu ce tableau pendant quinze jours, et je ne m'en suis pas lassé.

La rade d'Alger est l'une des plus belles que l'on puisse contempler, surtout le soir, vers le coucher du soleil. Cette courbe harmonnieuse où la mer vient dormir, ces magnifiques collines qui lui servent de ceinture et sur les flancs desquelles sont échelonnées de blanches villas entourées de bosquets, la chaîne des montagnes de la Kabylie, dont les sommets lointains lui forment une couronne d'azur, cette belle mer bleue sillonnée de navires qui viennent apporter à la blanche ville des corsaires les produits de la civilisation, ce mélange de Barbares et d'Européens qui se coudoient partout, tout cet ensemble fait d'Alger une des villes les plus originales et les plus intéressantes du monde.

Mais ce qui fait surtout l'incomparable beauté de cette ville, c'est qu'elle est presque toujours inondée de lumière. Le soleil est le grand artiste qui l'orne, la décore et la fait resplendir.

Sans doute, il y a pendant l'hiver, de temps en temps, des jours de pluie, et ces pluies sont même abondantes. Mais elles ne durent jamais longtemps ; le soleil finit toujours par percer les nuages, et dès qu'il paraît tout sourit, s'embellit, et se transfigure. Ses rayons mettent au cœur plus de gaîté que les vins les plus généreux.

Une heure après un orage, qui paraît un déluge, vous sortez et vous n'en voyez plus trace ; je me trompe, les palmiers sont plus verts, les oranges plus brillantes, les amandiers et les églantiers plus fleuris, et la lumière plus limpide.

Un poète algérien avait raison d'écrire à ses amis de France :

Pendant que de froides haleines
Glacent votre ciel obscurci,
Pendant qu'il neige dans vos plaines
Sur nos côteaux il neige aussi.

Il neige au pied de la colline,
Il neige au détour du sentier,
Il neige des fleurs d'aubépine,
Il neige des fleurs d'églantier.

Nous sommes en janvier, et les jours sont longs et beaux. Les nuits sont froides mais claires, et la brise de mer se réchauffe chaque matin dans un bain de soleil.

Aussi tout le monde vit-il dehors. La grande *place du gouvernement*, et les rues Bab-Azoun, Bab-el-Oued, de Chartres et d'Isly sont pleines de peuple ; et ce peuple est le plus bariolé que l'on puisse voir. Français, Espagnols, Berbères, Kabyles, Mozabites, Juifs, ont des costumes différents et de toutes couleurs. Ajoutez à cela les uniformes des nombreux militaires que l'on coudoie partout, et vous aurez une idée de la variété du coup d'œil.

Le quartier arabe d'Alger n'a pas ce caractère cosmopolite, mais c'est une merveille de pittoresque. On imagine difficilement un pareil labyrinthe de sombres corridors, d'impasses tortueuses, d'escaliers flanqués d'échoppes borgnes, et de mystérieuses galeries.

Il s'étend sur le flanc de la montagne, où s'élève la kasbah, ancienne forteresse arabe, aujourd'hui occupée par les soldats français.

Ce que les étrangers ne manquent pas de visiter à Alger, ce sont les mosquées. Les plus remarquables sont la grande mosquée et celle d'Abd-er-Rhaman el Tçalbi. Celle-ci est à l'ombre des palmiers du jardin Marengo, et est surmontée d'un minaret fort élégant. En y allant, le vendredi, vous y verrez des femmes moresques dévoilées, priant sur des tombeaux qui sont en grande vénération. Car là reposent plusieurs pachas et le grand marabout Abd-er-Rhaman, qui vécut au quinzième siècle.

Le même jour, dans la grande mosquée, vous aurez un autre spectacle. Des centaines d'Arabes sont là prosternés, le front collé sur les dalles de marbre, pendant que le marabout, monté dans une espèce de chaire, leur déclame ou leur chante des versets du Coran.

Selon le Prophète, le Seigneur exigeait autrefois que ses fils prient cinquante fois par jour ; mais, à la demande de Mahomet, il veut bien aujourd'hui se contenter de cinq fois. C'est pourquoi l'on voit hissé cinq fois par jour, au sommet des minarets, un petit drapeau blanc qui attire l'attention des fidèles, et qui annonce l'arrivée prochaine du muezzin. Un instant après, il apparaît en effet au sommet de la tour, et il appelle les fils d'Islam à la prière.

L'appel de l'aurore est vraiment beau : *Koumou ! Koumou ! La Tenoumou !*

> Levez-vous ! levez-vous ! Ne dormez plus !
> C'est le moment de faire le bien ;
> Vous ne vivrez pas éternellement.........
> Dieu seul est grand ! Et Mahomet est son prophète !
> *La Allah illahoullah, Mohammed raçoul Allah !*

A ce cri, les Musulmans, quoi qu'ils fassent alors, et où qu'ils se trouvent, se tournent vers l'orient et se prosternent la face contre terre en adorant Allah !

Bien souvent, sur les chemins, dans les champs, au désert, sur les montagnes, dans la diligence même où nous voyagions, nous avons été témoins de ces oraisons qu'aucun respect humain n'arrête. Dans les solitudes charmantes de la Kabylie, à l'heure du soleil couchant, nous avons aperçu je ne sais combien de centaines de ces bons agriculteurs Kabyles, dont les silhouettes blanches se prosternaient dans les vallées et sur les versants des collines, et j'avoue que ce spectacle m'a ému et édifié. Ces dévotions redoublent pendant le Rhamadan, qui est le carême musulman, et auprès duquel notre carême est une orgie. Le Rhamadan dure trente jours, et perpétue le souvenir du mois où le Coran est tombé du ciel. Pendant ce temps, il n'est pas permis de manger, ni de fumer, depuis l'aurore jusqu'à la nuit. Je suis sûr, après cela, que personne de vous ne se fera musulman.

Le jour férié des musulmans est le vendredi ; celui des juifs est le samedi, et celui des chrétiens, le dimanche. Il en résulte une autre curiosité pour ces villes du littoral africain : c'est que trois jours par semaine il y a une grande partie de la population qui ferme ses boutiques et vaque à la prière.

Les églises catholiques d'Alger sont en général très pauvres, et la cathédrale elle-même n'a rien de monumental. Le seul caractère qui la distingue est son architecture arabe, et l'apparence de mosquée qu'elle conserve encore malgré sa conversion.

Mais à la porte d'Alger, au sommet d'un promontoire qui s'avance dans la Méditerranée, s'élève un joli sanctuaire dédié à la sainte Vierge, sous le vocable de Notre-Dame d'Afrique. Par le site, il ressemble à Notre-Dame de la Garde, à Marseille, et à Notre-Dame d'Oran. Lequel des trois sanctuaires est le plus pitoresque ? C'est assez difficile à dire ; mais il n'est pas douteux que celui d'Oran est le plus élevé, et qu'il commande une vue incomparable ; seulement, la chapelle en est toute petite et très pauvre, tandis que Notre-Dame de la Garde et Notre-Dame d'Afrique ont une architecture et des proportions monumentales.

Notre-Dame d'Afrique est la plus spacieuse des trois, et elle est bâtie dans le style oriental avec des arcs et des coupoles bysantines. C'est une croix grecque formée par une nef et un transept, qui se terminent par trois demi-coupoles, et qui sont couronnées par un dôme spacieux. Au chevet, flanqué de deux autres petites coupoles, se dresse une tour très haute qui ressemble au minaret d'une mosquée.

La façade n'est pas encore terminée et me semble assez bizarre ; mais elle est surmontée d'une grande statue de la sainte Vierge. Tout autour de l'église, sur les murs extérieurs, court une frise très large en mosaïque de faïence.

L'intérieur est inachevé, et n'a rien de remarquable. De simples cartons peints remplacent les statues qui devraient remplir les niches. Mais les murs sont tapissés d'*ex-voto* qui attestent un nombre incalculable de guérisons dues à l'intercession de Notre-Dame d'Afrique.

Nous avons voulu assister aux vêpres dans cette église qui a maintenant le titre de basilique, et nous y avons été témoins d'une cérémonie touchante qu'on ne voit nulle part ailleurs, je pense : l'absoute des marins naufragés, dont les corps reposent dans l'immense sépulcre de la Méditerranée.

A l'issue des vêpres, les chantres entonnent tout à coup le *libera.* Le prêtre officiant revêt son écharpe de deuil ; la croix suivie du clergé, s'avance dans la nef comme pour un enterrement vers la porte de l'église.

Sur la terrasse qui couronne le promontoire se rangent le clergé et la foule. Le porte-croix va se placer entre les deux acolytes au bord de l'escarpement, le prêtre officiant se met en face, et n'en est séparé que par un drap mortuaire porté par quatre enfants de chœur, puis, il récite les prières de l'absoute, il jette vers la mer quelques gouttes d'eau bénite, et, levant les mains, il bénit cette tombe où tant de malheureux gisent ensevelis.

Rien n'égale la solennité touchante et la grandeur dramatique de ce spectacle.

O vous tous, pensais-je, qui dormez dans les plis funèbres des abîmes de la mer, n'avez-vous pas tressailli ? Ne vous êtes-vous pas réveillés de votre sommeil ? Ces murmures et ces chants que vous avez dû entendre, ce ne sont pas les vagues qui se plaignent au rivage, ce ne sont pas les vents qui soulèvent les flots, ce ne sont pas les navires encombrés de vos frères vivants qui sillonnent la mer, ce sont des prières, des cris vers Dieu qui sollicitent pour vous la résurection et la vie.

La cérémonie était finie, et je restais là, rêveur, les yeux fixés sur la mer qui battait le pied du promontoire ; le vent en ridait légèrement la surface ; et des barques pavoisées la sillonnaient en s'inclinant sous leurs voiles latines.

Au loin passaient de grands vaisseaux remplis de voyageurs, et nul d'entre eux ne songeait sans doute qu'il se promenait dans le plus vaste et le plus peuplé des cimetières.

Sur le rivage et sur les versants des collines, depuis la pointe Pescade jusqu'à Alger, d'innombrables villas blanches et roses souriaient dans la verdure des jardins. Aux sommets couverts de bruyères vertes, de grands troupeaux de chèvres blanches paissaient tranquillement. Sur tous les chemins circulait la foule, et le soleil enveloppait toutes choses de ses flots de lumière.

C'était la vie, toujours la vie, à côté de la mort, et coudoyant les tombeaux sans s'en douter.

J'ai retrouvé à Alger, comme à Tanger, des charmeurs de serpents, espèce de thaumaturges qu'on nomme *Aïssaouas*, et j'ai voulu assister à une de leurs représentations. Mais ce n'est qu'avec une peine infinie, et après une longue course de nuit dans des ruelles qui m'ont rappelé les cercles de l'enfer de Dante, que j'ai pu les découvrir.

Nous sommes partis sept de l'hôtel, mais nous ne sommes arrivés que trois : quatre de nos compagnons effrayés et découragés nous ont abandonnés en route.

Nous entrons dans un *patio* pavé de larges pierres plates, autour duquel sont assis par terre, les jambes croisées, cinquante ou soixante Arabes, parmi lesquels nous prenons place. Au-dessus de nos têtes, sur les quatre côtés du *patio*, est accroché un long balcon où sont accoudées des femmes voilées, dont nous ne voyons que les yeux, et qui applaudissent le sorcier, en criant : *you! you! you! you!*

Au milieu du *patio* se tient l'aïssaoua, tête nue, se balançant et sautant comme un homme ivre au-dessus d'un petit feu d'où monte une fumée blanche qu'il aspire et qui paraît le griser. En face de lui, tout près du feu, trois musiciens, l'un soufflant dans une espèce de clarinette et les deux autres battant, à coups redoublés, de larges tambourins qu'on appelle *bendios*. L'aïssaoua chante, et les musiciens l'accompagnent Mais quelle musique, grand Dieu, que cette musique arabe ! Mélopée d'une monotonie désespérante, et qu'on peut entendre des heures sans en pouvoir rien retenir. J'ai fait de mon mieux pour en graver quelques mesures dans ma mémoire ; mais je n'ai pu y réussir, parce que la musique arabe ne connaît, ni les tons, ni les demi-tons, mais procède par tiers de tons.

Le premier chant est un cantique à Aïssa *qui est monté au ciel et a délivré les enfants d'Israël* ; mais bientôt le chanteur ne fait que pousser des cris plaintifs, des lamentations, des rugissements accompagnés de bonds et de contorsions inimaginables. Il chancelle, il tombe, se relève, puis retombe, et semble en proie à des souffrances atroces.

Quand enfin il est parvenu au degré d'hallucination, ou de délire voulu, il commence ses sortiléges, avalant des scorpions et du verre pilé, se perçant les joues avec de grandes aiguilles, marchant nu-pieds sur le feu, et sur le tranchant d'un sabre.

On affirme que les jours de grande fête un agneau tout vivant est apporté à l'aïssaoua qui le dévore à belles dents, et le mange en entier, os, chair, peau et laine.

Si tous ces sortiléges ne m'ont pas émerveillé, j'ai été bien étonné en revanche de découvrir que leur nom signifie *disciples de Jésus*. *Aïssa* est l'un des noms arabes qu'on donne à Jésus, et *oũas*, signifie disciples. Dans leurs croyances, Aïssa fut un marabout célèbre qui domptait les serpents, changeait l'eau en vin et faisait apparaître soudainement devant lui des tables somptueusement servies. N'est-ce pas bien là le Christ vainqueur du serpent, multipliant les pains et opérant le miracle de Cana ? N'est-ce pas bien le Christ prédisant à ses disciples qu'ils prendraient impunément les serpents dans leurs mains ?

Singulier rapprochement, n'est-ce pas, entre le divin fondateur du Christianisme, et ces faux thaumaturges qui prétendent faire des miracles en son nom !

Un autre spectacle assez curieux auquel on peut assister tous les mercredis, sur une grêve appelée le rocher de Cancale, à deux milles d'Algers, ce sont les sacrifices de coqs.

Vers huit heures du matin, on y voit arriver des femmes et des jeunes filles, mauresques, juives et négresses, qui désirent connaître leur avenir, et se rendre le ciel propice. Elles apportent avec elles des couples de poulets qu'elles remettent avec une offrande à deux ou trois marabouts nègres qui sont les sacrificateurs. Ils portent le costume arabe, mais leur gandoura blanche est relevée par une ceinture rouge, où pend un grand couteau.

Ils prennent les poulets des mains de chaque femme, s'approchent d'un petit feu où brûlent des parfums, font des croix et autres figures avec les poulets au-dessus du feu, les font ensuite toucher à la tête, au dos, et à la poitrine de la femme qui les offre ; puis ils les placent par terre, les ailes étendues, mettent le pied dessus, et, les saisissant par la tête, ils leur coupent le cou à moitié, et les laissent aller. La pauvre victime sautille quelque temps en battant de l'aile, et meurt.

Ces battements d'ailes, les contorsions de l'agonie, le temps qu'elle dure, sont observés avec soin, et ont une signification que je ne saurais vous expliquer.

La femme trempe alors ses doigts dans le sang des victimes, se trace des croix sur le front, et des anneaux de sang autour des bras et des jambes ; puis elle jette dans le feu de petites pailles, et des grains de résine, et la cérémonie, finie pour elle, recommence avec une autre femme.

Je n'ai pas vu un seul homme apporter des poulets aux sacrificateurs, qui en ont immolé une centaine sous nos yeux, et qui ont dû faire ensuite un joli festin. J'en ai conclu que cette superstition est peut-être exclusivement féminine.

***

Passons à des spectacles plus consolants et plus dignes de l'humanité.

Au-delà des sommets qui dominent toute la ville, et qui sont couronnés par l'ancienne Kasbah des Arabes et par le fort l'Empereur, s'étendent de vastes plaines s'abaissant graduellement vers la mer. Une belle route carossable les traverse et se prolonge assez loin dans l'intérieur. Il y a 40 ans, elles étaient à peu près désertes, et l'endroit qu'on nomme aujourd'hui Staouéli était couvert de broussailles, et peuplé de panthères, d'hyènes et de chacals. C'est alors que les Trappistes obtinrent du gouvernement un octroi de terres en cet endroit, et vinrent y jeter les fondations d'un couvent. Ils étaient peu nombreux, et presque sans ressources : aujourd'hui ils sont au nombre de 120, et leur établissement prospère dans une mesure étonnante. Les bêtes fauves ont été chassées de leur repaire, et à la place des broussailles et des tannières se déploient de grandes vignes, de belles orangeries et d'immenses champs de géraniums. Les aloès et les cactus bordent les chemins, les eucalyptus étendent leur feuillage toujours vert, et au-dessus des arbres qui bordent une large avenue, se dresse une façade sévère, couronnée de quelques statues, avec cette inscription au-dessus de sa porte : *Janua cœli*.

La visite de ce couvent m'a fort intéressé. Après avoir traversé une première cour, ombragée par deux grands bosquets de palmiers, j'entrai dans le cloître proprement dit, où le père, qui me servait de guide, me montra une inscription qui m'imposait le silence. Je le suivis, et nous parcourûmes ensemble tout le cloître sans échanger une parole.

Les murs sont couverts d'inscriptions rappelant la brièveté de la vie, l'éternité, les mérites de la pénitence, et le vrai bonheur naissant de la douleur volontaire. L'une d'elles m'a particulièrement frappé, je la reproduis :

“ Le cloître est un tombeau où la mort commence la vie ”.

Au réfectoire j'ai lu cette autre :

“ Soit que vous mangiez soit que vous buviez, faites tout pour la gloire de Dieu ”.

Le dîner des religieux était servi, en voici le menu : 1° un potage de légumes bouillis dans de l'eau avec du poivre et du sel ; 2° un morceau de pain ; 3° une bouteille de vin et un cruchon d'eau que le religieux boit dans une tasse d'étain.

Au dortoir, les cellules contiennent une petite couchette en fer, une paillasse, et l'espace nécessaire pour entrer et sortir.

La chapelle était encombrée de religieux qui priaient. Il y en avait de tout âge et de toutes les nations.

D'autres religieux se promenaient lisant et priant dans les deux galeries à arcades qui entourent le préau. Plusieurs étaient agenouillés sur la pierre, aux pieds des colonnes, ou dans les encoignures. Tous avaient l'air d'ombres ou de fantômes pour lesquels la vie réelle n'existe plus. Seul, le préau faisait contraste avec l'aspect lugubre du monastère ; car de jolies fleurs violettes et roses grimpaient sur les colonnes, et un grand nombre d'orangers, chargés de fruits, avaient l'air d'autant de bouquets.

Les trappistes de Staonéli ont aujourd'hui 1,400 hectares de terre, et ils emploient dans leurs travaux cinq cents forçats d'un bagne voisin dont ils paient les services au gouvernement. Ils ont de vastes écuries remplies de mulets et de chevaux, et de grandes caves où ils font des vins, des liqueurs, et des essences, qu'ils exportent. Dans l'enceinte du couvent se trouvent aussi une forge et des boutiques de charpentiers, de ferblantiers, de cordonniers et de tailleurs, de manière qu'ils se suffisent à eux-mêmes, et n'ont aucun besoin de communiquer avec l'extérieur.

Combien de temps dureront leur félicité et leur paix actuelle ? c'est une question que l'avenir résoudra, mais dont la solution dépend du bon plaisir du gouvernement français.

Les environs d'Alger sont tout simplement délicieux, et nous y faisons des courses journalières. On se lasse de la ville, mais on ne se lasse pas des paysages agrestes auxquels la nature a prodigué ses beautés.

La rue Bab-Azoun et son mouvement, la place d'Isly et son marché arabe, la terrasse qui longe le port et la vue des navires qui se balancent dans la rade, c'est tout le temps la même chose, et le spectacle finit par être monotone. Alors nous prenons une voiture, recouverte d'une toile blanche, qui protége contre le soleil trop ardent, et, fouette cocher.

Tantôt nous longeons la mer du côté de Saint-Eugène, tantôt nous gravissons les hauteurs du Sahel, tantôt nous parcourons le Mustapha supérieur, suite de villas élégantes habitées par des Anglais, et nous allons visiter le palais du gouverneur que nous trouvons très beau et admirablement situé.

Mais la visite la plus intéressante à faire de ce côté est celle du Jardin d'Essai. Nous y trouvons réunies toutes les plantes, les essences et les fleurs de l'Algérie, de l'Europe, de l'Australie, de l'Amérique et même du Japon. L'horticulteur et le botaniste y pourraient passer des semaines dans l'étude de toutes les espèces qu'on y a acclimatées. Le peintre et le poète y puiseraient de nouvelles inspirations.

Un intérêt historisque s'attache en outre au Jardin d'Essai. Car c'est ici que Charles-Quint opéra son débarquement en 1541, malgré les cavaliers bédouins qui s'y opposèrent. C'est ici qu'il passa la nuit avant de marcher sur Alger, qu'il eut bientôt enveloppé. Déjà il avait établi son quartier général au-dessus de la ville, sur la colline qu'occupe aujourd'hui le fort l'Empereur, quand une tempête épouvantable se déchaîna, brisa un grand nombre de ses navires, détruisit ses approvisionnements, démoralisa et débanda son armée, et le força enfin de lever le siége.

Alger resta longtemps encore un repaire de pirates dont les courses infestèrent la Méditerranée. Que de malheureux chrétiens ont alors gémi dans les bagnes et sur les marchés d'esclaves d'Alger, de Tunis et de Tripoli !

Un des plus glorieux captifs d'Alger fut Cervantès. En 1573, il avait fait l'expédition de Tunis, et il revenait vers sa patrie dans la galère *El sol*, quand il rencontra des pirates, et fut pris avec son frère. La captivité fut rude et dura cinq ans. Plusieurs tentatives d'évasion très habilement combinées échouèrent par trahison, et c'est au prix de mille écus d'or que ses parents purent enfin le racheter.

Après l'Espagne, qu'elle n'avait malheureusement pas aidée, la France tenta d'abattre la puissance des Maures en Afrique et sur la Méditerranée, mais elle n'obtint longtemps que des succès temporaires.

L'Angleterre vint à son tour, et après avoir bombardé Alger en 1816, elle obtint enfin du dey Omar l'abolition de l'esclavage des Européens.

Grâce à Dieu, la Méditerrannée n'est plus un lac musulman, ni barbare. Elle est européenne et chrétienne.

En 1827, le dey d'Alger et le consul de France, se rencontrant à la Kasbah, eurent ensemble une altercation, et le consul reçut du dey un coup d'éventail. Charles X décida de venger cette injure, et l'expédition envoyée contre Alger en fit la conquête.

Depuis lors, la France a toujours étendu ses possessions algériennes, et sa puissance s'y affermit. Elle n'a guère civilisé les Arabes, qui sont encore pleins de haîne contre elle ; mais son œuvre de colonisation en Algérie grandit et se développe dans une large mesure. Ses progrès sont indéniables, et s'accélèrent beaucoup depuis vingt ans.

Plût à Dieu que les conquérants fussent plus chrétiens, et pûssent vraiment dire avec le poète :

> " Nous sommes les faiseurs de vie et d'espérance !
> Nous n'avons d'ennemis que la mort et la faim !
> Et, soldats bienfaisants malgré toute apparence,
> Nous apportons d'Europe, où nous sommes la France,
> La justice, qui veut régner seule à la fin !

III

LE DÉSERT.

Les approches du désert.—El-Kantra.—Les premières oasis.—Le col de Sfa.—Biskra.—Les Oulad-Naïls.—Sidi Okba.—Les Arabes et leur genre de vie.—Les tribus nomades.—Campements.—La vie au Désert.—Le chameau.

Voir le désert, était un de mes rêves. Je voulais chevaucher sur cette mer qui poudroie en poussière d'or, sous le soleil qui brûle et sous les palmiers qui rafraichissent, dans la lumière qui éblouit et dans l'ombre des nuits où le ciel poudroie en poussière de diamants.

Ce rêve est accompli, et je veux vous montrer le désert tel qu'il m'est apparu.

Je ne vous décrirai ni mon voyage par mer d'Alger à Bougie, ni cette dernière ville qui, avec ses constructions arabes, ses vieilles portes sarrasines et ses fortifications romaines en ruines, est un vrai monument historique, ni l'étonnant défilé du Chabet-el-Akra. Nous espérions y rencontrer le roi des animaux... de loin ; mais il y devient rare, et quand Bombonnel, le grand chasseur de lions, annonce qu'il y en a un dans son voisinage, c'est pour faire accourir les chasseurs d'Europe auxquels il sert de guide à raison de cent francs par jour.

Je supprime également le voyage en chemin de fer de Sétif à Batna, et notre course à Lambessa, village arabe bâti au milieu des ruines imposantes d'une ancienne ville romaine, et je cours au bord du Sahara.

A cinq heures du matin nous quittons Batna, en route pour le Grand Désert.

Les coqs chantent, mais avant le temps ; car le 24 janvier, à 5 h. A. M, je doute que les yeux des coqs eux-mêmes soient assez perçants pour voir l'aurore.

La nuit est belle, calme, merveilleusement étoilée. Six chevaux robustes emportent au grand trot notre diligence dont les lanternes éclairent la route. Autour de nous tout est solitude et silence ; mais bientôt nous nous apercevons que d'autres voyageurs ont été plus matineux que nous ; car la lueur vacillante des lanternes éclaire trois fantômes blancs qui cheminent à pied devant nous. Nous sommes dans un défilé de montagnes, et cette apparition me fait songer à Dante, Virgile et Béatrix parcourant l'un des vallons du purgatoire.

Un peu plus loin, nous voyons se dessiner et s'avancer des silhouettes étranges : c'est une caravane venant du désert et se dirigeant vers la ville. Les chameaux au nombre de 25, bâtés de sacs, de colis, de paniers, entassés sur leurs bosses comme des montagnes, défilent à nos côtés de leur pas lourd et régulier. Les Arabes marchent à côté, drapés dans leurs burnous blancs, avec leurs capuchons ramenés sur leurs têtes, et tenant des bâtons dans leurs mains croisés—comme une procession de moines qui porteraient des palmes.

L'aube rougit l'horizon. La route serpente dans une grande plaine de sable bornée par de hautes montagnes dont le soleil dore les sommets.

Les caravanes succèdent aux caravanes, et quelques-unes ont fait halte autour d'un feu pour prendre le repas du matin.

Il nous semble que nous sommes déjà en plein désert, et inconsciemment je me mets à fredonner un air qui me vient je ne sais d'où, et dont je ne me rappelle d'abord que quelques mesures. Mais peu à peu l'air tout entier me revient avec les mots, et je m'aperçois que je chante la *marche de la caravane*, de Félicien David.

Allons, trottons,
Cheminons, chantons,
Marchons gaiement
Et librement.
Dans l'air si pur,
Dans ce ciel d'azur,
Nous respirons
A pleins poumons.

Le cocher, très habile à faire claquer son fouet, dont la mèche sillonne l'air de pétillements électriques, fait un accompagnement semblable à celui des castagnettes.

Après le relai d'Aïn-Kouta, où nous prenons le café, nous entrons dans des gorges de rochers nus, ressemblant à de gigantesques remparts, dentelés de créneaux. Çà et là, quelques versants gazonnés où pendent des troupeaux de chèvres.

Après s'être éloignés, pendant quelque temps, les remparts cyclopéens se rapprochent. Ce sont des montagnes de granit brun et rouge. Un pic isolé, tout-à-fait blanc, s'appelle la Montagne de sel. Un autre, rose et transparent, se nomme la Montagne d'albâtre, et les rayons du soleil y produisent un effet merveilleux.

Toute végétation disparaît. La solitude grandit, et nous nous croirions au bout du monde, si les caravannes ne continuaient de défiler à nos côtés et de varier le spectacle.

Soudain, voici que les colossales murailles de granit, en se rapprochant toujours, ont complétement fermé l'horizon. Au-delà, sans doute, est le Désert, et ces chaînes de montagnes sont les bornes dans lesquelles Dieu le tient captif en lui disant, comme à l'Océan : tu n'iras pas plus loin. Mais comment y pénétrer ?

Dieu a bien fait toutes choses, et s'il a emprisonné dans un cercle de montagnes la vague mobile du Désert, il n'a pas voulu en fermer complètement l'entrée à la civilisation, et ses mains divines ont taillé dans le granit d'El-Kantra une porte monumentale. Les Arabes l'ont appelée la *Bouche du Désert*, et ce nom est d'autant mieux trouvé que les montagnes qui lui servent de cadre sont garnies de dents comme d'énormes mâchoires.

El-Kantra offre un contraste d'une incomparable beauté. En deçà de cette porte du Désert, un parterre de fleurs variées, un bosquet d'orangers et de citronniers, des haies verdoyantes, un restaurant français, caché dans un massif de verdure, semblent représenter la civilisation à laquelle nous tournons le dos. Et, au-delà de l'étroite ouverture percée dans la montagne, nos yeux aperçoivent, au fond d'un vallon, une forêt de cent soixante mille palmiers souriant dans son éternel printemps, et plus loin les sables du Désert déroulant à perte de vue leurs mornes solitudes.

Au bord de l'*Oued*, torrent qui coule dans la porte, sur le petit pont de pierre qui le traverse, nous sommes vraiment placés entre deux mondes. Derrière nous, c'est encore l'Europe et l'empire de la Chrétienté ; devant nous, s'ouvrent les domaines de l'inconnu et le royaume de l'Infidélité.

El-Kantra n'est pas seulement une oasis ; c'est aussi une petite ville arabe que nous traversons. Un dôme blanc indiquant une koubah, tombeau d'un marabout, une mosquée qu'un minaret crénelé domine ; des maisons en pisé—boue séchée au soleil—sans fenêtres, percées seulement de trous de pigeons qui servent à la fois de ventilateurs et de meurtrières ; un cimetière sans enceinte que la route traverse, et marqué par des pierres brutes plantées sur chaque tombe ; des lavandières horribles, penchées sur les flots de cristal de l'*oued*, et suspendant leur linge blanc aux branches des palmiers dans un paysage d'une merveilleuse beauté ; des enfants malpropres jouant au milieu des tombeaux ; des groupes de flâneurs (tous les Arabes le sont) étendus dans les rues à l'ombre des maisons ; quelques femmes tatouées et mal vêtues travaillant sous des appentis en branches de palmiers : tel est le spectacle que présente la ville. Il n'est pas beau mais très curieux ; et l'oasis est en revanche admirable à contempler. Ce n'est pas sans regrets que nous la voyons disparaître derrière nous.

A peine avons-nous franchi la *porte du Désert*, que la température s'élève subitement de plusieurs degrés. En deçà de cette porte, il pleut trois mois par an ; à 1500 pieds de distance, il pleut une fois tous les deux ans. Le soleil devient brûlant. Il n'y a plus de route carossable, mais un mauvais sentier à travers une plaine de sable et de petits cailloux roulés, dans lequel la diligence cahote affreusement. Heureusement, pour nous distraire et nous reposer, nous rencontrons de distance en distance tantôt une caravane, tantôt un campement arabe, tantôt une oasis.

De temps en temps, nous roulons au fond de quelques ravins et nous traversons des rivières sans ponts, confiants dans la Providence des voyageurs. Les chevaux regimbent, la diligence se détraque, le cocher crie et fouette dru, mais nous allons toujours ; ce qui est dangereux dans la traversée des rivières, ce n'est pas l'eau, il n'y en a pas ; ce sont les cailloux, et je puis vous assurer qu'ils ne sont pas tendres pour les voyageurs.

Après la *Fontaine de la Gazelle*, toute petite oasis nouvellement formée par le creusement de puits artésiens, vient *El-Outaïd*, vaste oasis et village arabe. Quelques agriculteurs français s'y sont fixés, et, grâce à des arrosements artificiels, ils y cultivent les céréales avec succès. Le 24 janvier, j'y ai vu des champs où l'orge était épié.

Au coucher du soleil, nous arrivons au col de Sfa. Je renonce à vous décrire le panorama qui se déroule alors sous nos yeux. Les premiers soldats français qui le virent s'écrièrent : la mer ! la mer ! C'est en effet l'océan de sable, l'immense Sahara avec ses vagues jaunâtres, ses insondables profondeurs, et ses habitants inconnus. Ce premier coup d'œil sur l'immensité du désert est vraiment saisissant, et j'en ai été profondément impressionné. Une heure après nous étions à Biskra.

***

Biskra est une oasis de 400,000 palmiers, sur les confins de laquelle s'élève une petite ville. Après un bon souper dans l'unique hôtel de l'endroit, nous sortons. La lune, à son premier quartier, semble accrochée comme un croissant musulman à la flèche du minaret de la mosquée. Le firmament est de velours cramoisi, piqué de diamants. Quoique nous soyons en janvier, la nuit est aussi tiède que nos belles soirées de juin.

Dans les rues peu éclairées glissent des formes blanches et silencieuses. D'autres sont couchées ou accroupies en travers des portes. D'autres encore défilent comme une procession de fantômes à la lueur d'une lanterne.

Voici un caravansérail. C'est une grande cour carrée, flanquée de galeries couvertes, qui sert de gîte pour la nuit à une caravane. Trente ou quarante dromadaires y sont réunis, les uns debout, les autres couchés, et sous les galeries latérales sont étendus ou groupés les chameliers et leurs maîtres.

Çà et là, des arabes prosternés prient Allah ! Tout à coup nous entendons une musique bruyante, et devant une porte ouverte, d'où rayonne une lumière blafarde nous voyons remuer des burnous blancs. Il y a danse au café more, et l'on nous y attend. Car la nouvelle s'est répandue que des touristes américains sont arrivés, et le maître du café a organisé une danse pour notre amusement. Les danseuses sont des Oulad-Naïls, courtisannes du Désert. Les Arabes sont assis par terre sur deux lignes, et, comme ils veulent nous recevoir poliment, ils nous font asseoir sur un banc de bois. Un flûtiste et un tambourineur font une musique infernale, et la danse commence, pendant que des nègres nous servent du café où il y a autant à manger qu'à boire.

Les Oulad-Naïls ne sont pas jolies ; mais ce sont des filles très étranges, et dont les toilettes sont plus étranges encore. Elles sont couvertes d'étoffes flamboyantes, et de bijoux grossièrement travaillés mais souvent de grande valeur. Elles portent généralement plusieurs colliers de sequins d'or, suivant leur richesse, qui dépend de leurs succès, des chaînettes d'argent ou d'or qui partent de leurs coiffures et se balancent sur leur poitrine où pendent des amulettes, des bracelets aux bras et aux jambes, et des boucles d'oreilles de la dimension d'un fer à cheval.

Elles sont coiffées d'une façon extraordinaire. Leurs cheveux sont mêlés à des tresses de laine, et sont relevés au moyen de fils de laiton, je suppose, de manière à former au-dessus de leurs têtes un échafaudage qui ressemble à une pyramide renversée, c'est-à-dire dont la base est en haut,—et qui dure un mois !

Quant à leur danse, c'est un mouvement assez gracieux des bras et des mains, qui déplie ou replie leur voile, un glissement des pieds plutôt qu'un pas, rythmé par un coup de talon brusque qui fait sonner leurs bracelets. On l'apprécierait mieux, sans doute, sans l'horrible musique qui nous déchire les oreilles.

Pour finir, la *prima dona* des Oulad-Naïls nous donne le spectacle d'une *N'bitta* C'est le nom arabe d'une danse des Almées, que je ne saurais convenablement vous décrire.

Les poètes arabes célèbrent la beauté des Oulad-Naïls. Les uns disent que leurs sourcils sont des arcs, et leurs yeux des flèches qui percent les cœurs ; mais j'avoue que les flèches canadiennes sont plus redoutables. D'autres poètes comparent les sourcils (toujours les sourcils) des Oulad-Naïls aux traits de plume d'un savant écrivain. Eh bien, franchement, j'aurais une piètre opinion d'un savant qui n'en ferait pas d'autres.

Non, la plupart des Oulad-Naïls, et des Biskrises en général ne sont pas belles. En vérité, chez les Arabes, c'est le sexe fort qui est le beau sexe. La femme y a pris notre laideur, sans nos vertus.

Biskra est la dernière oasis où l'on trouve encore des Européens, et, comme vous tenez sans doute à voir le désert vierge et l'oasis barbare, veuillez bien me suivre à Sidi-Okba, sans nous arrêter au vieux Biskra, ni à la villa Landon. M. Landon a le bonheur d'être le fils d'un inventeur de vinaigre ; et le produit de ce vinaigre lui permet d'avoir un paradis terrestre à Biskra, un château à Philippeville au bord de la mer, un palais au Caire, une villa et des jardins à Constantinople, sans compter plusieurs hôtels à Paris. Hélas ! le vinaigre dont j'assaisonne mes écrits ne me rapporte pas autant !

***

Vous avez vu, sans doute, dans certaines baies sablonneuses de la mer ou de notre fleuve, des grèves immenses que la marée en se retirant a laissées à sec ? Eh bien, c'est l'aspect que présente le désert. Le sable ondule légèrement et forme une série de petites lames inégales qui se prolongent à perte de vue, et dont la surface jaune va se noyer dans un large horison bleu, qu'on croit être la mer.

Mais vous avez beau marcher, galoper, courir et courir encore, la barre bleue que vous croyez être la mer recule toujours, et l'horizon ne change jamais, et la plaine jaunâtre et onduleuse étend au loin ses dunes monotones, que le soleil embrase.

Pas un arbre, pas un brin de gazon vert pour reposer vos yeux ; seulement quelques petites touffes d'herbes desséchées que le chameau seul peut manger, et qui sont à demi enterrées par le sable que le vent charrie.

Le ciel est de plomb fondu, et pas un nuage ne vient tempérer l'ardeur du soleil. Vous vous inclinez vers la terre dans l'espoir d'y trouver quelque fraîcheur, mais le sable est un réflecteur qui vous brûle encore. Vos chevaux sont haletants ; la chaleur vous accable vous-même, et bientôt la soif se fait sentir.

Alors vous regardez au loin, et vous apercevez enfin à l'extrêmité de l'horizon un point noir qui grossit, s'étend et se soulève comme une île au milieu de l'océan. Béni soit Dieu ! c'est une oasis !

Bientôt les grands palmiers se dessinent, se multiplient, s'allongent, étendent leur verte dentelle sur le ciel de feu. La joie vous envahit, vous oubliez vos fatigues, et vous sentez le besoin de chanter un hymne à Allah.

Deux cent, trois cent, quatre cent mille palmiers sont là devant vous, abritant toute une ville sous leurs têtes en parasols. Mais quelle ville étrange et sauvage ! Des rues étroites comme des corridors, tortueuses, inégales, et bordées de huttes carrées en boue séchée au soleil. Ces huttes se touchent, n'ont pas de fenêtres, mais des portes basses soigneusement fermées. Au pied de ces murs de terre, dans tous les angles où il y a un peu d'ombre, des Arabes et des Nègres, grands et petits, tous vêtus de blanc, sont assis dans le sable, et causent tranquillement en fumant.............. quand ils causent. Les femmes sont à l'intérieur et travaillent, ou préparent le *kouskouss* pour le repas du soir.

Dans la rue principale se dressent, tantôt d'un côté, tantôt de l'autre, de petits comptoirs en branches de palmiers où sont offerts en vente, des ouvrages en laine et en cuir, des broderies grossières en soie, des tapis en poil de chameau, des paniers et des nattes faits avec des linéaments de palmiers, des bijoux d'or et d'argent bizarrement ciselés, des fruits, du riz et surtout des dattes.

Nous entrons dans un café, et nous nous asseyons par terre les jambes croisées comme des naturels du pays. Un Arabe, d'une propreté fort douteuse, y tient toujours, sur un petit fourneau installé dans un coin, un vase de plomb indescriptible, qui renferme la précieuse liqueur, et il nous la sert dans des tasses de faïence, qui ont peut-être servi à Mathusalem.

Il faut un certain courage pour avaler ce café; mais le courage est récompensé, car le café est bon.

Nous montons dans la tour de la Mosquée, et nous apercevons toute la ville sous nos pieds, avec ses toits plats en terre grisâtre, formant comme une vaste terrasse, divisée en carrés comme un damier.

Quand vient la nuit, toute la population monte sur ces toits pour y dormir, sans autres lits que les tapis du Dgebel-Amour, et sans autres couvertures que le velours bleu du firmament étincelant d'étoiles.

La richesse des habitants de Sidi-Okba consiste dans leurs palmiers-dattiers, et de petits murs de terre, de deux ou trois pieds de hauteur, séparent les propriétés, grandes comme des jardins.

Un ruisseau alimente l'oasis, et l'on en distribue l'eau aux propriétés par de petites rigoles, comme on nous la distribue à Québec par les tuyaux Beemer; mais les rigoles coûtent moins cher. Sans cette eau, les palmiers mourraient, car ils vivent d'humidité et de soleil.

Un palmier-dattier peut rapporter 25 francs par an. Dès lors, un Arabe qui en possède seulement 20 est un homme à l'aise. Avec 500 francs, soit 100 dollars de revenus, il vit comme les marchands en gros de la basse-ville de Québec.

Les Arabes sont un peuple enfant qui ne veut pas grandir. Est-ce philosophie ou paresse ? C'est difficile à dire ; je suis porté à croire qu'il faut attribuer à l'une et à l'autre cette perpétuelle enfance.

Sans doute, l'Arabe est l'indolence personnifiée, et il regarde même le travail comme déshonorant ; mais cette paresse est raisonnée, et il soutient qu'elle est raisonnable. Simplier la vie le plus possible, réduire de plus en plus ses besoins, ne s'accorder que les choses absolument nécessaires à sa conservation, voilà sa philosophie ; et il repousse la civilisation, parce qu'elle augmente ses besoins.

La terre n'est pour lui qu'un lieu de passage, et l'on n'y reste pas assez longtemps pour prendre la peine de s'y installer. Une maison est donc un luxe inutile, et qui ne vaut pas le travail qu'elle coûte. Une hutte en terre, et, ce qui est mieux encore, une tente que l'on emporte avec soi et qui permet de changer de latitude, voilà l'habitation qui lui convient. Les meubles dont nous encombrons nos maisons seraient un embarras pour lui. Qu'a-t-il besoin de lits, de tables, de chaises et de mille choses que nous croyons indispensables ? Il dort, il s'assit et mange très bien par terre.

Ce qu'il aime, c'est la vie en plein air, libre, insouciante du lendemain, c'est le *far niente*, à l'ombre des palmiers quand il fait chaud, et sous les rayons du soleil quand vient l'hiver ; c'est la course vagabonde au galop de son cheval, à travers les vastes solitudes du désert ; c'est l'éternel voyage en caravane vers une terre promise imaginaire qu'il n'atteint jamais.

Certes, tout n'est pas faux dans cette philosophie arabe, et l'on pourrait même dire peut-être : ce n'est que l'exagération de la vérité. Mais vous savez qu'il n'y a pas que les Arabes qui exagèrent la vérité !

Le lien qui rattache l'Arabe à la vie du désert, est l'amour de la liberté ; et l'on en voit qui, après avoir reçu à Paris une éducation brillante, reviennent sous le ciel de feu qui les a vus naître, et recommencent la vie patriarchale sous la tente.

Sous la tente, l'horizon est borné, mais au dehors quelle immensité ! Et comme il est vaste le pays des rêves ! Comme il s'élargit le domaine contemplatif dans ces mornes solitudes, où l'homme est si petit et Dieu si grand ! Voyager, quand on se sent des ailes, quelle jouissance ! Changer de latitude et d'horizon, sans changer de patrie, pour désaltérer sa soif de pensée, et donner quelques douces illusions à la nostalgie de l'âme exilée du ciel, quel triomphe sur la monotonie de l'impuissance humaine, et sur cette loi de gravitation qui vous tient fixé à terre !

Un poète contemporain, M. Jean Aicard, a mis ce chant dans la bouche de l'Arabe nomade :

Loin des hommes, bien loin des hommes et des villes ;
Loin des Juifs, des marchands dont les âmes sont viles ;
Loin des Chrétiens qui sont nos maîtres détestés ;
Sous le désert divin des cieux illimités,
Sur les plateaux des monts ou dans la plaine immense,
Dans l'oasis, dans les déserts où Dieu commence,
Où finit la puissance humaine, — où le soleil
S'assied comme un grand roi sur un trône vermeil,
Dans le sable qui couvre une mer inconnue,
—Errants comme la vague, et les vents et la nue,
Comme le brin de paille au hasard emporté—
Nous vivons pauvres, seuls, riches de liberté !
Vois-tu luire là-bas, dans la plaine éclatante,
Cette tente rayée, au soleil ? — c'est ma tente
....

Je l'ai plantée hier auprès d'un pâturage :
Dès qu'il sera brouté, j'arracherai les pieux,
Et nous repartirons librement sous les cieux...
    Repartir et marcher, c'est là tout mon travail ;
Mon rêve est une source au bord d'une prairie ;
Toute la solitude immense est ma patrie ;
Mes ennemis sont ceux qui voudraient m'empêcher
De faire aujourd'hui halte et demain de marcher...
    Je n'ai besoin que d'un peu d'eau, de quelques grains,
Et c'est tout. Mes chameaux m'habillent de leurs crins ;
Je sais le goût du lait de mes chamelles rousses,
Et du vin des palmiers chargés de dattes douces...
    —Ah ! que d'autres assis, couchés dans leur maison,
Esclaves de la pierre — ignorent l'horizon,
Comme l'arbre dont la racine est prise en terre !
Qu'ils soient dans leur tombeau comme un mort solitaire...
Moi, j'ai des pieds ! vers l'horizon toujours nouveau
Je vais ! j'irai partout où se pose l'oiseau !
Au nord, l'été ! l'hiver, au sud ! comme la caille.
Pour nous la pluie est bonne et le soleil travaille ;
Personne mieux que nous ne connaît le printemps ;
Pas un beau ciel n'échappe à nos regards contents ;
Nous jouissons de tout ce que Dieu nous envoie...
Chez vous que de beaux jours sont beaux sans qu'on les voie !
Pour vous, sur les sommets d'un feu rouge inondés,
Que de couchants sont beaux sans être regardés !
Vos yeux ne savent pas où luit la Belle Etoile !
Les merveilles de Dieu votre mur vous les voile ;
La rue est un fossé de tombe, un caveau noir...
—Nous, nous ne laissons pas passer Dieu sans le voir !

Les tribus arabes sont nomades ou sédentaires. Ces dernières s'établissent dans les oasis et y bâtissent des villages ou des villes de huttes en terre. Telles sont les populations d'El-Kantra, de Biskra, de Sidi-Okba, de Tougourt.

Les nomades vont et viennent à travers le désert, et mènent la vie pastorale primitive. Au printemps, ils quittent leurs campements d'hiver, ou l'oasis dans laquelle ils ont séjourné quelques mois, et ils se dirigent vers le Nord, emportant avec eux tout ce qu'ils possèdent, et surtout une grande quantité de dattes.

Arrivés dans le Tell, c'est-à-dire dans la partie septentrionale de l'Algérie qui avoisine la mer, ils vendent leurs dattes ou les échangent contre des marchandises, et ils s'engagent pour l'été chez les colons Français et Kabyles, comme laboureurs ou comme bergers. La caravane se trouve ainsi dispersée pendant quelques mois ; puis, quand l'automne arrive, la caravane se reforme et reprend sa course vers le midi, remportant dans le désert les corps de ceux qui sont morts pendant l'été. Les grands paniers de dattes sont remplacés par des cercueils sur le dos des chameaux.

Et ils s'en vont ainsi, à petites journées, jusqu'à ce que les rayons du soleil les avertissent qu'ils ont atteint la latitude désirée. Alors ils font un traité avec une tribu sédentaire pour passer l'hiver. S'ils ne peuvent pas s'entendre, ils vont se camper dans le voisinage de quelque ruisseau ou d'une oasis, d'où ils peuvent se procurer l'eau nécessaire à leurs besoins.

J'ai vu des campements arabes dans le désert, et je doute que l'homme civilisé puisse rien voir de plus poétique comme paysage, et de plus primitif comme genre de vie.

Le soleil est couché, mais le crépuscule se prolonge, et le firmament garde longtemps une teinte rouge qui répand au loin sa lueur.

A quelques pas des tentes, les chameaux épars broutent les herbes sèches, ou étendent sur le sable leurs membres fatigués. Leurs silhouettes étranges se profilent au milieu des tentes brunes, sur l'horizon rougeâtre, et donnent une vie singulière au paysage.

Au-dessus d'un grand feu, où flambent des branches de palmiers, un mouton qu'on vient d'écorcher, empalé au bout d'une perche, rôtit en entier et pétille joyeusement, pendant qu'un homme tenant l'autre bout de la perche le tourne et le retourne au besoin de la cuisson.

Des femmes puisent de l'eau dans une outre en peau de bouc, d'autres vont traire les chamelles et les chèvres, d'autres enfin préparent le *kouskouss*, ou prennent soin des enfants.

Quand le mouton est rôti, on le place dans une grande corbeille d'alfa, et tous les mangeurs assis autour se servent eux-mêmes et dépècent l'animal, les uns avec leurs doigts, les autres avec des espèces de couteaux de chasse. On goûte surtout la peau bien rôtie et croustillante, et on l'arrache par longues bandes que l'on croque avidement.

Pour arroser ce plat succulent, le vin fait défaut ; mais on boit une boisson qui se nomme *leben*. C'est du lait de chamelle, qui a sûri et fermenté dans une peau de bouc, et qui a pris un goût de musc affectionné par les Arabes. Cela ne vaut probablement pas le champagne.

Si jamais vous êtes invités à un pareil repas, le chef de la caravane, en vous servant du *leben* dans une écuelle de fer bossuée, ou peut-être dans votre fez, vous dira :

Saa, ce qui veut dire : “ à votre santé ”, et vous devrez répondre : *Allah y selmeck*, “ Que Dieu vous bénisse ! ”

La vie nomade n’a pas toujours le calme monotone d’une température immuable, et d’une solitude que la lumière inonde et que le soleil brûle. Elle a ses jours d’orage.

Il arrive quelquefois que la caravane est soudainement arrêtée dans sa marche, et si vous demandez pourquoi, on vous montrera avec terreur à l’horizon un petit nuage gris.

Qu’est-ce donc que ce petit nuage, et que peut-il avoir de menaçant ? Attendez, et voyez comme les Arabes se hâtent de dresser les tentes et de les assujettir fortement au sol. La chaleur grandit, l’atmosphère est immobile et lourde comme du plomb. Vous croiriez qu’un embrasement vous entoure et se resserre. Le nuage s’étend, s’élève, s’épaissit et se rapproche.

Chacun court et travaille, et l’on croirait que le douar va être attaqué par un ennemi invisible.

Le jour baisse, et le soleil prenant une teinte jaune ressemble à un grand œil éteint. Le nuage monte toujours, comme un rideau sombre obéissant à un mécanisme invisible, et il couvre bientôt la moitié du firmament.

Tout-à-coup, l’ouragan se déchaîne, et un tourbillon de sable lancé avec la rapidité d’une locomotive à grande vitesse, enveloppe et ébranle toutes choses. On ne voit plus rien que du sable, au ciel comme sur terre, et l’on ne respire, l’on ne mange, et l’on ne boit que du sable.

Cela dure trois, six et quelquefois douze heures. Puis le calme se fait, et le soleil impitoyable reprend possession de son empire qu'il incendie sans cesse et qu'il ne détruit jamais. Mais la mer de sable a changé d'aspect, et, toute calme qu'elle soit, elle a conservé la surface d'un océan en furie. Les ravins d'hier sont comblés, les collines sont changées en ravins ; où il y avait de simples dunes s'élèvent des montagnes bouleversées. Parfois une tente a disparu, et le tourbillon connaît seul où il l'a emportée.

Enfin, la nuit est venue. Le ciel est ensemencé d'astres flamboyants. Les chiens hurlent et les chacals répondent, pendant que l'on prend le dîner. Puis tout s'apaise, les Arabes s'étendent sur la terre calcinée, comme des cadavres ensevelis dans leurs blancs linceuls, et l'on n'entend plus que le gardien des chevaux qui les gourmande, ou quelque marabout qui prie.

Cette esquisse du désert et de la vie nomade ne serait pas complète si je ne vous parlais un peu d'un animal qui y joue un grand rôle, et qui a été créé uniquement pour le désert — je veux dire le chameau.

Peut-être vous êtes-vous demandé quelquefois pourquoi le chameau est bossu, et pourquoi il est affligé d'autres formes disgracieuses.

Veuillez bien remarquer d'abord que tout est relatif en ce monde ; même en fait de beauté et de grâce, il n'y a pas de règle absolue. J'ai vu des chameaux au bord d'un étang, qui paraissaient s'y mirer avec une certaine complaisance et, si vous me dites qu'ils avaient tort, je vous rappellerai que nous-mêmes prenons assez souvent nos défauts pour des vertus.

Mais, pour le chameau, la bosse n'est pas un défaut ; c'est une qualité qui lui permet de mieux remplir la fin pour laquelle il a été créé. Le chameau est le portefaix du désert, et, comme il est très fort, on entasse sur son dos une montagne de colis. Or, ce qui retient solidement cette charge sur son dos c'est sa bosse, et sans elle la charge se déferait chaque fois que le chameau s'agenouille ou se couche dans le sable.

Je pourrais vous dire aussi que ses larges pieds plats l'empêchent d'enfoncer dans le sol, et que son long cou penché vers la terre lui permet de respirer un air plus frais, et de se cacher la tête dans les dunes quand arrive le simoun, vent de feu ; mais j'aime mieux vous parler de ses vertus.

J'ai d'abord pris cet animal en pitié, et j'ai fini par l'aimer. Si j'étais un poète arabe, j'en ferais le héros de quelque poème.

Il est d'une douceur et d'une patience que n'ont pas les meilleurs notaires. Il est plus sobre que le plus sévère *teetotaler* ; car il peut passer une semaine sans boire, ni manger. Il est désintéressé à l'égal des hommes politiques ; et si je cherchais un terme de comparaison pour vanter son dévouement à son maître et sa docilité, je n'en trouverais pas même parmi les journalistes. Ce n'est pas en Canada qu'un partisan politique pousserait l'oubli de lui-même jusqu'à s'agenouiller devant son chef, pour qu'il puisse monter sur son dos, et gravir les hauteurs du pouvoir !

Voulez-vous maintenant connaître toute l'utilité du chameau ? Ecoutez. Outre le chameau porteur (le djemel) il y a le chameau de course (le méhari), qui fait le service des malles aussi rapidement que les chemins de fer de l'Espagne. En effet, le méhari fait 150 à 200 milles par jour.

La chair du chameau et le lait des chamelles servent à l'alimentation des Arabes. De son poil, ils font des cordages, des tapis magnifiques et des tissus de toutes espèces. Avec sa peau, ils font des chaussures et des selles. Enfin, il est un de ses produits que je ne veux pas nommer, et qui sert de combustible.

Après cela, je pourrais faire défiler devant vous tous les animaux de la création, même les raisonnables, individuellement, et vous en trouveriez peu qui soient plus pratiquement utiles.

Pour compléter ce portrait, il faut ajouter qu'après une vie misérable, le chameau meurt misérablement.

C'est le martyr du Désert, et il y est attaché, comme l'homme à sa patrie. Il y naît, il y souffre, il y meurt, et toute sa vie se passe à voyager à travers les dunes de sable d'une oasis à l'autre, brûlé par le soleil et par le simoun, écrasé par les fardeaux dont on l'accable, mal nourri, et souvent très mal traité.

Cette vie de misère dure vingt ans, trente ans, quarante ans. Mais un jour, la pauvre bête n'en peut plus. Ses forces sont épuisées ; sa peau terreuse, devenue chauve, couvre à peine sa charpente osseuse démesurée et sans grâce. Le travail, la misère, les mauvais traitements, le soleil et enfin les années l'ont brisé.

Il s'affaisse, et les coups de matraque ne le font plus relever.

Il s'étend sur le sable brûlant, il y plonge sa tête, et il attend la mort. On le décharge, on distribue les fardeaux qu'il portait, sur le dos de ses compagnons qui sont parfois ses enfants, et la caravane reprend sa marche, laissant derrière elle le vieux serviteur dont l'utilité a cessé.

Alors il relève la tête, et il suit d'un œil mélancolique la caravane qui s'éloigne, et qu'il ne reverra plus. Il se sent condamné à mort, et le soleil impitoyable le consume. Quelques herbes sèches, où passe un souffle de vent, bruissent à deux pas. Il s'y traîne dans un dernier effort, et les mange pour prolonger encore son existence pendant un jour, deux jours, peut-être ; mais la soif le dévore, et le sable que le vent apporte commence à s'amonceler autour de lui pour lui faire un tombeau.

C'est fini, il va mourir. Soudain un bruit a frappé son oreille. Il dresse son cou démesuré, et il inspecte l'horizon. C'est une caravane qui passe à quelques pas de lui.

Comme un naufragé flottant sur une épave, et qui voit passer un navire à l'horizon, il lève bien haut la tête afin qu'elle domine les dunes comme un signal de détresse ; mais la caravane passe, et d'autres passeront encore sans faire attention au pauvre moribond, parce-qu'il ne peut plus rendre service.

Cependant, il ne pousse pas un cri, pas une plainte ; et, la nuit prochaine, si le sable du désert n'a pas jeté sur lui son linceul, les chacals viendront et le dévoreront !

Telle est la fin du chameau ; et si nous voulions jeter un coup d'œil sur la vie humaine nous verrions des hommes de mérite qui ne finissent pas autrement. Si j'étais un homme de grand mérite, j'aurais peur.

Un jour viendra-t-il où l'utilité du dromadaire comme véhicule du Désert cessera ? et sera-t-il jamais remplacé par des chemins de fer ou des steamers qui sillonneront le Sahara et y sèmeront au milieu des sables par la bouche des missionnaires le grain de sénevé de la vérité chrétienne ?

Espérons-le, et que l'impression de cet espoir soit mon dernier mot.

IV

DE CÓNSTANTINE A TUNIS

L'Islamisme — Mahomet et Jésus — Constantine — Caractère général des villes arabes — Bône et Hippône — Tunis et Carthage.

Quand l'esprit de l'homme remonte le cours des années, il trouve toujours dans son passé, qui est plus ou moins un désert, des souvenirs qui ressemblent à des oasis. Les plus souriants peut-être sont les souvenirs de voyages et l'esprit s'y repose avec délices comme l'oiseau va se poser sur une épave pour traverser le cours d'un fleuve.

Je me revois encore installé commodément sur la banquette de la diligence qui nous ramenait du Désert vers le littoral africain, inspectant l'horizon que l'aurore commençait à rougir et qu'elle incendia bientôt, comptant les caravanes à côté desquelles nous passions, et causant avec un capitaine de spahis qui revenait de Tougourt, dernière station militaire du Désert, oasis de 450,000 palmiers, et d'environ 30,000 habitants.

Je l'interrogeais sur le genre de vie qu'il y menait, surtout pendant l'été, sur les mœurs des Arabes, sur la valeur des palmiers et les revenus qu'ils donnent.

Puis nous parlions religion, et il me disait que le mahométisme disparait graduellement du littoral, mais qu'il s'étend dans l'intérieur, et fait des prosélytes parmi les Nègres.

Je m'étonnais de la durée de l'Islamisme, et des entraves qu'il réussissait à maintenir contre l'expansion de la civilisation ; et il me répondait que cela s'expliquait par l'ignorance dans laquelle les marabouts et les chefs tiennent le peuple. Le dogme est le privilège de ces deux castes, et c'est ce qui assure leur suprématie et la durée de leur domination.

Si les lumières de la civilisation chrétienne pouvaient pénétrer dans la classe populaire, l'autorité des gouvernants et l'influence des marabouts seraient bientôt ruinées. Mais le peuple et surtout les femmes sont soigneusement tenus dans les ténèbres de la plus grossière ignorance.

Le triste sort de ces populations innombrables m'affligeait. Je me laissais glisser sur la pente de la rêverie, et je comparais Mahomet à Jésus.

Mahomet est Arabe, et ce qu'il veut c'est la domination arabe ; la religion qu'il fonde c'est une religion nationale, et s'il avait pu vaincre l'Europe, elle serait devenue une immense Arabie.

Jésus est juif de naissance ; mais, dans sa vie publique, dans sa prédication, dans sa doctrine, il n'est ni juif, ni arabe, ni romain, ni grec ; il est homme, il s'adresse à l'humanité toute entière sans distinction de races, de pays, ni de langages, et la vérité qu'il enseigne convient à tous les peuples.

Mahomet ne convertit pas les hommes à sa doctrine ; il la leur impose par la force brutale. Il a des armées qu'il commande lui-même, et il les entraîne par l'appât du gain et du pillage à la conquête du monde. Ses prédicateurs sont des hommes de guerre, son argument est le sabre, son moyen de conviction est la terreur. Il faut croire, ou périr.

Jésus attire le monde à lui par l'amour, par le sacrifice, et par la beauté de sa doctrine en dépit des renoncements qu'elle impose. Il ne dispose d'aucune puissance matérielle, et au point de vue humain il est vaincu. Il est condamné à mort comme un scélérat et un fou dangereux ; il meurt, et l'on croirait que l'œuvre colossale qu'il a rêvée va s'évanouir comme la vision d'un halluciné. Il ne laisse derrière lui pour la continuer ni armée, ni puissants, ni riches, ni savants. Et cependant son œuvre triomphe, sa doctrine s'impose, elle change la face de la terre et fonde la civilisation.

Mahomet ne peut enrôler sous ses drapeaux que les races de son origine, et les nations éclairées se moquent du Coran.

Jésus est le Docteur universel, et tous les peuples les plus éclairés admirent l'Evangile.

Mahomet a les vices de l'Orient, et il ne peut être proposé à l'imitation des hommes.

Jésus est l'idéal de toute perfection, le modèle universel et éternel, que tous les âges, toutes les conditions toutes les races et tous les siècles sont appelés à imiter.

En Mahomet l'ambitieux et le fourbe apparaissent sous le masque du prophète.

En Jésus c'est la divinité qui brille à travers l'humanité, comme la lumière à travers le cristal.

***

Après deux jours de voyage en diligence et en chemin de fer nous arrivons à Constantine—apparition fantastique, ville étrange, jetée comme une énigme sur un roc escarpé, et entourée d'un abîme au fond duquel gronde le Rummel. Singulier phénomène que ce fleuve qui a creusé son lit sous une montagne, et qui enlace la cité comme un serpent monstrueux ! Qui nous dira les mystères de son gouffre profond où l'on précipitait autrefois les femmes adultères ?

Constantine est beaucoup plus orientale qu'Alger, quoiqu'elle ait aussi son quartier européen. Elle est aussi plus pittoresque, et ce n'est pas peu dire. Ses rues populeuses sont grouillantes de vie arabe, et du haut de ses remparts l'œil contemple d'admirables vallées où gisent les ruines de vingt siècles.

Le palais du général commandant—ancienne demeure du bey—est dans le style mauresque ; et comme toutes les constructions de ce genre, il est surtout remarquable par ses promenoirs à colonnes. Autour des *patios*, les murs sont peints de fresques grossières, œuvre d'un prisonnier que le bey força à peindre sous peine de mort.

La cathédrale catholique est une ancienne mosquée, dont le *mirhab* a été transformé en un autel dédié à la sainte Vierge.

La mosquée de Salah Bey mérite une visite. Sa jolie colonnade de marbre, ses murs en stuc ciselé, ses coupoles peintes, son plafond en cèdre sculpté où pendent un grand nombre de lustres et de lampes offrent à l'intérieur un très beau coup-d'œil.

Il va sans dire qu'on retrouve à Constantine les mêmes spectacles que j'ai décrits en parlant d'Alger, y compris les *Aïssaouas* qui sont même plus forts ici qu'ailleurs.

Au reste, toutes ces villes africaines se ressemblent sous beaucoup de rapports. Toutes sont admirablement situées. Celles du littoral sont toutes encadrées de montagnes, et se mirent dans des baies dont l'azur est étincelant, transparent, irisé de rayons de soleil.

Chacune a des maisons françaises, espagnoles, italiennes, et surtout mauresques, dont la blancheur contraste avec le vert sombre des montagnes qui leur font une ceinture, et le bleu clair des flots qui les caressent mollement.

Chacune a sa Kasbah, citadelle mauresque perchée sur un sommet qui domine toute la ville. Chacune a ses fortifications et ses portes sarazines, ses mosquées et ses minarets, ses koubas et ses dômes, ses bazars et ses marchés, où toutes les nationalités se coudoient.

Chacune a son quartier européen, avec de grands boulevards et de belles boutiques, et son quartier arabe, vrai labyrinthe de rues tortueuses, d'impasses inextricables, de corridors voûtés et d'escaliers casse-cous.

Dans chacune se retrouvent deux courants de vie bien différents, la vie européenne avec son activité et son mouvement progressif, et la vie orientale avec son indolence et sa stagnation.

C'est cette vie orientale qui est surtout intéressante pour nous, et qui est le grand objet d'attraction pour les touristes. La diversité de costumes, de langage, de coutumes et de religion offre constamment à l'observateur quelque spectacle nouveau, et des contrastes vraiment curieux.

De Constantine à Bône, le chemin de fer traverse d'abord un pays dénudé et de pauvre apparence. Mais bientôt la végétation apparaît, et l'olivier verdit sur les côteaux. Aux bords de *l'oued Zenati*, les lauriers roses poussent par touffes et les lis tapissent les gazons.

En approchant de *Djebel Thaya*, la végétation devient plus riche encore : les acacias d'Australie et les amandiers sont en fleurs. Après Nador, les montagnes s'abaissent, de grands troupeaux gardés par des Arabes paissent au loin, les figuiers de Barbarie sont couverts de fruits rouges, les jujubiers sauvages disparaissent et font place aux vignes. Nous arrivons à Bône.

Quel site enchanteur ! Quelle jolie baie lui sert de miroir ! Quelle promenade charmante, longeant la mer, bordée de caroubiers et de nopals ! Mais quelle petite ville moderne ennuyeuse pour ceux qui recherchent les villes orientales !

De grandes rues tirées au cordeau, de larges trottoirs, de grandes places vides, des boutiques, des cafés, des hôtels, des façades uniformes, toutes les banalités d'une ville de province de troisième ordre.

En revanche, Bône est une place d'eau dont le climat et la salubrité doivent être bien préférables à ceux de Nice et de Cannes, et la végétation qui l'entoure est la plus admirable que l'on puisse voir.

La principale attraction de Bône pour moi, c'était le voisinage des ruines d'Hippône, et je n'ai pas tardé à y courir. Mais il n'en reste presque plus rien. Quelques débris des anciens thermes, des blocs de pierre et quelques fûts de colonnes éparpillés sous de grands arbres qui ombragent une colline, voilà tout ce qu'on retrouve de la ville florissante dont les histoires de Rome et de l'Eglise nous ont transmis le souvenir.

Sur le versant de la colline qui regarde Bône, s'élève un modeste monument en l'honneur de saint Augustin. C'est un autel de marbre, surmonté de la statue en bronze du grand Evêque. Au sommet du mamelon, on a commencé l'érection d'une basilique qui sera dédiée à cet illustre Père de l'Eglise.

Nous sommes dans les premiers jours de février, et il fait ici une température comparable à celle de nos plus beaux jours d'été. Les fleurs des amandiers jonchent le sol, et les abeilles bourdonnent dans les charmilles émaillées de roses.

Assis sur une colonne renversée dans les hautes herbes, je touche avec respect ce sol que le saint et grand homme a foulé de son pied pendant trente-cinq ans. C'est ici qu'il a composé ses *Confessions* et sa *Cité de Dieu.*

Du haut de cette éminence, il avait sous les yeux la mer. Que de fois son esprit a dû la franchir pour s'envoler vers l'Italie, vers Rome, le champ de ses luttes et de ses triomphes, vers Ostie tombeau de sa sainte mère, vers l'Eglise de Rome à la défense de laquelle il avait voué son génie et sa vie !

***

Nous reprenons la mer à bord du steamer *Mohammed-el-Sadeck*, nom du dernier bey de Tunis. Le ciel et la vague rivalisent d'éclat et de limpidité. Nous côtoyons la rive africaine, et bientôt nous avons dépassé La Calle, repaire de lions et de panthères, et Bizerte où nous voyons plusieurs embarcations faisant la pêche au corail.

A notre droite, défilent les promontoires, les îles, les baies, les villages arabes, les blanches mosquées couronnées de minarets, et bientôt la nuit descend et dérobe la côte à nos regards.

Vers dix heures du matin, le lendemain, nous avons devant nous la jolie baie de la Marsa, un village arabe perché sur un rocher, les ruines de Carthage et la chapelle de Saint-Louis : et par-dessus la jetée où la Goulette est assise, nous voyons blanchir la grande ville de Tunis. Un petit chemin de fer nous y transporte de la Goulette où nous débarquons, en faisant le tour d'un grand lac salé.

Tunis est la ville orientale par excellence, et sa vue doit impressionner vivement les touristes européens qui la choisissent comme première étape d'un voyage en Afrique. Mais nous commençons à nous familiariser avec les villes arabes, et l'aspect de Tunis ne nous a pas émerveillés.

Très populeuse, très malpropre, pleine de palais et de mosquées, la ville est paresseusement couchée au fond d'une baie croupissante sous un soleil de plomb.

Rien de banal et d'ennuyeux comme le quartier européen, et surtout le boulevard de la *Marine*. C'est plus qu'un hors-d'œuvre, c'est un anachronisme, une anomalie, une contradiction,

Les villes orientales, comme Tunis, ont leur genre d'architecture, qui non-seulement a du cachet et de l'originalité mais convient au climat. Si les rues sont étroites et souvent couvertes par la prolongation des toits des maisons ; si les maisons n'ont pas de fenêtres sur la rue, ou si les fenêtres et les portes sont étroites, c'est qu'il faut employer ces moyens de défense contre le grand ennemi de ces contrées, le soleil.

Dans ces corridors tortueux et resserrés, qu'on appelle des rues, il y a de l'ombre et de la fraîcheur.

Mais sur le boulevard démesurément large de la *Marine*, il n'y a que du soleil et de la poussière. L'air y est embrasé et les larges fenêtres des maisons sont autant de calorifères.

Ajoutez à cela des cafés et des boutiques, comme on en voit dans les faubourgs les plus reculés de Paris, et vous conviendrez que le quartier européen de Tunis ne peut avoir beaucoup d'attraction.

Mais en revanche les quartiers arabes et juifs sont extrêmement curieux.

La *Marine* aboutit à la porte de la ville arabe, et dès que vous avez franchi cette porte vous êtes en plein Orient ; spectacle bizarre et bigarré, grotesque et nouveau, animé, varié, étrange et captivant.

Les juifs portent des burnous bleus, des fez rouges à glands de soie bleue, et des babouches en cuir noir ou de couleur.

Les arabes ont le burnous blanc ou la gandoura de même couleur, des chéchias blancs ou gris ou des turbans, des pantalons aussi larges que des jupes de femme descendant jusqu'aux genoux, les jambes et les pieds nus, ou chaussés de pantoufles en maroquin jaune.

Les juives—souvent très jolies—ont le costume le plus disgracieux. Elles sont courtes et grassouillettes, quelquefois énormes. Depuis le cou jusqu'aux hanches c'est une masse disgracieuse de chair, et cette masse est enveloppée dans une ample camisole de soie ou de coton, tantôt blanche et tantôt de couleur tendre. De cette masse informe sortent deux jambes grêles emprisonnées dans des caleçons très collants en coton, ou, si elles sont riches, en drap d'or. Placez un tonneau sur deux batons et vous aurez une idée de l'élégance des juives de Tunis.

Sur leur tête, elles portent une espèce de bonnet phrygien, pointu, et barriolé de broderies et de pierres de couleur.

Quel contraste entre la femme mauresque et la juive ! La première, je vous l'ai déjà dit, vit renfermée ; et quand elle sort elle est voilée, et toute enveloppée de vêtements blancs très amples. La juive au contraire est libre, sort beaucoup, et porte des vêtements trop étroits.

La beauté, dans l'opinion des Tunisiens, consistant dans l'embonpoint, j'imagine que la Tunisienne a cru que ce costume ferait mieux ressortir cette perfection. Mais aux regards de l'homme civilisé, cette perfection ressemble beaucoup à une infirmité.

Ainsi, nous avons assisté au mariage d'une Tunisienne, âgée de 18 ans, qui pesait au delà de 300 livres, dont la taille mesurait probablement 8 pieds de circonférence. C'était l'idéal de la beauté !

Remarquez bien que, suivant la coutume, on avait dû pendant les six mois précédents, la soumettre à un régime particulier, destiné à produire ce résultat. Aussitôt que le mariage d'une jeune fille est décidée, on la renferme dans une chambre obscure, où elle mange des farineux et dort. Au bout de quelques mois, elle en sort énorme, c'est-à-dire belle. Cela me rappelle qu'autrefois on engraissait les victimes avant de les conduire à l'autel des sacrifices !

Le seul avantage que je trouve dans cet embonpoint des juives de Tunis, c'est qu'on ne pourrait pas facilement les enlever. Cet avantage serait peut-être appréciable, même en Canada ; car s'il faut en croire les journaux (qui ne mentent jamais), il se rencontrerait parmi nous, de temps en temps, des femmes qui manquent de poids, et dont l'enlèvement est possible.

Un des quartiers les plus intéressants de Tunis est celui des *soukhs* ou bazars. Nous nous engageons dans un enchevêtrement de ruelles et de passages à arcades, généralement voûtés, et flanqués de balcons enfoncés, ou de niches où se tiennent les marchands, assis sur des comptoirs, les jambes croisées. Ici sont les parfums et les essences ; là sont les cuirs, les sachets, les babouches, les ceintures ; plus loin sont les tissus de soie et de coton, les tapis en poil de chameau ; ailleurs sont les bijoux et les objets d'art ; et les bazars succèdent aux bazars à perte de vue.

De nombreuses mosquées, et plusieurs synagogues s'élèvent dans les divers quartiers de la ville.

Le Dar-el-Bey, qui est le palais du bey, renferme plusieurs salles remarquables et nous y admirons surtout un plafond en stuc ciselé, qui est un chef-d'œuvre. Mais il est bien inférieur au Bardo, autre palais du bey, situé à quelques milles de la ville.

Celui-ci rappelle tout-à-fait l'Alhambra, et l'Alcazar de Séville. La cour des lions est loin de valoir celle de Grenade, mais quelques-unes des salles sont vraiment splendides, et certaines voûtes sont ornées de sequins d'or, et sculptées avec un art infini.

Après la visite du Bardo, nous allons voir les ruines de Carthage, qui malheureusement sont loin de satisfaire la curiosité de l'archéologue. Les fouilles ont-elles été insuffisantes ? Je l'ignore ; mais il est certain que les découvertes faites sont de peu d'importance, si l'on considère l'antiquité et la célébrité de Carthage. A part les citernes qui sont immenses et curieuses, l'on n'a guère trouvé autre chose que des pierres détachées, des fragments d'inscriptions, de statues et de tombeaux, des couteaux de silex et d'anciennes monnaies.

Sur une colline de Carthage, s'élève la chapelle de Saint-Louis, modeste souvenir consacré par la France à l'un de ses plus grands rois, qui vint y mourir héroïquement, après un suprême effort contre la puissance d'Islam.

Etrange coïncidence que l'immense malheur de ce saint Roi dans les ruines mêmes de la ville la plus infortunée qui fût jamais !

La chapelle de Saint-Louis est confiée à la garde des missionnaires, parmi lesquels j'ai retrouvé le R. P. Delattre, que j'avais vu à Québec quelques années auparavant.

A deux ou trois milles de là, est la résidence de S. E. le cardinal Lavigerie, et nous ne manquons pas d'aller le saluer. Le grand homme nous fait l'accueil le plus charmant, et nous parle longuement des excellents rapports qu'il entretient avec le bey.

Quand nous reprenons la route de Tunis, le soleil va bientôt se coucher, et les innombrables arches des antiques aqueducs, bâtis par Rome, étendent au loin leurs ombres colossales.

C'est une heure et un lieu bien propres à la rêverie et à la méditation. Tous les souvenirs classiques que les ruines de Carthage ont réveillés en moi, et les œuvres de régénération que la France et l'Eglise tentent d'accomplir encore sur cette terre ravagée et dégénérée, me fourniraient un grand et beau sujet d'étude. Mais il est temps de prendre congé du lecteur, et de lui donner aussi son congé.

FIN.

TABLE

PAGE

www.ingramcontent.com/pod-product-compliance
Ingram Content Group UK Ltd.
Pitfield, Milton Keynes, MK11 3LW, UK
UKHW012149240726
13966UKWH00001B/219

9 782012 462724